网络传播丛书

国家自然科学基金资助项目（70273032）

网 络 数 据 分 析

邱均平　黄晓斌
段宇锋　陈敬全　著

北京大学出版社

·北 京·

内 容 提 要

　　网络数据分析是网络信息计量学（Webmetrics）的重要组成部分，也是当前网络界、新闻传播界、信息管理界都十分关注的热点研究领域之一。本书从理论、方法、应用三个角度，全面、系统地论述了网络数据分析的基本原理、方法和工具，详细探讨了它在网络传播、网络信息计量学、网络信息资源管理、电子商务与网络营销、企业管理与市场经营、科学评价与网络管理等许多领域的应用。全书共9章，包括网络数据概论、网络数据仓库、网络数据流量分析、网络数据的定性分析、网络数据的多维分析、网络数据的挖掘分析、网络复杂数据的挖掘分析、网络数据分析系统的开发，以及网络数据分析的应用与实例等。

　　本书既适合于高等院校的新闻与传播、信息管理与科学评价、信息计量学与科学计量学、网站设计与管理、管理科学与工程、电子商务、网络营销等专业的师生教学使用，也可供广大信息工作者、网络工作者、科技工作者和有关管理人员学习参考。

图书在版编目(CIP)数据

网络数据分析/邱均平，黄晓斌等著. —北京：北京大学出版社，2004.6
（网络传播丛书）
ISBN 7-301-07371-2

Ⅰ. 网…　　Ⅱ.①邱…②黄…　　Ⅲ. 计算机网络—数据—分析　　Ⅳ. TP393

中国版本图书馆 CIP 数据核字（2004）第 033873 号

书　　　名：网络数据分析
著作责任者：邱均平　黄晓斌　段宇锋　陈敬全　著
责 任 编 辑：胡伟晔
标 准 书 号：ISBN 7-301-07371-2/TP·0759
出　版　者：北京大学出版社
地　　　址：北京市海淀区中关村北京大学校内　　　　100871
电　　　话：邮购部 62752015　　发行部 62750672　　编辑部 62765013
电子信箱：xxjs@pup.pku.edu.cn
印　刷　者：河北滦县鑫华书刊印刷厂
发　行　者：北京大学出版社
经　销　者：新华书店
　　　　　　787 毫米×1092 毫米　　16 开本　　20.25 印张　　414 千字
　　　　　　2004 年 6 月第 1 版　　2006 年 1 月第 2 次印刷
定　　　价：38.00 元

《网络传播丛书》编委会

《网络传播丛书》总序

从 1994 年到 2004 年，互联网刚刚在中国走过第一个十年。十年，在人类历史长河中只是短暂的一瞬，但在中国互联网的发展史上，却写下了光辉的篇章！

这十年，是互联网在我国取得突破性发展的十年。据统计，截至 2003 年 11 月，我国上网计算机总数已超过 3000 万台，上网用户人数已达 7800 万人，并且仍在以每天 5 万人的速度急剧增长。与此同时，互联网催生的业务像雨后春笋不断出现，互联网不仅为人们拓展出一个获取信息、了解世界、相互沟通的广阔空间，而且正在潜移默化地改变着人们的工作、生活、学习、交往方式，在社会生活的各个方面扮演着越来越重要的角色。

这十年，是互联网作为新兴的第四媒体迅速崛起，在新闻传播领域引发一场广泛而深刻的革命的十年。到目前为止，我国依法取得登载新闻资格的互联网站有 150 家，全国有 1400 家新闻媒体创办了网络版。一批由新闻机构创办的综合性新闻网站迅速发展起来，人民网、新华网、中国网、中国日报网、央视国际、国际在线、中青网、中国经济网等重点新闻网站，不仅成为人们获取新闻信息的重要渠道，而且成为其他网站登载新闻的主要来源。重点新闻网站和知名商业网站共吸引了国内 95% 以上的互联网信息访问量，成为影响我国网上舆论的主要力量。随着互联网的社会影响日益扩大，互联网已经成为我国社会主义新闻宣传体系的重要组成部分。

这十年，是人们对互联网规律的认识不断深化、中国特色互联网新闻宣传体系初步确立的十年。近年来，在党中央的正确领导下，我们顺应时代要求，抓住互联网迅速发展的良机，发挥社会主义集中力量办大事的优势，使得我国互联网新闻宣传事业蓬勃兴起。近年来，我国先后颁布了《全国人大常委会关于维护互联网安全的决定》、《互联网信息服务管理办法》、《互联网站从事登载新闻业务管理暂行规定》等法规和规章，使互联网的发展逐步进入法制轨道。高等院校、学术团体和新闻主管部门的专家学者和新闻工作者撰写了一批传授新知、富有见地的学术著作，在探索建立立足国情、联系实际的中国特色网络传播学方面，进行了不懈努力。可以说，一个以依法管理为基础，中央重点新闻网站为骨干，中央和地方重点新闻宣传网站优势互补，发挥商业网站积极作用的有中国特色社会主义的互联网新闻宣传体系已初步形成。

吹尽黄沙始见金。和所有新生事物一样，中国互联网事业的第一个十年绝非一帆风顺，常常是鲜花伴随着荆棘，掌声夹杂着批评。十年来，互联网经历了投机热潮营造的空中楼阁，也经历了网络泡沫破灭的悲观失望；经历了一些网站片面追求商业利益、刊载虚假错误报道而造成的社会对互联网公信力的质疑，也经历了对互联网媒体属性和社会责任的误解和分歧。十年过去了，今天我们可以欣慰地说，我国的互联网在经历一个时期的调整之后，开始迎来了它发展的第二个春天。

经过理论的探索和实践的检验，我们对于中国特色互联网事业的性质和发展方向已经有了比较明确的认识：

——互联网站作为社会媒体，在影响社会的同时，也必须承担社会责任，网上传播什么，不传播什么，都有一个主张什么反对什么的问题，都有一个舆论导向的问题；

——互联网站必须成为传播先进文化的重要阵地，要坚持正确的舆论导向，立足于改革开放和现代化建设的实践，着眼于世界文化发展的前沿，发挥网络媒体自身的特点和优势，在内容和形式方面积极创新，大力传播我国优秀传统文化、现代科学技术知识和世界优秀文化成果；

——互联网站必须坚持新闻工作的党性原则，坚持为团结稳定鼓劲和以正面宣传为主的方针，唱响主旋律，打好主动仗；

——互联网站必须纳入法制管理轨道，网上迷信、色情、暴力等有害信息传播，对网民的身心健康和公众利益都造成了很大的危害，对这些问题必须依法进行管理。

中国互联网的第一个十年已经成为历史，第二个十年正在我们脚下展开。积极发展，加强管理，趋利避害，努力使互联网成为思想政治工作的新阵地，对外宣传的新渠道，从而使我国在全球信息网络化的发展中占据主动地位，这是摆在我们面前的一个重要而紧迫的课题。运用好互联网的前提和基础，是探索并掌握互联网传播的特点和规律。摆在我们面前的这套《网络传播丛书》，就是学术界和网络媒体界共同探索的成果。

《网络传播丛书》是北京大学新闻与传播学院联合新华网的几十位作者历时二年多的系统研究成果，是高等院校和新闻宣传一线工作者的共同心血，是集体智慧的结晶。丛书梳理了十年来互联网站，特别是新闻网站的发展历程，深入思考，总结经验，吸取教训，探索规律，对于如何更充分地理解和把握网络媒体的本质和特点，如何对网络传播进行必要的管理和引导，如何改进网络媒体信息的组织与发布方式以提高网络传播的效果，如何为网络传播建立比较科学完整的学科基础和理论体系等问题，进行了有益的探索。研究内容涉及网络媒体的理论、网络媒体的策划与设计、网络媒体的内容分析与利用、网络新闻实务、网络媒体经营与管理、网络广告、网络媒体伦理、网络传播法规与管理等。这套丛书的出版将对我国学术界进一步开展网络传播的研究具有重要的学术价值，也为加强我国网络媒体的应用和普及提供了理论支持。

探索适合中国国情的互联网发展道路，使互联网真正成为先进生产力和先进文化的载体，服务于中国人民的根本利益和中华民族的伟大复兴，需要一代又一代人的不懈努力。互联网是一个新生事物，没有成规可循。让我们共同努力，本着与时俱进的科学精神，在实践与发展中寻求问题的答案。

国务院新闻办副主任　蔡名照

2003 年 12 月

前　言

网络是计算机与通信技术相结合的产物。然而，它的发展和普及更得益于其在社会生活各方面中的不断渗透和日益紧密的结合。在许多场合，被作为网络代名词的国际互联网（Internet），其前身在 1969 年诞生之时，还只是连接了 4 台主机的军用实验网络——ARPANET；然而，到 2003 年 1 月，在网上运行的主机已达 1.7 亿台，网络用户数上升到 6.55 亿户。它已经渗透到社会生活的各个方面，引发了人类社会的巨大变革。网络不仅从根本上改变着现有的生产结构、产业结构、劳动结构，而且也极大地影响着人们的生活方式、交往方式、工作方式、学习方式乃至思维方式，并导致人的价值观和伦理观的深刻变革，一种新型的社会——网络社会应运而生。网络社会、网络经济、虚拟制造、网上教育、电子商务、电子政务、网络医疗、网络伦理、网络文化等与网络相关的一大批新名词、术语的出现，不仅意味着网络对人类社会生活影响的加剧和拓展，同时也表明理论和应用研究领域对网络的关注程度不断增加，这集中反映在与网络相关的研究文献的迅速增长和新的学科分支不断产生等方面。

近几年，在有关网络或文献中出现了两个新的英文术语，即 Webmetrics 和 Cybermetrics，可以意译为"网络信息计量学"或"网上信息计量学"。据目前的文献报道，Webmetrics 是 T.C.阿曼德（T.C.Almind）于 1997 年最早提出来的。1997 年，阿曼德等人在《万维网上的信息计量分析：网络信息计量学的方法探讨》一文中，首次提出了 Webmetrics 这一术语，并认为信息计量学的各种方法完全可以用于万维网上的信息计量分析。关于另一个与之十分相似的术语 Cybermetrics，目前在互联网上已出现了以该词命名的电子期刊或学术论坛，这主要是由西班牙科学信息与文献中心（CINDOC）组织和出版的。

关于"网络信息计量学"的概念，目前国外有几种不同的解释。有的把网络信息计量学定义为是对互联网上的文献进行统计分析的一门学科；有的则把它看成是一门研究互联网上数据之间相互引用的学科；还有的甚至从赛柏空间计算和应用软件的角度，认为网络信息计量学是一门关于计算机软件设计的学科。这些显然都与这门学科的实际情况相差甚远。若从它的研究对象、方法、内容和目标等方面来看，我们认为，网络信息计量学是采用数学、统计学等各种定量方法，对网上信息的组织、存储、分布、传递、相互引证和开发利用等进行定量描述和统计分析，以便揭示其数量特征和内在规律的一门新兴分支学科。它主要是由网络技术、网络管理、信息资源管理与信息计量学等相互结合、交叉渗透而形成的一门交叉性边缘学科，也是信息计量学的一个新的发展方向和重要的研究领域，具有广阔的应用前景。其根本目的主要是通过网上信息的计量研究，为网上信息的有序化组织和合理分布、为网络信息资源的优化配置和有效利用、为网络管理的规范化和科学化提供必要的定量依据，从而改善网络的组织管理和信息管理，提高其管理水平，促进其经济效益和社会效益的充分发挥。

网络信息计量学是在当前特定的科学背景和技术条件下迅速形成与发展起来的。第一，信息资源电子化、网络化以及网上文献信息数量激增，不仅为网络信息计量学的产生提供了必要的基础和条件，而且还产生了迫切的实际需求，从而推动了这门学科的形成和发展。第二，电子文献信息资料的统计分析及研究成果，为这个学科的形成奠定了基础，积累了经验。早在 1997 年召开的第 63 届国际图联（IFLA）大会上，就有 3 篇论文专门讨论了电子信息资料的统计问题。第三，信息计量学发展的客观需要，随着网上文献信息量的日益增长，信息计量学的研究对象和范围必然要随之扩展到网络领域，这是该学科发展的客观要求和必然趋势。第四，加强和改善网络管理的迫切需要。随着网络化的日益普及，加强网络管理已成为当务之急，而实施定量化管理则是其主要的途径之一。网络信息计量学的研究成果必然会为网络管理的定量化和科学化提供理论指导和定量依据，而网络管理定量化的实践需求又会促进网络信息计量学的全面发展。

我们认为，对网络信息计量学的研究对象应从广义上理解。这里所讲的"网络"，不仅是指互联网，而且也包括局域网等各种类型的网络。网上信息的计量对象主要涉及 3 个层次或组成部分：

（1）网上信息本身的直接计量问题，既包括数字信息或文字信息，又涉及集文字、图像和声音为一体的多媒体信息等，如以字节为单位的信息量和流量的计量等。

（2）网上文献、文献信息及其相关特征信息的计量问题，如网上电子期刊、论文、图书、报告等各种类型的文献，以及文献的分布结构、学科主题、关键词、著者信息、出版信息等的计量，既涉及网上一次文献，又包括二次、三次文献的计量问题。

（3）网络结构单元的信息计量问题，如网络站点的文献信息量增长、学科分布、信息传递，以及站点之间的相互引证和联系等的计量问题。由此可见，网络信息计量学涉及范围很广，内容非常丰富。与文献计量学和信息计量学相类似，网络信息计量学的内容体系是由它的理论、方法和应用 3 个部分构成的，而"网络数据分析"则是网络信息计量学的不可缺少的重要组成部分。在这里，对"网络数据"的概念应从广义上理解，不仅是指网上的数字信息，而且还包括网络上的各种符号、数据、信息和知识等。因此，本书涉及的范围非常广泛，内容十分丰富，既研究了网络数据分析的基本原理、主要方法和工具，又探讨了它在网络传播、网络计量、网络评价与管理等许多领域的应用问题。从定性与定量的角度，对海量的网络数据进行全面、系统的分析，无论是对科学技术研究还是经济发展和社会管理来说都具有重要的理论价值和实际指导意义。

　　本书是国家自然科学基金资助项目和教育部"十·五"规划项目的重要研究成果之一。我们在长期从事文献计量学和科学计量学的教学与研究工作的基础上，在国内率先开展网络信息计量学及网络数据分析的研究，并在 2001 年获准主持教育部"十·五"规划项目"网络信息计量学研究（01JA870009）"，2002 年又得到国家自然科学基金资助，开展"网络信息计量学的理论、方法与实证研究（70273032）"课题的研究工作，取得了一定进展和较多成果，现借此机会成书出版，既作为《网络传播丛书》中的一种，又是我们近几年来在网络信息计量学，以及网络数据分析方面的项目研究成果的系统总结和升华。在撰写此书的过程中，我们试图从理论、方法、应用 3 个角度全方位地论述网络数据分析的问题，注重理论与实践相结合，力求使全书的思路清晰、结构合理、内容丰富、观点新颖、资料翔实，既反映和吸收国内外的最新进展，又融入我们自己的系统研究成果，使之具有较强的创新性、科学性、系统性和实用性，既适合于高等院校的新闻与传播、信息管理与科学评价、信息计量学与科学计量学、网络设计与管理、管理科学与工程、电子商务、网络营销等专业的师生教学使用，也可供广大信息工作者、网络工作者、科技工作者和有关管理人员学习参考。

　　本书由邱均平、黄晓斌主持，首先提出了详细的撰著大纲；然后由黄晓斌、段宇锋、陈敬全、邱均平等分头撰写初稿；最后，邱均平、段宇锋通读全书，做了部分修改和补充，并完成了统稿工作。本书是在作者们近几年来开展网络信息计量学及网络数据分析方面的课题研究的基础上，切磋探讨，互相交流，共同努力完成的，实际上是各位著者的一项集体科研成果。本书出版得到了北京大学新闻与传播学院谢新洲教授和北京大学出版社有关领导的支持和帮助，以及责任编辑胡伟晔同志的辛勤劳动，在此我们表示最诚挚的谢意！

　　由于我们水平有限，又是多人分头执笔；特别是网络数据分析是一个崭新的专业领域，其研究难度很大；加之时间紧迫，因而书中不妥之处乃至错误在所难免，恳请读者批评、指正。

邱均平于武汉大学

2004 年 2 月

目　　录

第1章 网络数据概论

1.1 网络与数字信息

1.1.1 网络与网络社会

1. 互联网发展概况

互联网（Internet）从形成到今天不过10来年，但是它已经渗透到人们的日常生活、工作、学习和娱乐当中。互联网源于美国，它的前身是只连接了4台主机的ARPANET。最初的ARPANET，是由美国国防部高级研究计划局（ARPA）在1969年作为军用实验网络（Web）而建立的。当时正值美苏冷战期间，美国为了能在可能的战争中不致因一个军事指挥中心被摧毁而导致军事指挥系统的瘫痪，决心建立一个分散的军事指挥网络，这就是ARPANET。1983年，ARPA和美国国防部通讯局研制成功了用户异构网络的TCP/IP协议，美国加利福尼亚大学伯克利（Berkeley）分校把该协议作为其BSD UNIX的一部分，使得该协议得以在社会上流行起来，从而诞生了真正的互联网。

1986年，美国国家科学基金会（NSF）利用TCP/IP通讯协议，在5个科研教育服务超级电脑中心的基础上建立了NSFnet广域网，以便全美国实现资源共享。由于美国国家科学基金会的鼓励和资助，很多大学、政府资助的研究机构甚至私营的研究机构纷纷把自己的局域网并入NSFnet中，使NSFnet成为互联网的重要骨干网之一。

1989年，CERN成功地开发出WWW（World Wide Web，万维网）和互联网，于1991年正式实现商业入网，带来了互联网发展史上一个新的飞跃。随后，美国国家超级计算机应用中心（NCSA）Mosaic的研制成功、Netscape的出现，以及WWW服务器的增长，掀起了互联网的应用高潮。

ISC统计数据表明，至2003年1月，全球入网主机数已达171,638,297台，如表1.1所示。中国互联网信息中心（CNNIC）于2003年1月发布的《中国互联网发展状况统计报告》显示，我国上网计算机数达2,083万，网络用户数为5,910万[1]。互联网已经形成了一个覆盖全球的巨大网络，它渗透到社会生活的各个方面，影响和改造着我们的社会，网络社会的到来成为不可逆转的趋势。

表1.1 国际互联网域名调查——国际互联网主机数

时 间	主 机 数	调整后的主机数	来 源
08/1981	213	N/A	主机表
05/1982	235	N/A	
18/1983	562	N/A	
10/1984	1,024	N/A	
10/1985	1,961	N/A	
02/1986	2,308	N/A	
11/1986	5,089	N/A	
12/1987	28,174	N/A	老的域名调查
07/1988	33,000	N/A	
10/1988	56,000	N/A	
01/1989	80,000	N/A	
07/1989	130,000	N/A	
10/1989	159,000	N/A	
10/1990	313,000	N/A	
01/1991	376,000	N/A	
07/1991	535,000	N/A	
10/1991	617,000	N/A	
01/1992	727,000	N/A	
04/1992	890,000	N/A	
07/1992	992,000	N/A	
10/1992	1,136,000	N/A	
01/1993	1,313,000	N/A	
04/1993	1,486,000	N/A	
07/1993	1,776,000	N/A	
10/1993	2,056,000	N/A	
01/1994	2,217,000	N/A	
07/1994	3,212,000	N/A	
10/1994	3,864,000	N/A	
01/1995	4,852,000	5,846,000	
07/1995	6,642,000	8,200,000	
01/1996	9,472,000	14,352,000	
07/1996	12,881,000	16,729,000	
01/1997	16,146,000	21,819,000	
07/1997	19,540,000	26,053,000	
01/1998	29,670,000	N/A	新的域名调查
07/1998	36,739,000	N/A	
01/1999	43,230,000	N/A	
07/1999	56,218,000	N/A	
01/2000	72,398,092	N/A	
07/2000	93,047,785	N/A	
01/2001	109,574,429	N/A	
07/2002	162,128,493	N/A	
01/2003	171,638,297	N/A	

注：数据来源于 www.isc.org/ds/host-cout-history.html[2]

到2003年1月，已有1.7亿台主机运行在网上，网络用户数达6.55亿。计算机和网络已经渗透到社会生活的各个方面，一种新型的社会——网络社会应运而生。对于网络社会的理解目前并不统一：一种观点认为，网络社会是由计算机和网络构成的虚拟社会，虽然与现实社会存在联系，但它是游离于现实的物质社会而存在的；另一种观点认为，网络社会是社会网络化的结果，它与现实社会是合而为一的。笔者认为，后一种观点更为准确。

马克斯指出，社会是人们交互作用的产物。网络的出现和运用，使人们摆脱了人与人之间面对面交往的直接性，以及活动范围受制于时间和空间的狭窄性，极大地拓展了人的生存和发展空间，它为人们提供了一种全新的工作、学习、娱乐和思维方式，极大地改变了人类的生活方式。随着网络的普及和在各个领域的渗透，它广泛而深刻地影响着政治、经济、文化和生活的各个方面。它的出现使我们的社会表现出许多新的特征：

（1）开放性。网络是一个开放的系统，它是由无数相对独立的网络系统和主机遵循一定的规则而构成的，没有统一的管理中心，更没有国家和地域的限制。在网上，通过任何一个网点的计算机就能遍历整个世界，并能将自己的思想、观点通过网络传递到世界的每个角落。

（2）虚拟性。网络社会的虚拟性主要体现在3个方面：首先，网络信息的表达和传递不再依靠物质实体，而是将其各种特征和属性转换成"0"、"1"形式的编码；其次，网络社会的虚拟性还表现在人们之间的交往突破了空间的限制，网络成为人们交往的媒介，彼此相互独立，甚至在永不谋面的社会成员之间也可以自由组合成网络群体；再次，人们在网上以地址、代号作为标识，无需表明其在现实中的身份、年龄、性别等自然属性。

（3）自主性。与以往社会相比，网络社会呈现出自主性的特征。网络用户既是网络的使用者，又是网络的组织者和信息的生产者。人在这里不再是被动地接受或适应，而是积极地参与到网络的创造与发展中，这也是网络所特有的魅力。

（4）共享性。网络改变了人们交流和传递信息的方式，消除了因时间、空间而造成的障碍，因为网上的信息资源绝大部分都是公开的，为所有网络用户所共有。资源共享是网络发展的宗旨，也是推动其迅速发展的动力。

（5）成长性。网络是科技进步的产物，是社会发展的需要，同时，它的迅速发展也改变着人类社会。据统计，互联网入网主机数大约每10个月翻一番，网络信息也呈现爆炸增长的态势。但是，由于网络的急剧扩张和监控不足，在一定程度上也导致网络无序性的出现，如何驾驭网络已成为社会关注的焦点。

2. 互联网对社会经济发展的影响

网络引发了人类社会的巨大变革。它不仅从根本上改变着现有的生产结构、产业结构、劳动结构，而且也极大地影响着人们的生活方式、交往方式、工作方式、学习方式乃至思维方式，并导致人的价值观和伦理观的深刻变革。本书将从网络对经济、政治、科技、教育、医疗、环保等方面的影响进行阐述。

（1）网络对经济发展的影响

① 网络对经济生产的影响。经济生产是社会再生产的重要环节，按照对国民经济产业划分，经济生产部门可以划分为3大类：农业、工业和服务业。

农业是人类社会赖以生存和发展的最基本的产业部门。网络对农业生产的影响首先表现在促进了农业信息的传播和获取。在传统农业时期，由于农村交通、通信设施落后，严重影响了农业信息的传递和利用。网络通过帮助农民掌握技术、了解市场信息，实现科学种植，减少生产经营中的盲目性和不确定性，从而与农业生产中的其他生产要素产生协同作用，使以往"土地+劳动+资本"的结合模式转化为"（土地+劳动+资本）×信息"的新模式；

其次，网络的运用可以加强农业管理。对单个农户来说，它能使农民有效掌握生产的各个环节，摆脱单纯依靠经验和直觉进行决策，指导农民进行经营管理。对于国家的农业管理而言，通过网络，国家有关部门一方面能迅速地将农产品播种、供求信息传递给农民，并建设性地指导农民合理调整生产结构；另一方面则能准确而及时地获取农业生产中的第一手资料，经过综合分析，制定符合国情的农业发展战略；

再次，通过网络，能扩展农民的视野，开展各种形式的教育和培训，提高农业生产者的素质；

最后，网络在农业生产中的普及和运用，能使农业生产和管理者充分占有信息，并以市场为导向，以效益为中心，突出自身优势，优化组合生产要素，实现农业生产的产业化、专业化和国际化。

工业是国民经济的支柱。网络对工业生产的影响主要体现在生产和管理领域。在知识经济时代，创新是企业生存和发展的核心，网络为企业创新提供信息保障，从而缩短产品的研发周期；同时，信息交流实效性的增强使客户需求、企业生产及销售三者真正实现无缝链接，传统的流水线作业随之转向适时生产和敏捷生产。在管理领域，金字塔式的层次管理模式越来越不能适应当前非线性变化的市场，网络的出现为信息的传递和沟通提供了保障，从而使企业的管理模式日趋扁平化和柔性化；同时，网络的出现还进一步推动了工业生产的全球化和虚拟化，使得企业的生产、销售更加灵活。

对于服务业，网络的运用不仅为其与客户进行沟通和服务提供了便捷的方式，更使服务业向专业化、精品化、层次化和个性化方向发展，同时还加速了服务业的创新，如网络银行服务、网上证券交易、网上拍卖等。

② 网络对经济贸易的影响。电子商务是全球经济贸易网络化的产物。所谓电子商务，就是指交易各方通过电子方式进行的商业交易。它包括商务方案的提出、设计、实施及其商务应用等各个方面，是系统、完整的电子商务运作。电子商务依据交易主体的不同可以分为4类：商业—商业、商业—消费者、商业—政府、消费者—政府。随着电子商务技术的

成熟，它几乎可被用于包括金融服务在内的所有商贸领域。

网络的发展、电子商务技术的成熟，为经济贸易领域带来了一系列冲击和革命。这主要表现在以下4个方面：

首先，网络使经营主体面临新的机遇和挑战。作为经营主体，公司和企业从电子商务应用中获益匪浅。它们既可以通过电子商务网络提供的各种网上服务，了解客户的各项最新信息和其他公司动向，跟踪国际市场和国内外产业政策的变化，掌握最新市场动态，明晰国际经济发展趋势，收集客户需求信息及反馈信息，完善售后服务体系；又可以通过在网络上发布主页或采取其他网络广告形式展现公司和企业的实力，扩大知名度，以提高企业竞争力，实施名牌战略，开拓海内外市场；还可以通过电子商务网络真正实现贸易的电子操作，从而提高工作效率，降低成本，减少交易环节和交易费用。以上3方面都毫无疑问地为公司和企业竞争力的提高打下了坚实的基础，提供了难得的机遇。但从另一角度来说，信息资源的网络化又加大了公司和企业在竞争中取胜的难度。由于网络的开放性，每个企业都能掌握竞争对手的商品信息及其经营方式、策略，每个企业都能获取经营环境变化的信息；同时，网络经营的出现，对客户而言，任何公司企业不再拥有地域上的优越性，因此，在这种情况下，公司企业创造经营特色，并在竞争中取胜的难度加大了。

其次，网络促进了世界贸易额的增长。信息网络技术的发展促进了发达国家之间水平型的国际分工。跨国公司的母子公司之间可以通过网络尽展所长，以网络化信息资源的快速有效传递为保障，充分发挥各子公司的生产能力、资源和人才的优势，促进跨国公司内部国际分工的发展。而国际分工的扩大深化又导致了产品和半成品在国家和地区之间迅速流动，从而带动了国际贸易额的增长。另外，信息资源的网络化发展，使得服务贸易和技术贸易均得到了扩大。对服务贸易而言，其贸易提供者不必跨出国门即可为各国的客户提供国际服务，尤其在咨询、人才培训、新产品开发、工业设计、医疗诊断等领域，服务需求不断扩大，导致国际贸易的飞速发展，促进国际贸易商品结构的高级化、软化。对技术贸易而言，因为网络的普及，任何科技新成果一旦出现马上"家喻户晓"，成为同行业赶超的目标，而提高产品的科技含量、增强竞争力的迫切需要都大大推动了技术贸易的发展，并使得国际贸易额随之增加。

再次，网络导致新型贸易运作方式的出现。EDI能将贸易链上的各个环节联接起来，共享一次性输入的数据，从而降低成本，提高运作效率。E-mail的使用与传统工具（如信函、传真、长途电话等）相比，降低了成本和交易费用，节省了时间；网络广告以无限发展的潜力吸引了众多商家，代替了电视、杂志、报纸日常新闻媒体的部分宣传作用；而EOS系统的运作使得订货的出错率和延误率降到最低；电子支付作为电子商务的重要环节，为商品买卖各方带来了可观的经济效益，并净化了货币流通领域……正是由于这一系列新的交易工具的出现，网上订货、网上促销、网上谈判、跨国公司内部网络销售等成为国际贸易新的发展形式。以一系列电子商务技术为支持，全球开始以信息网络为纽带连成了一个统一的大市场，以网络化信息资源的交换，开辟了一个崭新的市场空间，即虚拟市场。例如，美国3大汽车公司最近已在网络上建立了"虚拟汽车展销大厅"，客户不仅可以详尽"参观、了解"汽车构造，而且可以"步入"汽车公司产品开发基地和生产车间，直接同设计师、推销员乃至总经理交谈，或讨价还价，或提出要求。

最后，网络引发了经营管理方式的变革。以计算机网络信息技术为核心的电子商务系统，为利用信息技术改造传统贸易提供了一种现代化的贸易服务方式，为国际贸易提供了一种信息较为完全的市场环境，从而使市场机制能够更加充分有效地发挥作用。这种方式突破了传统贸易以单向物流为主的运作格局，实现了"三流一体"，即以物流为依据，信息流为核心，商流为主体的全新战略。这种经营战略，把代理、展销等多种传统贸易方式融为一体，把全部进出口货物所需要的主要流程，如市场调研、国际营销、仓储、报关、商检等引入计算机网络中，为世界各地的制造商和贸易商提供全方位、多层次、多角度的互动式的商贸服务，克服了传统贸易活动中物质、时间、空间对交易双方的限制，促进了国际贸易的深化发展。

另外，正是由于网络的介入，信息资源的网络化传递，使得在传统贸易方式中必不可少的贸易中间组织的地位相对降低，现在生产商与零售商之间可通过网络直接接触，信息网络将成为最大的中间商。

③ 网络对经济消费的影响。销售主体的营销策略、消费主体的消费行为以及消费方式等各个环节都因网络的出现产生了重大变革。

对于销售主体——企业而言，网络信息传递的便捷性和低成本为商业企业掌握市场动态信息和实施成本控制提供了行之有效的工具。同时，通过网络，企业能实时地与客户进行交互，了解消费者需求，为消费者提供个性化的产品，并削减商品流通过程中的中间环节，提高商品流通效率，降低商品流通成本。因此，企业将结合传统的营销方式，重新审视和调整其营销策略，以增强其市场竞争力。

对于消费主体——消费者而言，影响其消费行为的主要因素是经济能力、商品的可获得性、时效性和商品本身的特性。网络的普及和利用，使消费者能够充分地掌握有关的商品信息，消除因信息获取不充分而造成的决策失误。同时，网络在物流领域的运用大大提高了商品流通的效率，商品的可获得性得到提高，消除了消费者选择商品过程中的地域限制因素，确保在任何时间、地点，消费者都能以合适的价格获得最满意的产品和服务。因此，网络的运用使消费者的消费行为更加理性化。

对于消费方式而言，网络购物是发展的必然趋势。与其他购物形式相比，网络购物具有许多优点：

首先，与传统定点定时的购物方式相比，网络购物具有不受时间及地理位置限制的特点；

其次，利用虚拟现实技术，用户可以全面了解产品各方面的情况，并与同类产品充分比较，帮助消费者理性选择；

第三，在选择和购买过程中，制造商或商业服务提供者能与用户进行实时互动，为消费者提供个性化服务。据统计，我国2002年有33.8%的网民尝试过网络购物，虽然目前的规模还非常小，但随着网络化程度的提高和电子商务技术的逐步成熟，网络购物必将成为流通领域的增长点。

（2）信息资源网络化对政治生活的影响

① 权力的分散化。美国《外交事务》杂志1997年1月/2月号上发表了Jessica T. Mathews题为《Power Shift》的文章，专门论述非国家参与者在网络时代的国际国内政治中所扮演的角色。首先，网络使得非政府组织（NGO）能够以极低的成本传播其思想、扩大其影响，完全打破了政府及传统媒体对于信息的垄断，并且可以毫无阻挡地跨越国界；其次，随着网络时代国家疆界的进一步模糊化，跨国公司将很可能插手多方面的事务。它们有足够的资源，在某些方面还具有相对于国家的信息优势，因而将很可能成为21世纪具有极大力量的多功能实体。总之，非政府组织与跨国公司将是未来时代与国家共同发挥作用的主要组织形式。就不远的将来而言，国家在权力、财富和能力方面的优势还是压倒性的，但它与非国家参与者在一定程度上分享权力，共同合作处理问题，则是不可逆转的大趋势。此外，全球网络化也帮助了许多国际利益集团的形成。工业化国家的观察家预计，世界将分成两个阵营：一是少数与全球信息设施相联系的人；一是多数没有联系的人。网络降低了人们在大范围内寻找具有相同利益的人、交流大量信息、提醒居民面临的威胁或机遇，以及筹措资金等活动的费用。高度专业化的利益集团可以组织参与政治竞争。然而，创建和参与正在形成的全球利益集团所需的技能主要被现实的政治和经济精英们掌握。至于他们的影响是否会扩大仍不明朗，因为他们的人员在增加，内部竞争激烈，可能导致他们在决策过程中的影响力下降。

② 提高政府工作效率。政府管理是一项信息密集而耗资巨大的活动。信息资源网络是缩减政府生产和发布信息所需费用的有效途径。巴西和摩洛哥的政府正尝试使用信息网络来提高效率。摩洛哥实施的公共管理辅助计划，运用信息资源网络提高财政和计划部门的效率，涉及的范围包括：支持税收管理、审计、公共投资计划和监管；运用计算机和计算机软件来辅助成本管理、资源分配及经济管理各部门之间的合作。该计划从1989年运行以来，政府起草预算的时间估计缩短了一半。信息资源网络在其他各国中也有类似的运用，如哥伦比亚、菲律宾、印度、埃及和智利。

③ 树立良好的公众形象。在美国，随着互联网进入千家万户，网络不仅日益深入老百姓的生活，也成了政治家们提高知名度、吸引支持者和参加竞选的得力工具。原众议院议长、共和党人纽特·金里奇，副总统、民主党人阿尔·戈尔和民主党参议员爱德华·肯尼

迪都是网络上的著名政客。美国政客青睐互联网始于1992年的总统选举。当时作为企业家的罗斯·佩罗在竞选中用很大的图表作工具，来宣传自己的主张；爱德华·肯尼迪在参议院与年轻对手间的竞争中利用互联网制作图表，电子媒介给他的男子汉形象增色不少，使他一举夺魁。近年来，利用互联网的美国议员迅速增加。1996年初的一项调查结果显示，参议院100个议员中有28人，众议院435人中有31名议员成了互联网用户。这些议员把会议发言放在自己的主页中，通过图像和声音，立体化地把自己的政治活动介绍给选区的选民，加深选民对自己的了解。此外，英国政府1996年底推出"电子政府"计划，德国联邦议会最近在网上也开设了主页。

④ 网络化选举。网络化选举有利于增强选举的公平、公开、公正化程度。利用网络可以有效扩展有关选举的信息量，增强选民对信息需求的选择性，并大大降低选举的宣传费用，让每一个公民真正享有被选举权。同时，选民不必专程赶往投票站行使自己的权利，在家中就能完成整个选举过程，并在选举结束时，实时地获得选举结果，增强选举的透明度。网络化选举是网络社会民主政治的必然趋势。

（3）网络化对科技进步的影响

① 创造科研组织的新模式。网络打破了科学交流的时空界限，催生出一种新的科研组织模式——虚拟研究所。虚拟研究所是围绕某一研究目标和内容，通过网络把各种资源和组织联合在一起，从而形成较紧密的、跨越时空和地点的合作联盟。与传统研究所相比，虚拟研究所突破了研究所的物理界限，在各种组织之间相互渗透和延伸，并可借助网络利用大量外部资源与内部资源进行集成，因此在资源和组织构成上得以在更大范围内实现优化，从而提高研究效率。

② 推动科学学派的社会运行。科学学派的社会运行，是指科学学派在适宜的社会环境中，积极参与科学社会的交流、合作与竞争，并在其中发展壮大。首先，网络为学术争鸣提供了舞台。在网上科学家们可以利用电子公告牌、讨论组甚至网络会议自由地发表不同学术观点，开展学术争论；其次，大学、研究所和实验室都能以网络为基地，创办学术刊物，发表著述，公布学派的理论观点、学术成果，展示学派的风貌，并借此开展学术交流，加强国际间的合作。

③ 强化科学作伪的社会调控。科学作伪是科学活动中的弄虚作假行为，由于其存在的普遍性和危害的深远性，已逐渐引起中外科学界乃至政界的广泛关注，因而，对科学作伪的社会调控具有特别重要的现实意义。其中，严把科学成果认可关是重中之重。科研机构和研究者对网络开发利用程度的深化，极大地增强了科学成果的透明度和辐射力，同时也扩大了科学成果认可主体的覆盖面，有利于保证科学成果认可结论的真实性、科学性和权威性。应当说，社会网络化水平愈高，依赖网络的科学家和科研单位愈多，科学作伪也就愈难得逞。

④ 提高科学研究效率和效益。一切科学研究工作都建立在广泛获取信息的基础上。在知识"爆炸"和信息"泛滥"的背景下，信息的占有水平关系到科学研究的成败。信息资源网络化有利于加快信息流通，缩短研究周期，提高研究效率，使真正有科学价值和意义的科研成果及时服务和应用于社会，产生应有的社会效益和经济效益。

⑤ 孕育企业创新网络。创新是知识经济的灵魂。构成创新体系、形成创新网络是知识经济发展的必然要求。企业与其他相关的企业、大学、研究所、营销机构和政府管理部门以及金融、保险、法律、人才、信息、咨询等创新服务机构之间，通过构建研究与开发网络、教育和培训网络、决策与管理网络、营销服务网络建立持久、稳定的合作关系，促进企业创新机制的形成。

（4）网络对全民教育的影响

劳动力的科技素质决定着劳动生产率水平。目前我国文盲、半文盲人口达1.8亿，在全国1亿多职工中，70%为初中文化水平，劳动生产率仅为发达国家的5%，因此，提高民众的科技素质已迫在眉睫。社会的网络化不仅改变了传统的教学模式，同时也极大地影响着社会教育观念，为开展全民教育、提高全民素质提供了强有力的手段。

① 教育观念的更新。社会的网络化使开放式学习观、自我教育观、终身教育观和非线性思维观日益为大众所接受。

网络是一个开放的系统，网络把全球联接成一个整体，每一个人都能通过在网上交互式的学习，吸收全人类的文明成果，激发自身的创造力。网络打破了知识和信息获取的时空限制，极大地拓展了知识、信息的可获得性。在知识经济时代，知识的老化和更新速度越来越快，人们获取知识的途径不再仅仅局限于区域性的图书馆和依靠正规的学校教育。信息资源的网络化和在线教育的普及，使得人们可以根据自己的需要在任何时间查阅资料和接受再教育。同时，网络信息非线性的组织方式打破了传统思维的线性逻辑而显示出一种横向的、跳跃性的思维，这种非线性思维模式的培养有利于激发人的创新能力。

② 教学模式的重塑。教学模式是指在一定的教育思想和理论的指导下，在某种环境中展开的教学活动进程的稳定结构形式。随着社会网络化进程的深入，适用于网络环境的科学的教学模式不断应用到教与学的领域中。

网络对教学模式的影响首先表现在教与学主体角色的变换上。以往，教为主导、学为主体的"主导主体说"虽然得到了广泛的认同，但由于传统教学方法以教师讲授为核心，教学过程以教师和文字教材为中心，因此学生的主体地位并没有得到真正的体现。网络的出现使学生有可能获得比老师更为丰富而新颖的信息，这使得教师能从传统教学过程中单纯地传授知识为主转变成以设计教学为主，引导学生开展讨论式、探索式和协作化学习，激发学生的学习兴趣和创造性，真正将学生从单纯地、被动地接受知识转变成主动地、自觉地学习，充分发挥学习主体的作用。

（5）网络对环境保护的影响

在环境保护领域，社会的网络化有助于市民、地方和国家机构及企业改进获得环境信息的方式。不同行为者之间的信息流是改进环境保护和在紧急的状况下进行有效管理的基础。网络的应用有助于以适合于特殊用户群体和移动服务的形式整理环境数据，能容许获取最新的信息，并为提高环境监测的效率提供实时决策支持。应用实例包括：多媒体公共信息服务站，空气和水质的监测和报警系统，影响交通管理的本地空气质量预测，洪水、森林火灾和工业风险的环境应急管理系统，城市和地区的公共环境信息服务。这些工作涉及的人和机构包括市民、环境管理机构、城市、城镇和地方当局、服务供应商、环境保护机构、商业立法机关、公司、信息供应商、电信工作者、消防机构、码头管理机构、计算机公司和警察等。世界各地的环境保护计划从信息资源网络和信息交流设施中获益极大。这些网络和设施通过利用信息与通信技术使得能与清洁环境和预防污染的目标保持一致。联合国环境计划署（UNEP）也将信息资源网络应用于其项目中。例如，全球环境信息交换网络（INFOTERRA）是一个提供有关科学、技术、文献和机构资源的专业在线系统，这一网络目前由173个国家和地区组成，与UNEP的可持续发展网络项目合作重点由政府指定。信息资源网络也正用于UNEPnet行动计划，以便从UNEP及其全球伙伴机构中利用环境信息产品和服务。

（6）网络对医疗保健的影响

① 虚拟医院的诞生。虚拟医院（Virtual Hospital）是网络技术发展的产物。虚拟医院不仅能为广大网络用户提供有关卫生方面的官方机构、官方文献、病毒、疾病和药物、制药等多方面的信息，还能提供医疗服务。美国爱荷华州医科大学的虚拟医院系统，能不间断地向用户提供各种医疗信息资料，解答用户提出的问题，向实习医生和护士提供远程学习的机会。德国Bruda信息服务公司的"德国医学服务网"，免费供德国医学界使用。医护人员可通过此网传输医疗X光片和电子邮件以诊断病情，查阅相关机构地址、医学参考书，了解国际医学科技领域的最新发展动态，参加国际医学研讨会等。

② 自我治疗的发展。美国加州大学伯克利分校公共卫生计算机应用中心的调查表明：大部分到医院去的人（大约50%～80%），其实并不真正需要医生的照顾；大部分健康问题（大约70%～80%），如果你有正确的知识，就能够自己解决；大部分真的患了严重的疾病需要医生治疗的人（大约60%），在到医院去的时候已经为期过晚；几乎所有最初的医学判断（大约95%），都是由个人或亲友在与医疗体系无关的情况下做出的；大部分正确的诊断（大约70%）取决于病人告诉医生的信息。这些数据充分显示，只要条件适当，自我治疗在很大程度上是可行的。过去，自我预防、自我治疗难以推广，在很大程度上是因为传统的印刷和传播媒体传递信息的有限性和单向性，如今，网络的飞速发展为将其从可能变为现实提供了必要的条件。网络的交互性使知识的传输具有一种双向和对话的性质，

使医学知识不再仅仅是教科书上的教条和死板的术语，数码化的家庭电子医生正在日益成为现实。

（7）网络对社会经济发展的负面影响

社会的网络化一方面极大地推动着社会的信息化进程，全面促进社会经济的发展；另一方面，也带来了一些不可忽视的负面影响。对于这些负面影响，我们应当有清醒的认识，并采取有效措施防范，达到趋利避害、健康发展的目的。

网络带来的负面影响主要体现在4个方面：信息安全、信息污染、信息不平等及知识产权问题。

网络环境下的信息安全实质上就是保障网络信息资源的安全，使之不受侵害，主要包括：信息的机密性（Confidentiality，防止信息的非授权泄露）、完整性（Integrity，防止信息的非法修改）、可用性（Availability，防止信息或资源被非法截留）和可控性（Controllability，防止信息系统为非法者所利用）。信息安全的主要威胁有来自黑客、病毒、逻辑炸弹、电子欺骗、搭线窃听等人为因素和火灾及自然灾害、辐射、硬件故障、严重误操作等非人为因素。其中最有代表性、危害较大的是黑客和计算机病毒。国家之间信息战的升级、民众对网络环境下个人隐私的保护，以及电子商务的安全性已成为制约社会网络化进程的重要因素。

网络环境下信息爆炸式的增长，尤其是网络信息传递的无序性和失控现象，使信息污染这一原本就严重存在的信息生态问题日益复杂化，且危害在不断加剧。信息污染主要是人为所致，它来源于冗余信息、虚假信息、老化信息、过载信息和污秽信息。这些问题的存在不仅消耗了大量的网络资源，还会使网络用户无所适从，降低用户对网络信息的吸收率，甚至严重影响人的身心健康。

信息是知识经济的基础，发达国家与发展中国家科技、经济、文化发展不平衡问题由于网络资源的不平衡而进一步扩大。据报道，发展中国家网络用户占全球的比重不足20%，非洲尚未突破1%，并且，近90%的数据库都集中在美国。这种网络分布和资源分布的不平衡，直接导致了发达国家与发展中国家在信息获取、占有和利益分配中的不平等，发展中国家与发达国家之间，形成了工业化和信息化的双重差距。同时，网络信息的不平等也成为某些国家进行文化和意识形态侵略，实施霸权主义的工具。

另外，信息资源的网络化，使传统知识产权制度，尤其是著作权方面面临许多新问题，如数字化作品及多媒体作品的著作权问题、作品在网络传播中的复制与发行问题、数据库保护问题、网络信息资源知识产权司法与执法等。这些问题已经严重地阻碍了信息资源网络化的进程，亟待解决。

由于网络技术自身的缺陷、网络管理和相关法规建设的不完善，以及个人信息安全意识淡漠，使社会网络化进程中出现了一些不和谐的现象，为此，我们必须采取以下措施：

　　① 加强网络管理。摈弃认为网络就是绝对自由、网络就是无政府主义的错误观点，运用网络技术和网络工程的思想和方法，把网络视为一个复杂的、多因素、多变量和多层次的系统进行规划、组织、协调和控制，通过网络巨大的辐射力和扩张性能，最大限度地开发和共享信息资源，提高网络的效率和效益。

　　② 加强组织协调和立法工作。社会网络化是一个十分复杂的社会系统工程，需要国家制定出科学合理的信息政策来组织协调各方面的关系，并在信息自由的适度原则下制定和完善有关法规，使民众有法可依。

　　③ 加强知识产权研究，大力促进信息立法。从目前的信息立法状况来看，各国的信息立法严重滞后于当前信息网络化发展的实践。因此，我们迫切需要加强信息立法研究与加快立法工作，以适应信息资源网络化的发展，使信息法律真正成为信息资源网络化的保护神。

　　④ 加强技术研究，进一步完善网络系统。网络的发展是以技术为依托的，要建设并不断完善网络系统，技术是其关键因素。因此，我们应加强技术研究，通过技术途径，完善网络系统，净化网络空间。

　　⑤ 加强信息伦理教育，端正网络观念。面对网络负面影响日益突出的局面，法律和政策的约束力总是显得滞后。因而，端正网络认识，树立正确的网络伦理观念，充分发挥伦理广泛、普遍的自我约束作用是预防许多负面影响不可缺少的手段。

　　⑥ 加强信息教育和培养。通过加强信息教育和培养，一方面可以广泛普及信息安全意识，加强信息保密教育和信息识别教育，以增强全民信息安全防护意识，提高网络用户的信息鉴别能力；另一方面，培养一支具有网络专业水平的网络警察队伍，以遏制日益增多的网上犯罪活动。

　　总之，网络对社会经济的发展是一把双刃剑。我们在积极加快社会网络化建设，推动全球信息化进程的同时，应清醒地认识到网络化对社会、政治、经济、军事等方面所产生的全方位的深刻影响及其危害，从战略的高度采取有效措施，通过法律、政策、技术和道德教育等手段，确保社会网络化的健康发展。

1.1.2　网络环境下的数字信息表达

　　网络环境下的数字信息表达就是利用数字化技术将文字、声音、图像等信息转换成以"0"、"1"表示的计算机可识别的代码，以实现利用网络对信息进行获取、存储、处理和传递。实现原始信息的数字信息表达主要依靠数字化信息生成技术、数字信号处理技术、音/视频处理技术、数字压缩技术、数据库技术、数字存储技术和数字通信技术[3]。

1. 数字化信息生成技术

　　数字化信息的生成有键盘录入和非键盘录入两种方式。非键盘录入技术主要包括手写识别技术、语音识别技术和光学字符识别（OCR，Optical Character Recognition）技术。在网络信息资源建设中，通过键盘录入可以实现信息的数字化，并有效解决检索的问题，但对于海量信息资源的处理单纯依靠键盘录入在现实中既不经济也不可行。而手写识别技术和语音识别技术近年虽有所突破，如"汉王99"、IBM的ViaVoice，但综合考虑信息处理的准确性、速度和经济性等因素，仍不能达到理想的效果。就目前来说，对传统文献型信息载体的数字化主要是采用光学字符识别技术。

一般地，使用OCR技术实现信息资源的数字化需要经过以下几个流程：

（1）准备文稿。

（2）使用扫描仪扫描文稿，形成图像。

（3）把图像以TIF图像格式文件存盘。

（4）启动OCR识别软件，对图像文件进行识别。OCR识别软件的运行主要包括：

① 打开文本图像文件（通常为TIF格式文件）。

② 对图像进行编辑，清除杂点，校正文字的方位。

③ 划分识别区域（可人工划分或软件自动划分）和指定识别顺序。

④ 文字的识别处理，按照识别区域自动拆分单字并进行识别，自动建立字符与图像的对应关系，生成识别文本。

⑤ 对识别文本进行编辑。文字识别软件对于在识别过程中有疑问的字符，在文本中以红色（或者其他醒目的颜色）标识出来，并在屏幕上给出对应的图像区域，提供一组可选的字符，供用户编辑修改时选用。

⑥ 把识别编辑后的文本以文本文件存盘[4]。

（5）对识别中的错误字符进行编辑处理，以文本字符文件存盘。

（6）使用Word等编辑软件对识别的文本字符文件编辑排版处理，生成正式的文件[4]。

目前，对于中等以上印刷质量的文献，OCR识别的正确率为98%～99%，高等印刷质量的识别率可达99%～100%，低等印刷质量的识别正确率也大于95%。它是目前几乎所有数字图书馆项目的首选数字化技术。

2. 数字信号处理技术

数字信号处理技术（DSP，Digital Signal Processing）是将模拟信号转换为数字信号的关键技术，它以快速傅里叶变换和数字滤波器为核心，以逻辑电路为基础，以大规模集成电路为手段，利用软硬件来实现各种模拟信号的数字处理，其中包括信号检测、信号变换、信号的调制和解调、信号的运算、信号的传输和信号的交换等各种功能作用。

数字信号处理器是数据信号处理理论与当代超大规模集成电路（VLSI）技术融合的结晶。它是利用专用或通用的数字信号来处理大量信息的器件，能够每秒钟处理千万条复杂的指令程序，具有处理速度快、灵活、精确、抗干扰能力强、体积小等优点。自美国德州仪器公司（TI）在1982年推出实用性的第一代DSP TMS32010以来，DSP得到了迅速发展。在20世纪80年代的前半期，DSP主要应用于数字调制器交换机、多路调制器等通信设备中，而到了20世纪80年代后半期，DSP的应用扩展到娱乐设备的图形运算加速器等领域。目前，它已广泛应用于振动、噪声工程、航空航天工程、生物医学工程、地球物理工程、通信工程、图形图像识别工程等领域。

目前，单片DSP芯片的速度已经可以达到每秒16亿次定点运算（1600Mips）。一般来说，一个高速实时数字信号处理系统的构成包括：高速实时数据采集（ADC）、高速实时数据存储(MEM)、高速实时周边器件(中小规模器件)、高速实时电路集成（EPLD/FPGA/ASIC）、高速实时信号生成（DAC/DDS）、高速实时DSP与并行体系结构、高速实时总线技术（VME/VXI/PCI）、高速实时系统设计（EDA）等。

DSP在网络领域除用于语音、图像等多媒体信息的处理外，还直接运用于数据传输技术，如采用DSP做成符合ITU规定的各种调制解调器，采用DSP完成视频图像信号的压缩，制成可通过公用电话交换网（PSTN）传输的会议电视或可视电话。有人预言，DSP技术将紧随计算机技术之后，成为人类社会第二门公共专业和公共技术，DSP技术对人类社会发展的作用不可估量。

3. 数字音频/视频处理技术

（1）数字音频技术

数字音频技术是利用计算机来处理声音的技术。声音可分为两种，一种是天然的声音，一种是合成的声音。

天然的音频信号是以模拟信号形式存在的，首先我们要将模拟音频信号经数据采集、量化后将波形形式的模拟信号转换为数字信号（模数转换，A/D转换），再经过编码压缩后存入计算机，需要时经过解压和数模转换（D/A转换）还原为声音，如图1.1所示[5]。

图1.1 音频信号输出流程

采样是每隔一段时间对模拟音频信号的幅值进行抽样采集，得到相应的离散幅值，这样将连续变化的模拟音频信号变成离散化的数字音频信号，采样得到的离散信号序列仍为模拟量，还通过模/数转换电路把它们转化为数字量，再通过信号的脉冲编码调制PCM（Pulse Code Modulation）、差分脉冲编码调制（DPCM）、自适应差分脉冲编码调制（ADPCM）

等编码方式对信号进行压缩，形成声音文件存储在计算机上。使用时则经过与上述过程相反的过程，通过解压、D/A转换将数字信号还原成模拟信号播放。

合成的声音是由语音或音乐合成器合成的，把合成器的信号还原出来，就形成我们听到的声音。目前主要有调频（FM）合成技术和波形表合成技术。FM合成技术利用两个或多个低频正弦波相互调制来模拟真实的乐器声音。波形表合成技术是将真实乐器发出来的声音采样后，得到的数字音频信号存储在声卡的ROM芯片或硬盘中（称为波形表），进行合成时再将相应乐器的波形记录播放出来。相比较而言，FM合成方法成本低，但产生的声音效果较差，波形表合成器播放的是自然声音的重现，音效丰富逼真，但所需存储空间较大，要采用数据压缩技术。

目前，声音文件类型主要有WAV、音乐CD、MP3、RA、VFQ、WMA、MP4格式等，另外，还有MIDI文件。MIDI即乐器数字接口（Musical Instrument Digital Interface）。它规定了数字乐器接口的国际标准。该标准包括MIDI的硬件接口和信号传输协议。MIDI硬件接口采用一种5针的圆头接头。MIDI信号传输协议规定了MIDI信息格式。MIDI文件与波形文件不同的是，它并不对音乐进行声音采样，而只是对乐器或音乐设备上产生音乐的方法进行记录，即音符的关键字、通道号、延续、音量、速度等。声卡上的合成器根据这些记录数据所代表的含义进行合成，然后解释成让合成器发声的指令，通过扬声器播放音乐。MIDI文件的优点在于占用空间少，便于编辑。但MIDI音乐还不能模拟非乐曲类的声音，需要波形声音相互配合。

（2）数字视频技术

数字视频信号的来源可分为两类，一是利用计算机软件和静态图文生成的视频文件；另一种是通过视频采集设备将模拟视频信号转换形成数字信号，并压缩获得的视频文件，经过相反的转换过程可将数字型号还原成模拟视频信号，这与天然声频信号的处理极为相似。

目前，我们常见的视频文件类型主要包括：

① AVI（Audio Video Interleave）格式。AVI格式允许视频和音频交错在一起同步播放，但由于没有限定压缩标准，因而常出现不兼容的情况。

② MOV格式。它支持25位彩色和集成压缩技术，提供150多种视频效果，并配有提供了200多种MIDI兼容音响和设备的声音装置，同时，它也是一种流式视频文件格式。

③ MPEG、MPG和DAT格式。它们是在保证影像质量的基础上采用有损压缩方法而形成的视频文件。

④ RM（RealMedia）格式。这是一种流式视频文件格式，它根据网络数据传输速率的不同制定不同的压缩比率，从而实现在低速网上影像数据的实时传送和实时播放。

⑤ ASF（Advanced Streaming Format）格式。它是由Microsoft推出的在网上实时传播多媒体的技术标准[6]。

4. 数据压缩技术

互联网上文本、图像、声音等信息量的剧增，给网上信息的存储和传递造成了极大的压力。单纯依靠增加存储设备的容量，提高网络带宽已经无法解决问题，因此，数据压缩技术的开发成为网络研究的热点之一。

数据压缩技术随着计算机技术的发展已日臻成熟，根据对编码信息的恢复程度，数据压缩编码可以分为无损压缩编码和有损压缩编码两大类，其主要算法如图1.2所示[7]。

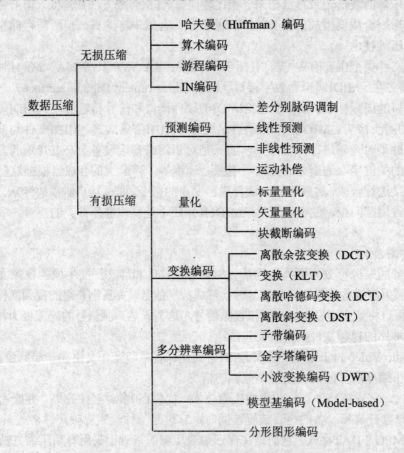

图1.2 数据压缩编码分类

文本、静态图像、动态图像是目前网上信息的主要形式，下面我们分别进行探讨。

（1）文本

文本压缩是根据一定方法对大量数据进行编码处理以达到信息压缩存储的过程，被压缩的数据应该能够通过解码恢复到压缩以前的原状态。目前，文本压缩的算法主要有哈夫曼编码、算术编码、游程编码、LZ编码、LZW编码等。

（2）静态图像

图像压缩技术的目的就是要去除图像中的冗余，减少表示图像所需二进制位的数量。其常用的算法包括波形编码（Wave Form Coding）、结构编码（Structure Coding）和分形编码技术（Interated Function Systems）。国际标准化组织（ISO）、国际电信联合会（ITU）以及国际电工委员会（IEC）也已经制定出一些国际通用标准，如ITU（CCITT）二值图像压缩标准T.4和T.6、ISO/IEC和ITU（CCITT）联合委员会提出和开发的JBIG（Joint Bilevel Image expert Groups coding）图像压缩标准（即T.82标准）和ISO/ITU的联合图像专家组1993年提出的JPEG（Joint Photographic Experts Group）。JPEG的升级版JPEG 2000目前也已推出，它与以前的标准相比，具有良好的低比特率压缩性能、可实现感兴趣区（Region of Interest）编码、渐进传输、良好的差错控制性能等。

（3）动态图像

对于动态图像的压缩，主要成果是由国际标准化组织的运动图像专家组MPEG（Motion Picture Experts Group）推出的系列标准。1993年8月推出的MPEG-1（ISO/IEC 1117（2）是针对1.5Mbps以下数据传输率的数字存储介质图像及伴音编码的国际标准，它主要满足日益增长的多媒体存储与表现的需求，即以一种通用格式在不同的数字存储介质（如CD、DAT、硬盘和光盘）中表示压缩的视频。1995年推出的MPEG-2（ISO/IEC 1381（8）是为数字视频广播（DVB）、高清晰度电视（HDTV）、数字视盘（DVD）等制定的3～10Mbps的运动图像及其伴音的编码标准。1998年11月初公布推出了MPEG-4标准，该标准的正式名称是"音频视频对象的编码"，它不仅针对一定比特率下的视频、音频编码，更注重多媒体系统的交互性和灵活性。随后，在2001年，又推出了名为"多媒体内容描述接口（Multimedia Content Description Interface）"的MPEG-7，它对各种不同类型的多媒体信息进行标准化描述，将针对该描述与所描述的内容相联系，以实现快速有效的搜索。并且，在2000年6月，MPEG专家组开始制定被称为"多媒体框架"的MPEG-21标准，其目的是开发一个技术环境使得各种多媒体对象在不同阶段不仅可以被大公司交易使用，还可以被普通的个人用户交易使用。

5. 数据库技术

数据库是信息存储和利用的重要形式。随着网络的普及和发展，越来越多的传统数据库实现了网络的互联，极大地方便了用户的使用。同时，网络技术还促进了数据库技术的发展。

（1）分布式数据库

分布式数据库技术是分布式技术与数据库技术的结合。从概念上讲，分布式数据库是物理上分散在计算机网络各结点、而逻辑上属于同一个系统的数据集合。它具有数据的分布性和数据库间的协调性两大特点。系统强调结点的自治性而不强调系统的集中控制，且系统应保持数据的分布透明性，使应用程序编写时可完全不考虑数据的分布情况。目前，虽然分布式数据库技术还不是十分成熟，但已有多种数据库产品支持客户机/服务器（Client/Server）结构，其中Sybase是典型的代表。

（2）WWW数据库

由于网上信息的迅速增长，造成了一方面网络信息资源极大丰富，另一方面网络用户对特定信息需求难以满足的矛盾。要解决这一问题，必须将网络信息有序化，其中，将网络信息集成为一个数据库，由此实现信息的有效管理是解决问题的思路之一。目前，在网上出现的为数众多的搜索引擎就是集中的体现。但是，从信息源的收集、多媒体信息的处理、自然语言的规范化、信息的更新、多语种检索等各个方面还有很多问题没有解决，总的来说，这一技术目前还很不完善。

（3）移动数据库

网络的发展为移动办公提供了可能，由此产生了对移动数据库的需求。通过移动数据库所操作的只是少量数据，但这些数据必须与中央数据库保持同步。Sybase是最早推出移动数据库和嵌入式数据库的公司，随后，IBM、Oracle、Microsoft等也相继推出了自己的产品，如DB2 Everywhere、Oracle 8I Lite等。

另外，面向对象的数据库、多媒体数据库随着网络的普及和发展也逐渐运用到网络中，为网络信息的有序管理提供了强大工具。

6. 数字存储技术

网络的发展使用户在拥有更多信息的同时，也对海量信息的存储提出了要求。最常用的存储设备就是硬盘，开发能存储更多数据的硬盘技术一直是存储器工业的一个挑战。而提高硬盘容量的一个关键因素是提高磁盘能存储数据的区域密度（Areal Density），也就是每平方英寸磁盘表面能存储数据的MB或者GB数。早期的硬盘主要是采用薄膜电感技术，20世纪80年代中期以后，磁阻（Magnetoresistance，MR）技术逐渐取代薄膜电感技术。近年来，巨磁阻（Giant Magnetoresistance，GMR）技术使硬盘的容量又有了大幅度的提高，运用GMR技术已达到了每平方英寸的磁盘表面能存储1.45GB。

此外，光存储介质由于其容量大、盘片成本低廉、交流方便，仍是海量存储技术发展的重点。其发展的方向之一就是开发蓝色激光来读写光盘。蓝色激光比传统的用于普通光盘的红色激光有更小的波长，启用蓝色激光系统在同样的光盘区域内存储的数据是红色激光系统的3.8倍。

另外，网络存储技术的研发也为海量信息的存储提供了思路。目前网络存储技术的开发应用主要集中在两方面：存储域网络（Storage-Area Networks，SAN）和网络附加存储设备（Network-Attached Storage，NAS）。

（1）SAN通过专用的网络集线器、转换器、网关等将各种存储设备（如硬盘、磁盘阵列、磁带驱动器等）连接在一起。用户通过高速光纤通道或SCSI连接来访问存储区中的数据。

（2）NAS设备是可用于存储而又独立于网络服务器的外设，它将联网所需的单元集成在硬盘部件中，因此它能够直接而方便地连接到以太网集线器上。而且，NAS拥有自己独立的OS核心和嵌入式管理能力，用户不必设置NAS设备，并且，即使网络文件服务器崩溃，用户仍然能够访问NAS设备里的数据。

7. 数字通信技术

网络建设的目的就是为了传递信息，随着网络技术的发展，数字通信技术日新月异，各种通信设备层出不穷，但综合起来，数字通信系统一般包括以下部分，如图1.3所示[8]。

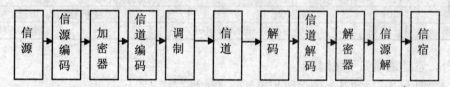

图1.3 数字通信系统模型

（1）信源编码的任务是把模拟信号转换成数字信号，即模数转换。

（2）信道编码通常由纠错编码和线路编码两部分组成。它是在信源编码后的信息码元中，按一定的规律，附加冗元，使码元之间形成较强的规律性，使得信道上传输的码流具备时钟分量等，易于接收端同步接收发送端送来的数字码流，并且根据信道编码形成的规律性自动进行检错甚至纠错。

（3）有时为了适应信道传输的频带的要求，需要将编码后的数字信号频谱变换到高频范围内，即调制。未经调制的信号称为基带信号。

（4）信道是信号传输的媒介，一般可分为有线信道和无线信道。

接收端的解调、信道解码、解密器、信源解码是上述过程的逆转换。当然，并不是所有的数字通信系统都必须具备上述所有的过程，当信源是数字信号时则无需经过信源编码，通信无需保密时可以省去加密和解密过程，基带传输系统甚至连调制和解调设备都可以去掉。

同时，正是由于网络的复杂性，要实现网络的互通互联和信息的传递，必须有共同遵循的规范，对于互联网，这就是TCP/IP协议。

TCP/IP是一种网络通信协议，它规范了网络上的所有通信设备，尤其是一个主机与另一个主机之间的数据往来格式以及传送方式。TCP/IP协议包含了一组超过100个协议的集合，TCP/IP这一名字就是来源于该组协议中的TCP（Transmission Control Protocol，传输控制协议）和IP（Internet Protocol，网际协议）。另外，TCP/IP协议还包括了像FTP（文件传输协议）、TELNET（远程登录协议）、SMTP（简单邮件传输协议）、HTTP（超文本传输协议）等许多协议。

在网上，每一台主机都有自己独占的IP地址，以确保信息的准确传递。IP地址是一个32位的二进制无符号数，为了表示方便，一般将32位地址按字节分为4段，高字节在前，每个字节用十进制数表示出来，并且各字节之间用点号"."隔开。这样，IP地址就表示成了一个用点号隔开的4组数字，每组数字的取值范围是0～255。

IP地址分为5类，其中A、B、C 3类是基本类型，它们根据网络号的最高几位来区分。表1.2表示了IP地址的分类形式。

表1.2　IP地址分类

	0	1	2	3	4	8	16	24	31
A类	0				网络标识码		主机标识码		
B类	1	0				网络标识码		主机标识码	
C类	1	1	0			网络标识码			主机标识码

另外，它还遵循如下规则：

● A类地址中以127开头的保留为内部回送地址；
● 网络号的第一个8位组不能为255，数字255作为广播地址；
● 网络号的第一个8位组不能为0，0表示该地址是本地主机，不能传送；
● 主机号部分各位不能为全"1"，全"1"地址是广播地址；
● 主机号部分各位不能为全"0"，全"0"地址是指本网络。

根据这些规定，我们可以得出A、B、C类IP地址的范围，如表1.3所示。

表1.3　常用IP地址范围表

地址类型	网 络 数	每个网络上可拥有主机数	地 址 范 围
A	126	16,777,214	1.0.0.1～126.255.255.254
B	16,384	65,534	128.0.0.1～128.0.255.254，…，～191.255.255.254
C	2,097,152	254	192.0.0.1～192.0.0.254，…，～223.255.255.254

1.2　网络数据的类型

网络数据按照不同的划分标准可以分成多种类型。譬如，按照网络信息的利用方式可以将网络数据划分为万维网、新闻组、邮件列表、专题讨论组、兴趣组等；按网络数据内容的表现形式可以分为数字型、文本型、声音型、图像和图形型、综合多媒体型；按网络数据作用性质可以分为描述型、技术型、管理型、应用型；根据加工程度不同可以分为原始数据、加工过的数据、标准规范的数据等；按网络数据组织方式的不同可以分为超文本数据、超媒体数据、计算机程序数据、数据库数据等。下面着重介绍网络常见的几种数据类型。

1.2.1 元数据

1. 概念

元数据（Metadata）最早出现在美国航空与宇宙航行局的《目录交换格式》（Directory of Interchange Format，DIF）手册中。目前，对元数据的定义还不统一。其英文定义为 "data about data or information that describes other information"，直译为 "关于数据的数据或描述其他信息的信息" [9]。美国图书馆学会认为，元数据是 "结构化的编码数据，用于描述载有信息的实体的特征，以便标识、发现、评价和管理被描述的这些实体"。在国内的文献中，一般将其定义为 "关于数据的数据"，但具体阐释各不相同，如：

- "元数据是描述信息资源或数据等对象的数据，其使用目的在于识别资源、评价资源、追踪资源在使用过程中的变化，实现简单高效地管理大量网络化数据，实现信息资源的有效发现、查找、一体化组织和对使用资源的有效管理"。
- "描述任何互联网数据和资源，促进互联网信息资源的组织和发现的数据"。"描述资料的资料，可用来协助对网络电子资源的辨识、描述、指示其位置的任何资料"。
- "用于提供某种资料的有关信息的结构化数据"。
- "元数据是与对象相关的数据，此数据使其潜在的用户不必预先具备对这些对象的存在或特征的完整认识。它支持各种操作。用户可能是程序，也可能是人"。
- "元数据是对信息包的编码描述，其目的在于提供一个中间级别的描述，使得人们据此就可以做出选择，确定哪个是其想要浏览或检索的信息包，而无需检索大量不相关的全文文本"。
- "元数据即动态描述电子文件诸特征的信息集合，是对电子文件特征信息准确的表达" [10~13]。

由上可知，目前主要从两个角度来定义元数据：一是强调结构化的数据，元数据是提供关于信息资源或数据的一种结构化的数据，是对信息资源的结构化的描述；二是突出其功能，元数据是用来描述信息资源或数据本身的特征和属性的数据，是用来规定数字化信息组织的一种数据结构标准，它具有定位、发现、证明、评价、选择等功能。

2. 分类

据报道，目前元数据已近40种，由于分类采用的标准不同，对元数据的分类也有不同的结果[12、14]。

Paul Miller 将元数据分为专家层次（Expert Approach）和搜索引擎层次（Search Engine Approach）。前者包括MARC、TEI标题等较复杂的资源描述架构；后者则在HTML文件中隐藏（META）语法，使之可以被搜索引擎用于检索。

张敏、张晓林从完整性和结构性出发，将元数据分为3类：网络查询工具，如Lycos、Yahoo、Alta Vista、Inforseek等；以发现为目的的元数据，如DC、RFC 1807、SOIF、LDIF等；以详细记录为目的的元数据，如ICPSR、CIMI、EAD、TEI、MARC等[15]。

马珉从元数据对组织信息资源的功能，将其分为4类：用来描述、发现和鉴别数字化信息对象的知识描述型元数据（Intellectual Metadata），如MARC、DC；用来描述数字化信息资源的内部结构的结构型元数据（Structural Metadata）；用来描述数字化信息资源能够被利用的基本条件和期限，以及指示这些资源的知识产权特征和使用权限的存取控制型元数据（Access Control Metadata）；用来描述和管理数据在信息评价体系中的位置的评价型元数据（Critical Metadata）[16]。

赵慧勤根据元数据的应用领域分为早已普遍使用的元数据、描述科技文献的元数据、描述人文及社会科学信息的元数据、描述政府信息的元数据、描述地理空间信息的元数据、描述博物馆藏品与档案特藏的元数据、描述大量网络资源的元数据和其他类型的元数据[17]。

英国图书馆情报网络办公室（UKOLN）的DESIRE（欧洲研究与教育信息服务系统）项目，根据元数据格式的结构化程度和复杂程度，将其划分为3个级别，即简单格式、结构化格式和复杂格式。简单格式是互联网搜索引擎专用的元数据格式，只描述信息的位置特征；结构化格式，这些元数据已被结构化并支持字段查询，它有完整描述信息资源的必备数据元素，重要的是这些数据记录能让非专业用户自己来创造，如DC；复杂格式，该格式具有严格的语义规则和完整的信息描述手段，它有严格的格式规定和详尽的字段，能够精确、完整地描述信息资源，它主要是面向专业人员，如MARC、EAD、TEI等[16]。

美国Getty信息研究所按功能将元数据划分为5类，即在管理信息资源中利用的管理型元数据、用来描述或识别信息资源的描述型元数据、与信息资源的保存管理相关的保存型元数据、与系统如何行使职责或元数据如何发挥作用相关的技术型元数据和与信息资源利用的等级和类型相关的使用型元数据。

3. 元数据的结构体系

由于认识角度不同，在国际上对元数据结构体系的划分也不尽相同。戴维·比尔曼将元数据结构体系划分为处理层、条件层、结构层、背景信息层、内容层和利用历史层这6

个层面；国际《都柏林核心研究项目》根据著录信息的类型和范围，将元数据分为与文件的内容有关的数据、对文件负有责任有关的数据和对文件说明的有关数据3个部分；《电子系统中文件永久性法律效力问题的国际研究项目》在其分析用模板（1999年11月12日制定的2.0版）中将元数据分为4个部分，即关于电子文件载体的元数据、关于电子文件类型的外部特征的元数据、电子文件类型的内部元素的元数据和对电子文件所做的各种附加的说明性元数据[14、18、19]。

对于一个元数据格式来说，它由多层次的结构组成：

（1）内容结构，对元数据的构成元素及其定义标准进行描述。例如，一个元数据的构成元素可能根据其目的而包括信息内容描述性元素、技术性元素、管理性元素、结构性元素，元数据内容结构需要对所采用的元素进行准确定义和描述。但是，这些数据元素很可能是依据一定的定义标准来选取的，因此在元数据内容结构中需要对此进行说明。

（2）句法结构，定义元数据结构以及如何描述这种结构，如元素的分区分段组织、元素选取使用规则、元素描述方法、元素结构描述方法、结构语句描述语言等。在有些情况下，句法结构需要指出元数据是否与所描述的数据对象捆绑在一起，或作为单独数据存在但以一定形式与数据对象链接，还可能描述与定义标准、DTD结构等。

（3）语义结构，定义元数据元素的具体描述方法，尤其是定义描述时所采用的标准或自定义的描述要求。有些元数据本身就定义了语义结构，而另外一些情况下则由具体采用单位规定语义结构，例如DublinCore的日期元素采用ISO 8601、资源类型采用DublinCoreTypes、数据格式可采用MIME、识别号采用URL、DOI或ISBN。元数据编码指对元数据元素和结构进行定义和描述的具体语法和语义规则，常称为定义描述语言（Definition Description Languages，DDL）。在元数据发展初期常使用自定义的记录语言（例如MARC）或数据库记录结构，随着元数据格式的增多和互操作的要求，人们开始采用一些标准化的DDL来描述元数据。

4. 元数据的特点

从元数据的元素结构及规则可以看出元数据有如下特点：

（1）结构简单。如DC只有15个基本元素，且根据其可选择性原则，还可进一步简化著录项目。传统的图书馆目录卡片上的著录项目有一些是一般读者不太清楚的，与之相比，都柏林核心更容易被人们所理解，更显得简明，因此，它不仅适合于专业人员使用，也同样适合未经过专门培训的人使用。现在网页的制作者越来越多，他们的知识结构各异，都柏林核心可以使一般用户很方便地使用。

（2）通俗易懂。一般人员根据元素的含义易学易懂。制作者可根据DC的标准标引自己的网页、出版物等，提高标引的质量和效率。

（3）可扩展性。可以与其他元数据如RDF、USMARC等链接使用，以弥补自身的不足，提高DC在不同元数据系统中的互操作性。都柏林核心的基本元素是15个，但是它具有可扩展性，非常灵活，根据需要可以通过加码来扩展，也可以链接其他的复杂记录从而增强其功能。

（4）可选择性。根据行业不同选择不同的元素进行描述。如对地图、艺术品、多媒体等的描述，由于它们各有其特点，所以根据不同的需要可以灵活选择。

（5）可重复性。解决了多创作者、多版本、多语种等的著录问题。如一个主页由多个部门协作完成和维护，或由几个语种揭示，DC通过它的可重复性即可解决。

（6）可修饰性。根据对不同资源信息描述的需求，对元素可进行修饰。如对动态的网页进行描述时，DC可通过创作时间、修改时间、有效时间等修饰性来解决。

（7）信息描述的灵活性。既可用规范化中的规范化词标引，也可用关键词标引。

（8）语义上的相互可操作性。网上存在着各种各样的信息，格式也不同，而且涉及的学科领域无所不有，每个学科都有自身的一些术语以及用词特点，这就造成信息共享的困难，而如果使用都柏林核心来为这些资源提供元数据，由于都柏林核心只选用了最重要的15个元素，同时这15个元素的标识符在各种语言中都保持不变，这样，在不同学科和语言的资料间就具备了语义上的相互可操作性，大大提高了网上信息的可利用率。

（9）国际认同。都柏林核心自从产生以来，就引起了全球的广泛兴趣，现在研究和采纳都柏林核心的各个项目已遍及世界各地。

（10）兼容性。人们对网络信息资源的元数据有各种各样的要求，需要有一个基础结构来支持彼此独立而又互补的元数据的共存，W3C（World Wide Web Consortium）已经开始建构一种元数据基础结构，吸收都柏林核心研究成果而开发出来的RDF是其中很重要的成果，它可以满足许多不同信息提供者对元数据的要求，从而为都柏林核心的发展创造了广阔空间。

5. 元数据的作用

元数据的产生源于对信息管理的需求，因而，其作用主要表现在信息的组织和利用两个方面。对此，刘嘉做了全面的论述[12]。

（1）元数据在网络信息资源组织方面的作用

① 描述。根据元数据的定义，它最基本的功能就在于对信息对象的内容和位置进行描述，从而为信息对象的存取与利用奠定必要的基础。

② 定位。由于网络信息资源没有具体的实体存在，因此，明确它的定位至关重要。元数据包含有关网络信息资源位置方面的信息，因而由此便可确定资源的位置所在，促进了网络环境中信息对象的发现和检索。此外，在信息对象的元数据确定以后，信息对象在数

据库或其他集合体中的位置也就确定了，这是定位的另一层含义。

③ 搜寻。元数据提供搜寻的基础，在著录的过程中，将信息对象中的重要信息抽出并加以组织，赋予语意，并建立关系，将使检索结果更加准确，从而有利于用户识别资源的价值，发现其真正需要的资源。

④ 评估。元数据提供有关信息对象的名称、内容、年代、格式、制作者等基本属性，使用户在无需浏览信息对象本身的情况下，就能够对信息对象具备基本了解和认识，参照有关标准，即可对其价值进行必要的评估，作为存取与利用的参考。

⑤ 选择。根据元数据所提供的描述信息，参照相应的评估标准，结合使用环境，用户便能够做出对信息对象取舍的决定，选择适合用户使用的资源。

（2）元数据在网络信息检索中的作用

① 管理大量低网络带宽的数据元。元数据致力于解决标引大量不同形式的数据而无需数量庞大的网络带宽的问题。标引得到的是代表性数据，而非信息对象本身。

② 支持有效的网络信息资源的发现和检索。当元数据单元和结构被设计用来在深度上分析数据的内容时，它就促进了信息的更复杂和更综合的检索。

③ 分享和集成异构的信息资源。信息资源以不同的形式、不同的特征存在于异构的数据库中。标准的元数据描述允许在分散的网络环境下比较、分享、集成和再利用不同类型的数据。因此，元数据就成了在异构数据库中找到信息的重要的长久途径。

④ 控制限定检索的信息。元数据不仅能够促进有效的异构信息资源的检索，还能够管理限定检索的信息和用户服务，如排序、过滤和评分、保密性和安全性。元数据起到了看门人的作用，具有永远增长的商业化信息资源所不可缺少的特性。

⑤ 此外，从系统的角度审视元数据，元数据的功能还包括提供浏览及检索的功能、管理功能以及组合各个对象以及藏品的再现等。

6. 元数据的管理

随着对元数据研究的深入和运用的推广，元数据格式和类型日趋多样化，元数据的管理成为关注的课题[20]。对于元数据的管理目前有两种思路：一是建立元数据仓库；二是通过元数据桥和元数据交换标准实现元数据的集成管理。

建立一个有较宽专业覆盖范围的元数据标准，让所有行业的元数据均按此标准进行定义和管理，并通过扩展策略来支持新类型元数据的加入，这是元数据仓储的根本出发点。OMG的MOF和MDC的OIM是这种元数据管理策略的代表。MOF（Meta Object Facility）元数据规范是OMG组织采纳的把元数据表示成CORBA对象，从而利用CORBA技术来实现元数据的交换的标准。OIM是为了实现工具和系统之间数据共享和重用的一组元数据标准。它包括200多种类型（Type）和100多种关系（Relationship），这些类型和关系都用UML进行描述，并组织成易用、易扩展的主题区（Subject Area），它已运用到微软的Repository 2.0[21]。

元数据桥和元数据交换标准都是基于建立元数据交换途径，使不同的元数据实现交换，从而达到元数据的集成管理的目的。元数据桥沟通不同工具或应用，提供面向批处理的互操作，目前还没有得到广泛的应用。元数据交换标准允许不同工具用同一种数据格式来共享元数据；标准定义了共享元数据的结构和语义，但没有定义元数据如何在表示层使用。元数据交换标准在不同领域有不同种类，如IT业中的CDIF、XMI和XIF，地理界的"地球空间元数据标准"，人文学界的TEI HEADER，以及档案界的EAD元数据集等。

7. 元数据格式

张敏、张晓林在《元数据（Metadata）的发展和相关格式》一文中列举了26种元数据格式。在此，简单地介绍几种常见的元数据格式[15, 22~30]。

（1）CDWA。艺术作品描述（Categories for the Description of Works of Art）是由AITF（the Art Information Task Force）针对描述艺术品的需要而设计的元数据格式，用于艺术作品、珍本善本和其他三维作品。它包括26个主要类目，每一个类目都有其子类目，包括主题、记录、管理等项目。

（2）DC。柏林核心元素集（Dublin Core Element Set）是1995年由OCLC等机构在美国俄亥俄州都柏林镇召开的第一届元数据研讨会上产生的，它是一个描述网络信息资源的最低限度的元数据元素集，包括15个基本数据元素。

（3）EAD。编码档案描述（Encoded Archival）主要用于描述档案和手稿资源，并利用网络检索和获取档案手稿类信息资源。它是SGML的一个专用数据类型（DTD）。美国国会图书馆网络开发/MARC标准办公室是它的维护机构，美国档案管理员协会（SAA）是该标准的所有者。

（4）FGDC。地理空间元数据内容标准包括300多个元素，7个主要段和3个辅助段。它由美国联邦地理数据委员会（Federal Geographic Data Committee）的地理元数据项目起草，目的是确定一个描述数字地理空间数据的术语及其定义集合，包括需要的数据元素、复合元素、它们的定义和域值，以及描述数字地理空间数据集的元数据信息内容。

（5）GILS。政府信息定位服务（the Government Information Locator Service）由美国联邦政府建立，面向普通公众和政府用户提供如何定位和查找由许多政府机构产生的有用信息。它利用网络和ANSI Z39.50标准执行检索，是美国国家信息基础设施建设的组成部分。GILS的核心是GILS Core，由很多描述信息的元素组成，即政府信息的元数据。

（6）RDF。资源描述框架（Resource Description Framework）是一个基于组的元数据计划，由W3C开发，通过多个致力于元数据发展的组织的共同努力，开发出这个强大、灵活的元数据框架，能运用于广泛领域，以确保元数据之间的互操作性。可以说，RDF是处理元数据的基础。

（7）TEI Header。文本编码计划（the Text Encoding Initiative，TEI）的目标是定义一个表现电子化文本资料的通用格式，使研究者能交换和重复使用资源，不受软件、硬件和应用领域的限制。它规定每一份TEI文件前面都要有TEI Header（由欧洲、北美的图书馆学界与档案学界所组成的委员会订立）来描述该文件，包括文献书目特征描述、编码描述、非书目性特征描述、修订描述。TEI Header的编码必备项只有"文献书目特征描述"中关于题名、出版者、来源的3个数据项，描述项目可根据需要以SGML DTD来扩增，因此编码结构极有弹性；又因著录项目多为直观填写，所以无需要求专业的编码技能。

（8）URC。统一资源描述（Uniform Resource Characteristics/Citations）的基本属性集有URN（统一资源名称）、URL（统一资源定位器）、LIFN（位置独立文件名称）、Author（作者）、TTL（参数有效性时间限制）、Collection（相关性描述）、Authoritative（该URN的权威URC服务器的确定）。URC旨在提供关于网络文献信息资源的元信息，而不涉及其位置及检索机制。它描述元信息目录的网络分布及对应网络上的资源。

（9）USMARC。1995年，美国国会图书馆网络开发和MARC标准办公室颁布了USMARC一体化格式更新版，用以解决与书目文献有关的网络资源与电子资源的连接机制等问题，增补了307字段（文献检索或获取时间）、856字段（"电子资源地址与存取"字段），扩充了原有字段的内涵。它是目前适用于书目记录数据的最系统、最完善、字段最复杂、标准最严格的元数据格式。

（10）VRA。视觉资料核心类目（Core Categories for Visual Resources）由美国视觉资料协会制定，为在网络环境下描述艺术、建筑、史前古器物、民间文化的艺术类可视化资源而建立的元数据格式。VRA著录单元集合比较简单，比较适用于艺术作品、建筑、民间文化等三维实体。

1.2.2　结构化与半结构化数据

1. 结构化数据

在网上，结构化数据主要包括两种形式，即关系型数据库和符合SGML的数据。关系数据库建立在一个严格的二维表上，在列的维度上定义了所需要描述的对象的属性，在行的维度上，记录了所描述对象各种属性的惟一值。Oracle、DB2、Access，甚至Excel都采取了这种数据表达方式，我们对此不再详述。

（1）SGML

SGML（Standard Generalized Markup Language，标准通用标记语言）源于IBM的技术

人员Charles Goldfarh 和Edward Mosher等人在1969年发明的通用标记语言（Generalized Marked Language）。1978年，新成立的ANSI机构的文本处理计算机语言委员会（CLPTC）和GCA的GENCODE委员会合作，在GML的基础上制定了SGML的第一份草案。1985年，英国成立了国际SGML用户组织，1986年，SGML成为国际标准ISO 8879：信息处理标准通用标记语言（Information Processing Text and Office System Standard Generalized Markup Language）。

　　该标准定义独立于平台和应用的文本文档的格式、索引和链接信息，为用户提供一种类似于语法的机制，用来定义文档的结构和指示文档结构的标签。其中，Markup的含义是指插入到文档中的标记。标记分成两种，一种称为程序标记（Procedural Markup），用来描述文档显示的样式（Style）；另一种称为描述标记（Descriptive Markup），也称为普通标记（Generic Markup），用来描述文档中的文句的用途。制定SGML的基本思想是把文档的内容与样式分开。

　　SGML的特点是：

① 结构化，能够处理复杂的文档。

② 可扩展，能够支持大型信息存储的管理。

③ 兼容性，创建的文档与特定的软硬件无关。

　　一个典型的文档可被分成3个层次：结构（Structure）、内容（Content）和样式（Style）。结构，为了描述文档的结构，SGML定义了一个称为"文档类型定义（Document Type Definition，DTD）"的文件，它为组织文档的文档元素（例如章和章标题、节和主题等）提供了一个框架。此外，DTD还为文档元素之间的相互关系制定了规则，以确保文档的一致性。

● 结构，为了描述文档的结构，SGML定义了一个称为"文档类型定义（Document Type Definition，DTD）"的文件，它为组织文档的文档元素（例如章和章标题、节和主题等）提供了一个框架。此外，DTD还为文档元素之间的相互关系制定了规则，以确保文档的一致性。

● 内容，这里指的内容就是信息本身。内容包括信息名称（标题）、段落、项目列表和表格中的具体内容，具体的图形和声音等。确定内容在DTD结构中的位置的方法称为"加标签（Tagging）"，这些标签给结构中的每一部分的开始和结束做上标记。

● 样式，SGML本身正在定义样式（Style）的设置标准，即文档样式语义学和规范语言（Document Style Semantics and Specification Language，DSSSL）。

SGML主要是处理结构和内容之间的关系。

（2）XML

XML（eXtensible Markup Language）是由W3C设计，特别为网络应用服务的SGML的

一个重要分支。总的来说，**XML**是一种元标示语言，可提供描述结构化资料的格式。**XML**由若干规则组成，这些规则可用于创建标记语言。**XML**以其良好的数据存储格式、可扩展性、高度结构化、便于网络传输等优势，将在许多领域一展身手。便于网页信息组织，不仅能满足不断增长的网络应用需求，而且还能够确保在通过网络进行交互合作时，具有良好的可靠性与互操作性。具体地说，**XML**具有以下特点：

① **XML**中的标志是没有预先定义的，使用者必须自定义需要的标记。**XML**是能够进行自解释的语言。**XML**使用文档类型定义DTD（Document Type Definition）来显示这些数据，XSL（eXtensible Style Sheet Language）是一种来描述这些文档如何显示的机制，它是**XML**的样式表描述语言。由于**XML**能够标记更多的信息，所以它能使用户很容易地找到他们需要的信息。利用**XML**，设计人员不仅能创建文字和图形，而且能构建文档类型定义的多层次且相互依存的系统、数据树、元数据、超链接结构和样式表。

② **XML**作为一种可扩展性标记语言，其自描述性使其非常适用于不同应用间的数据交换，而且这种交换不以预先规定一组数据结构定义为前提。**XML**最大的优点是它对数据描述和数据传送能力，因此具备很强的开放性。为了使基于**XML**的业务数据交换成为可能，就必须实现数据库的**XML**数据存取，并且将**XML**数据同应用程序集成，进而使它同现有的业务规则相结合，开发基于**XML**的动态应用，如动态信息发布、动态数据交换等，前提是必须有支持**XML**的数据库支持。**XML**提供描述不同类型数据的标准格式，提供了对多语种的支持，具有世界通用性、高效性和可扩展性。它支持复用文档片断，使用者可以发明和使用自己的标签，也可与他人共享，可延伸性大。在**XML**中，可以定义无限量的一组标记，即提供了一个标示结构化资料的架构。**XML**提供了一个独立的运用程序的方法来共享数据，使用DTD，不同组中的人能够使用共同的DTD来交换数据。应用程序可以使用这个标准的DTD来验证接受到的数据是否有效，也可以使用一个DTD来验证数据。

③ **XML**文档具有良好的数据存储格式。它建立在基本嵌套结构的基础之上，文档组织良好，数据高度结构化，可被**XML**惟一地标识，标记对人和机器都可读。数据不是**XML**文档时，搜索不仅依据数据而且必须依靠数据库结构。HTML依靠文档内容搜索，产生大量无意义的结果。利用**XML**可以很容易地按照**XML**定义的标签分类。

④ **XML**结构性强。**XML**的文件结构嵌套可以复杂到任意程度，能表示面向对象的等级层次。**XML**文档是一种树型结构的文档，可以把某一类中所有文档的共同属性，如标题、作者、段落、图片等抽象提取出来，定义成格式良好的DTD，把每个属性的内容放到**XML**的DTD相对应的节点中去，最后把 **XML**文档存储到数据库中。通常，把**XML**存到数据库有两种不同的方式，即直接模式和映射模式。直接模式是将整篇文档存到数据库text类型的字段中；映射模式是定义好 **XML**文档的DTD，通过DTD将**XML**文档的每个节点映射到数据库的相应字段中，以**XML**来传递和显示，以数据库来存储，这样就可以解决半结构和非

结构化文档的统一存储、管理和浏览这一系列问题。

⑤ XML语义性强。HTML文档只是包括格式和结构的标记。而XML可以自行设计有意义的标记，以便于异构系统之间的数据交换和信息检索，实现机器与机器之间的信息交换。

⑥ XML内容和表现相分离。XML负责存放文档的内容，XSL负责相应的XML的显示，只需要在XML相应的节点（如标题、段落）中放入文档的内容，XML可以通过调用相应的XSL显示在网页上。HTML描述数据的外观，而XML描述数据本身。处理者能够在结构化的数据中嵌套程序化的描述以表明如何显示数据；同样的数据集允许指定不同的显示方式，使数据更合理地表现出来，并且可以用多个查看方法，却不必向网络服务器发出另外的请求，而HTML的任何变化都需与服务器进行交互。XML的这种强大的机制，使得计算机同使用者间的交互尽可能地减少了。

⑦ 通过XML数据可以粒状地更新。每当部分数据变化后，不需要重发整个结构化的数据。XML也允许加进其他数据，加入的信息能够进入存在的页面，不需要浏览器重新发一个新的页面。XML应用于客户需要与不同的数据源进行交互时，数据可能来自不同的数据库，都有各自不同的复杂格式。与其他的数据传递标准不同的是，XML并没有定义数据文件中数据出现的具体规范，而是在数据中附加标签来表达数据的逻辑结构和含义，使XML成为一种程序能自动理解的规范。

2. 半结构化数据

（1）半结构化数据的概念和特点

半结构化数据指其结构隐含或无规则、不严谨的自我描述型数据。它是一种介于严格的结构化数据（如关系数据库的表/元组、对象数据库中的类型/对象）和完全没有结构的数据（如声音、图像）之间的数据形式。关系数据库或面向对象数据库中，存在一个信息系统框架，即模式，它用来描述数据及其间的关系，在这里，模式与数据完全分离。但是在半结构化环境中，模式信息通常包含在数据中，即模式与数据间的界限混淆，这样的数据称作自我描述型数据；某些自我描述型数据中存在结构，但不清晰明显，需要从中提取；而某些数据的结构可见，但是不严谨，如采用不同的方式表达同一信息。

在网上，数据库和HTML格式的文档是信息存在的主要形式。对于数据库而言，不同的数据库表达同类型信息的方式不一致，将这些数据库简单集成后，原有的结构严谨的数据由于结构不规则而成为半结构化数据；而HTML文档是目前网上运用最广的数据格式，HTML的标签使得文档具有结构，但是这样的结构还是和数据混合在一起，不是独立存在，所以我们说网络文档具有隐含结构，是半结构化数据。因此，可以认为，网上半结构化数据主要来源于异构数据集和HTML文档。半结构化数据具有如下特点：

① 模式隐含化。结构化数据都由一个信息系统框架（即模式）描述数据构成，模式和

数据是分离的。而HTML文档的标签使得文档具有一定的结构，但其结构与数据混在一起，没有明显的模式定义，因而是一种隐含性结构。

② 结构不规则。一个数据集合可能由异构的元素组成，同样的信息可能用不同类型的数据表示。例如，现有两个数据库D1和D2，在D1中时间用字符串来表示，D2中却使用日期来表示，其类型不同；D1中直接用字符串表示地址，而D2中却用元组来表示，把地址分为国家、省、市等。这两个数据库集成后，原来结构比较严谨的数据就变得不规则了。异构数据源集成系统通常是形式多样化，并且经常动态变化。例如一个有关图书信息的网页集合，虽然每一个页面描述的图书不同，但它们都包含相似的信息。由于没有严格的结构限制，所以有的页面会缺少某些信息，而其他一些页面则可能多出几条，而且每条信息的表达方式也可能不尽相同，有的用表格形式表达，而有的则用文字描述[31]。

③ 缺乏严格的类型约束。半结构化数据没有预先定义的模式，数据在结构上不规则，缺乏对数据的严格类型约束。半结构化数据通常是先有数据后有模式，其模式是用来描述数据结构的信息，而不是对数据结构进行强制性的约束；半结构化数据通常是非精确的，它可能只描述数据的一部分结构，也可能随数据处理的不同阶段而不同，或由于数据的不断更新而处于动态变化之中。由于没有强制性的模式限制，半结构化的数据具有较大的灵活性，能够满足网络等复杂的分布式环境的需要，但同时给数据集成处理和分析带来不少困难。

④ 半结构化数据的模式可能规模很大，甚至超过源数据的规模，而且会由于数据的不断更新而处于动态的变化过程中。没有强制性的模式的限制，使半结构化数据具有很大的灵活性，能够满足网络这种复杂分布环境的需要，但是也给数据的处理带来了很大的困难，使得数据处理的效率低下，很难具有实用性。

⑤ 半结构化数据语义结构信息残缺不全，不利于数据的深层次处理。因此，网络数据分析如果首先要解决异构数据的集成和查询问题，就需要构造半结构化数据源模型和半结构化数据模型，由于半结构化数据具有结构不规则的特性，因而从中抽取结构模式就成为网络数据挖掘（Data Mining，DM）分析的首要步骤。

（2）HTML文档

HTML（Hyper Text Markup Language）是SGML的一个子集，用于创建网页和网络信息的发布，提供跨平台的文档共享。HTML文档以纯文本形式存储，以标签来定义文档的组织。在HTML文档中，可以嵌入其他对象，如入电子表格、视频、音频以及各种应用程序等内容，通过URL还能实现网络节点间的链接。HTML所提供的功能能够满足许多网络信息发布的需要，如发布在线文档，文档中包含图像、列表、选择框等内容，通过URL实现远程网络节点在线链接，提供交互查询提问单。HTML的文档标签主要分为8类：格式控制标签、字体控制标签、加载图片标签、定义超文本链接标签、特殊字符标签、颜色背景控制标签、表格标签、交互表格标签。HTML在网络中主要存在两种结构：一种是超文本结构，依据此结构，逻辑上相关联的结构信息在物理上被链接，利用标签能够将文件以及图像的区域链接到本地计算机或互联网其他地方的文档中去；另一种是由HTML文本特点决定的文本组织结构，通过HTML语言，用不同的方法将数据组织在文本中。例如给定一个HTML页，通过HTML标签容易识别该页的标题或一些复杂的结构，如表格（Table）、项目列表（List）等。

HTML有如下特点：

① 通用性。HTML作为WWW中共同的信息描述方式，可以实现不同平台的文档共享。

② 创建的灵活性。HTML文档是纯文本文件，它可以由各种各样的编辑工具进行创建，并在WWW浏览器上运行。

HTML的缺点是：

① 表现比较简单。HTML文件将数据和数据的表现集中在一起，形式较为单调。尽管它能表达脚本、表格和帧等功能，但很难表达复杂的形式。

② 链路容易断，链宿地址如果改变后，链源不能自动纠正。

③ 检索时线索的时间较长，检索到的内容针对性较差，返回的结果太多。

④ 扩展性差。HTML的标记集合是固定的，用户不能增加自己的有意义的标记。现在网络技术发展得非常快，不断地有新的数据格式内容上网，这就要求能够有一种比较灵活的标签机制来满足不断发展的网络内容的要求，但标准的HTML不允许用户根据自己的需要来创建新的标记，更无法表示许多特殊行业的数据类型。

⑤ 缺少语义，HTML是一种标记技术，不能很好地揭示信息的本质。计算机无法知道文件中各段文本的确切含义；HTML在设计上是用来展示内容和手动浏览网络的，不适合资源的自动化管理；因此，HTML只是一种表现技术，并不能揭示所标记信息的具体含义。HTML通过标记来定义文档内容以什么样的形式显现。HTML是一种显式描述语言，它仅仅描述了网络浏览器应该如何在页面上布置文字、图形等，并没有对信息的本身含义进行描述。通过HTML表现出来的文字、图形内容很容易被人理解，而要计算机去理解这些标记内的文字的含义就比较困难。

（3）半结构化数据模型

在实际应用中，因为常常需要集成异构的数据集合和在网上从HTML文档中发掘知识，这就希望找到一种高度灵活的模式来表达不同种类的数据，所以创建数据模型就成为解决问题的关键[32]。

① 对象交换模型（Object Exchange Model，OEM）。OEM是用来表示半结构化数据的一个模型，它既考虑网页内各成分的关系，也考虑网页之间的关系。OEM的表示方法采用边上带有标号的有向图表示，顶点表示对象，用惟一的标识符标识。OEM不坚持严格的

结构化，如地址可以是字符串也可以是元组。由于开发者可能采用不同的语义结构，并且包含所有应用程序需要的复杂数据模型的标准化难以做到，但OEM模型使得网络上的任何数据都可以映射到这个交换模型，不用特定的软件就可以访问，所以从这个意义来讲，OEM模型不排除使用兼容的、丰富的数据模型，而系统仍能利用特定的结构信息。OEM模型也体现了对象概念，每个对象用一个标号的元组表示，元组内包含了一个OEM集合。OEM模型中的模式发现就是从OEM数据库发现最长频繁简单路径表达式，在算法中利用了层次数据的特性。OEM没有考虑到网络标记的语义信息，而仅仅注意到链接标记，大多数路径表达式表示链接语义。事实上，网络各种标记或多或少都含有语义信息或反映语义关系，如表格、列表、特殊的字体等，在数据模型中应该能体现这些信息。OEM是专为表达半结构化数据而设计自描述对象模型，最初的目的是为异构数据源间的数据交换提供高度灵活的转换工具。

② ADM模型。超文本的数据模型ADM特别强调面向页面的概念，把每一个页面看作一个对象，用对象标识和各种属性去描述它；相似结构的页面使用页面模式表达，这里页面模式相当于关系数据库中的关系模式，或者面向对象数据库中的类。在ADM模型里，对象的属性有单值和多值之分，单值属性对应着文本、图像或到其他页面的链接等类型，多值属性通常用列表表达，列表中可以包含各种类型的值，包括单值和多值；页面间的关系由超级链接维持，所以ADM模型中没有子对象的概念，每一个节点就是一个对象，这个对象可以是页面，也可以是页面模式，一个对象通过链接与其他对象发生联系。

③ 自描述对象模型（Self-Description Object Model，SDOM）。SDOM为所有的对象都配备一个描述自身含义的标记。每个对象均用如下四元组结构表示：（标号，类型，值，OID）。其中标号是描述对象表达内容的变长字符串，由应用程序和用户能够理解的字符串来表示，对象中的标号是可以选的，有标号的对象为有名的对象，否则为无名对象；类型是指对象值的数据类型，包括基本的原子类型，如整数、串、实数，以及集合、结构和关系类型，信息源不同，原子类型不同；值是所表示对象的取值，它包括了原子类型和子对象的集合，并允许对象的简单嵌套；而OID是表示该对象的惟一标识，可以是各种类型。标号和OID为半结构化数据的查询提供了逻辑入口和物理入口。

④ 对象继承模型（Model For Object Integration，OIM）。在OIM模型中，一个对象用四元组（OID，n，t，c）表示，其中OID是对象的标识符；n是对象名；t表示对象类型；c表示对象值。t除了表示基本数据类型（如integer、char、float、string等）外，还可以表示集合数据类型（如set、list、bag等）、可变长数据类型和引用类型ref。

1.2.3 非结构化数据

网上拥有大量的自然语言文本、图像、声音等数据，这类信息根本无法用数字或者统一的结构表示，我们称之为非结构化数据。这些数据里隐含着许多非常有价值的信息，加强非结构化数据的管理和利用是开发利用网络资源的重要内容。虽然数据库是我们管理信息的主要手段，但是关系数据库由于其结构模型的限制，处理网上大量的非结构化数据显得力不从心，所以虽然关系数据库进行了很多改进，如引入面向对象技术，但却无法从根本上解决问题。针对关系数据库模型过于简单，不便表达复杂的嵌套需要，以及支持数据类型有限等局限性，我们从数据模型入手提出了基于互联网应用的非结构化数据库理论。

所谓非结构化数据库就是字段数和字段长度可变的数据库。它从数据模型入手，采用子字段、多值字段以及变长字段的机制，允许创建许多不同类型的非结构化或者任意格式的字段，从而突破了关系数据库严格的表结构，解决了关系数据库模型过于简单、不便表达复杂嵌套的问题；在其底层存储机制的变革基础上，采用先进的倒排档索引技术，从而实现了对于海量文献信息的快速全文检索的功能，并同时支持多种字段限定检索。对于多媒体信息的存储和管理，非结构化数据库系统采用外部文件方式，摈弃了传统关系型数据库采用二进制字段存储的方式，实现了对于图形、声音等多媒体信息的高效管理。具体地说，非结构化数据库具有如下特点[33]：

（1）数据结构的非结构化

非结构化数据库也是建立在二维表的基础之上的，但在数据结构上又与关系型数据库有着很大的不同。关系数据库建立在一个严格的二维表上，在列的维度上，对于每个属性其长度和类型是事先定义，并且很难扩展的；在行的维度上，每一条记录都不完全相同。关系数据库以二维表的方式管理数据，数据以一条条记录的方式存储，每一记录内部包括许多字段，字段名不可重复，对每一记录的每一字段具有惟一值，字段中不支持子字段。而非结构化数据库的二维表却不是严格的，在列的维度上，对于每个属性都是可以伸展的，即属性的长度是可变的；并且，它支持重复字段和子字段，也就是说，对于一个字段，可以在行、列方向上有多个值；这使得非结构化数据库可以在记录中实现二维嵌套，避免由于关系连接导致的系统性能问题。它的字段实质上可以存放关系数据库的一张表，在一张表中压缩了关系数据库中一对多的关系，因此，非结构化数据库的表突破了关系数据库的范式限制。

（2）丰富的数据类型

关系数据库在数据类型上主要管理各种字符型、数值型数据，虽然后来也提供了对于一些超长文本、图像、声音等多媒体以及面向对象的扩展，但对这些数据类型的扩展仅仅停留在简单的存储与输出上，对于数据的深层次的检索或其他需求则必须通过特别的开发和处理，这必然对系统的效率产生负面影响。非结构化数据库在数据类型上不仅可以支持字符型、数值型数据，而且由于其强大的外部文件支持功能，更可以支持任何文件类型，如超长文本、图像、声音等扩展型数据类型，同时，非结构化数据库对于TXT文本、DOC、

Excel、PDF、PS、RTF、HTML等具有检索意义的外部文件类型，还能提供强大的索引和全文检索功能。

（3）灵活的索引

数据库最核心的技术之一就是数据的检索技术。对于任何一个数据库系统，数据检索都是其核心，而进行数据检索之前必须建立索引，只有建立了严密的索引，才能使数据库强大的检索功能得以发挥。数据库索引方式的差异决定了数据库的检索方式及检索能力。现有关系数据库支持的索引只限于单字段索引、复合索引等几种方式。对数据库的检索主要基于结构化查询语言，因为受到关系数据库的索引限制，所以其数据查询能力也受到很大的限制。非结构化数据库由于有灵活的数据结构，支持的索引方式比关系数据库要丰富得多，可以满足极其复杂检索的需要。其中字段索引兼容关系数据库的索引，子字段索引和全文索引是非结构化数据库的特色，非结构化数据库甚至可以支持人工标引索引，中、英文混合索引等方式。配合非结构化数据库的格式化语言，可以对同一字段进行若干种不同的索引，以满足特殊检索的需求。数据库系统能够提供的检索方式是与其对数据库内容建立的索引密切相关的。高度灵活的索引方式造就了高度灵活的检索方式，非结构化数据库对中文的全文检索效率比关系型数据库要高得多。

在信息检索查询方面，非结构化数据库内嵌全文检索引擎，采用倒排档索引技术，不仅能够对整个字段进行查询，而且可以提供子字段、关键词、自由词、标引词、位置词和全文任意词的单项及组配检索。在自然语言处理技术和人工智能技术的支持下，非结构化数据库不仅检索功能强大，而且速度也非常快，它采用自然语言处理和人工智能技术，提供基于内容的检索，提高了系统的查全率。

（4）支持海量数据

非结构化数据库处理的对象多为海量数据，它不仅检索功能强，而且检索速度快，在检索速度方面一般不受文献量的影响。

（5）网络功能较强

利用非结构化数据库基于互联网的数据库结构模型，采用网络服务器和数据库服务器紧密集成的方法，可以将由客户机/服务器结构扩展来的浏览器/网络服务器+应用服务器/数据库服务的三层体系结构，集成为浏览器/网上资源发布系统式的互联网计算结构，使数据库系统成为互联网的一个重要有机组成部分，实现在单一平台上融合所有数据库和应用服务器的功能。

1.2.4 流媒体数据

1. 流媒体概念

流媒体（Streaming Media）是网络传输音频、视频、动画等多媒体信息的一种新技术。

流媒体就是连续的数据流，流媒体表征穿过网络的数据，它不仅包含了数据流的属性，还包括数据流通过网络的方式。流式媒体在播放前并不下载整个文件，而是随时传送随时播放。

2. 流媒体的类型

目前，网上使用较多的流媒体格式主要有RealNetworks公司的RealMedia、Apple公司的QuickTime和Microsoft公司的Windows Media。RealNetworks是世界上第一个推出流媒体的公司，它提供的媒体格式和制作工具格式有QuickTime电影、AVI视频、AIFF音频、SGI图像、Macromedia Flash等。此外，QuickTime Player能够输入多种格式的音频、视频和图像媒体文件，并进行转换，输出为其他格式。QuickTime Player还支持基于HTTP、RTP、RTSP、FTP流格式的在线音频和视频。

RealMedia包括流音频技术RealAudio、流视频技术RealVideo和网络动画技术RealFlash三类文件。其中RealAudio用来传输接近CD音质的音频数据；RealVideo用来传输不间断的视频数据；RealFlash则是RealMedia公司新近推出的一种高压缩比的动画格式。

QuickTime是Apple公司面向专业视频编辑、网站创建和CD-ROM内容制作领域开发的多媒体技术平台。QuickTime支持几乎所有主流的个人计算机平台，是数字媒体领域事实上的工业标准，是创建3D动画、实时效果、虚拟现实、A/V和其他数字流媒体的重要基础。

Windows Media Player是Microsoft公司推出的通用媒体播放器，可以接收音频、视频和目前较流行的多种混合格式媒体文件，支持流媒体、在线聆听、观看实时新闻等。其支持的媒体格式有MIDI、MP3、电影文件MPEG、Microsoft流式文件、QuickTime文件、Real媒体等。Microsoft公司的Windows Media的核心是ASF（Advanced Stream Format）。ASF是一种数据格式，音频、视频、图像及控制命令脚本等多媒体信息通过这种格式，以网络数据包的形式传输，实现流式多媒体内容发布，其中在网络上传输的内容就称为ASF Stream。ASF支持任意的压缩/解压缩编码方式，并可以使用任何一种底层网络传输协议，具有很大的灵活性。

除了上述的主要格式外，流媒体还有Macromedia的Shockwave Flash技术，通过这一技术可以方便地在网页中加入图像、动画以及交互式界面等操作。此外，在Shockwave Flash中还采用了矢量图形技术，使得文件下载播放速度明显提高。

3. 流媒体的基本原理

所谓流媒体是指采用流式传输的方式在网络播放的媒体格式，而流式传输方式则是将整个A/V及3D等多媒体文件经过特殊的压缩方式分成一个个压缩包，由视频服务器向用户计算机连续、实时传送。在采用流式传输方式的系统中，用户不必像采用下载方式那样等到整个文件全部下载完毕，而是只需经过几秒或几十秒的启动延时，即可在用户的计算机上利用解压设备（硬件或软件）对压缩的A/V、3D等多媒体文件解压后进行播放和观看。此时多媒体文件的剩余部分将在后台的服务器内继续下载。与单纯的下载方式相比，这种对多媒体文件边下载边播放的流式传输方式不仅使启动延时大幅度地缩短，而且对系统缓存容量的需求也大大降低。由于目前的网络带宽还不能完全满足A/V、3D等多媒体数据流量大的要求，所以在流媒体技术中，应对A/V、3D等多媒体文件数据进行预处理后才能进行流式传输，主要包括降低质量和采用先进高效的压缩算法两个方面。

与下载方式相比，尽管流式传输对于系统缓存容量的要求大大降低，但它的实现仍需要缓存，这是因为网络是以包传输为基础进行断续的异步传输。数据在传输中要被分解为许多数据包，但网络又是动态变化的，各个包选择的路由可能不尽相同，故到达用户计算机的时间延迟也就不同。所以，使用缓存系统是用来弥补延迟和抖动的影响，并保证数据包传输顺序的正确，使媒体数据能连续输出，不会因网络暂时拥堵而使播放出现停顿。流式传输的实现需要合适的传输协议。

4. 流媒体的特点

流媒体的特点如下：

（1）流媒体可以不再像以前那样，当访问存储在服务器上的媒体文件时，要等到整个文件传输到用户端才能开始播放。它总是将大的文件分成较小的部分，依次发送到客户端。客户端使用的流媒体播放器在接收到一定量的文件数据包后就会开始播放，而不用等接收完全部的数据才开始，这样就能满足媒体播放的实时性。

（2）流媒体采用了先进的数据缓冲技术，当数据到达媒体播放器后，它会自动在系统缓存中存储一定量的信息数据，然后流媒体播放器从缓存中提取数据，实现媒体平滑流畅地播放。

（3）流媒体运用了先进的数据压缩和解压缩技术，数据压缩方式与JPEG图像压缩方式很相似，只在播放时，才由流媒体播放器进行实时的解压缩，这样可使声音和视频文件在保证质量的前提下，压缩到很小。

（4）流媒体在网络中的发布形式具有多样性。既可采取传统的HTTP超文本传输协议方式进行传输，也可采用专用的流媒体发布协议，这些专用的发布协议具有HTTP协议所不具有的一些功能。如采取HTTP协议进行流媒体视频和声音的传输，在用户端播放时，可能会因网络通道不畅等原因出现迟滞或停顿、跳帧等现象。而采用专用的流媒体传输协议方式时，用户端播放器和服务器之间可以实现实时的双向交流，自动根据网络传输状态实时调整数据传输速率，在必要的情况下甚至可以丢弃一些不很重要的数据，以确保用户端的播放质量。

1.3　网络数据的特点

网络是一个开放的系统，随着社会网络化进程的深入，网上信息迅速增长，并表现出以下特点：

（1）内容丰富

随着网络在社会各领域的运用，网上的信息内容日渐丰富，从科研教育到生活娱乐、从政策法规到文学艺术、从经济金融到军事政治，它几乎涵盖了人类知识的各个领域。互联网已经成为世界上最大、最开放的信息集散地。人们通过互联网，可以真正做到足不出户就能知天下事。CNNIC的第11次调查中对我国网络用户经常查询的信息类型进行了统计，它涵盖了新闻、计算机软硬件信息、休闲娱乐信息、生活服务信息、社会文化信息、电子书籍、科技、教育信息、体育信息、金融及保险信息、房地产信息、汽车信息、求职招聘信息、商贸信息、企业信息、天气预报、旅游、交通信息、医疗信息、交友征婚信息、法律/法规/政策信息、电子政务信息、各类广告信息等20余类，其中使用频率最高的是新闻、计算机软硬件信息和休闲娱乐信息。

（2）类型多样

网上的数据在网络发展的初期，以文本型数据为主。随着多媒体技术和数字通信技术的发展，图像、声音、软件、数据库等各种形式的数据在网上占有的比重越来越大。现在人们在网上欣赏音乐、观看电影、开展网上教育和学术交流、享受医疗保健服务和网上购物、咨询已经是很平常的事；大量传统文献型的信息也通过各种数字化技术发布到网上，网络期刊、报纸、数字图书馆已经成为许多人必不可少的信息获取渠道；各种单机版的数据库，像Dialog、Medline等也通过升级改造实现了网上服务；大量实时性的数据，如股市行情、天气预报、交通报道也充斥着网络。这些数据类型各异，但通过网络很好地将它们组合在一起，构成了多姿多彩的网络世界。2001年4月CNNIC的统计表明，我国平均每个网站有图像文件4,291个，平均每个网页有图像文件6.4个，平均每个网站音频文件数为5个，视频文件数为0.3个，在线数据库约33,354个，拥有在线数据库的网站占全部网站的14%。

（3）数量巨大

互联网是由为数众多的共同遵循TCP/IP协议的网络构成的巨大网络空间。它联结着遍布全球的大学、研究所和图书馆、近万家杂志期刊和报纸出版机构，以及数不清的政府机构和公司，任何机构、个人都可以在网上发布信息。可以说，网上的信息资源已不计其数，而且每天都在增长。据Network Wizards的统计，1997年1月，全球主机数为16,146,000台，WWW网站650,000个，网上的信息量以每年341.63%的速度增长。ISC统计数据表明，至2003

年1月，全球入网主机数已达171,638,297台，仅我国WWW站点数就达371,600个。美国英克托米的统计表明，2000年1月18日互联网上可编索引的网页已超过10亿，2001年4月30日截止的中国互联网信息资源数量调查显示，我国当时的网页数为159,460,056个，总字节数为3,158,903,703KB，在线数据库总数为45,598个。

（4）结构复杂

由于互联网是一个开放式的系统，联入网的每一个系统的系统构成不同、信息组织方式不同、数据类型各异，因而网上的数据结构极其复杂。从服务器的类型来说，有电子邮件服务器、FTP服务器、Gopher服务器、WWW服务器，以及各种专用服务器，每一种服务器工作原理、数据结构都不完全相同。即使是同一类型的服务器，甚至同一个网站和网页中的信息，其数据类型也不完全一样，如在一个HTML文档中可以包含文字、图形、表格、音频、视频等各种信息。表述信息结构化程度最强的关系型数据库，在描述同一信息时，由于所使用的描述方式不同、数据类型不同或数据库管理系统不同，也使得不同系统呈现出极大的差异性。

（5）变化频繁

网络数据变化频繁，表现如下：

首先可以从网络数据内容更新的速度上讨论。网上的数据可以按照老化周期的长短大致分为3类，即相对稳定的信息，如政府和企业的介绍信息、法律法规信息、科研成果信息等，这类信息的老化时间以月、甚至年计；迅速老化的信息，如网络新闻、网上报纸、天气预报、交通信息等，这类信息的老化周期以小时或天计；即时信息，如证券信息、在线交流和网上节目直播等，这类信息的老化周期一般只有几秒，最多几分钟。

其次，网络数据的变化还可以表现在网络数据的载体——网页的更新上。CNNIC的调查显示，有6.89%的网页在1周以内更新，更新时间在1周到1个月之间的占5.01%。

再次，网络数据的变化还反映在网址的变化和网站结构的调整上。在网上，系统的合并、升级、停止运行等都会造成网址的变化和网站信息组织方式、组织结构的改变。前一段时期，IT行业大量企业的倒闭、兼并、重组使得相当多的网站停止运行或变更网址，兼并重组后的企业，随其经营方式和服务内容的转变，网站信息也进行了重大调整。

（6）质量不一

网上信息发布具有很大的自由度和随意性，缺乏有效的过滤、质量控制和监管机制，因此，网络信息的利用价值差异极大。这些信息既有信息含量大、价值高的，也有无用的、重复的，并且相互混杂交织在一起。信息质量良莠不齐，为用户选择、利用网络信息资源带来了不便，也给网络信息资源的开发、管理提出了要求。

1.4　网络数据的收集与处理

1.4.1　网络数据的来源与收集

数据是网络的灵魂，网络、计算机和数字化资源的关系被形象地比喻成路、车和货，因此，合理开发和使用网络，最核心的工作之一就是根据选定的领域，采取适当的模式和方法，建立网络信息资源。一般来说，网络信息资源的建设可以通过3种方式：

（1）将已经数字化的信息资源采取适当的形式直接发布到网上。

（2）将传统文献型的数据源通过各种数字化手段将其转化成网络资源。

（3）利用现有的网络数字资源，合理组织，为我所用。

数字化信息资源的网络化是目前网络信息资源建设最重要的手段。在网络得到广泛应用以前，已经存在大量的数字化信息资源，如电子文档、数字化的声频视频资料、电子期刊、电子图书和各种类型的数据库，这些数字资源在经过简单的处理和转化后就能直接发布到网上。

将现有文献型信息资源经过数字化处理后上网是形成网络数字资源的另一种方式。目前，几乎所有的数字图书馆项目都毫无例外地采用了这种建设方式。1995年秋，美国国会图书馆在美国第104届国会的支持下启动的国家数字图书馆项目（National Digital Library Program，简称NDLP）是这种方式最好的代表。该项目被称为"美国的记忆（American Memory）"，全部预算资金为6000万美元，将以数字产品形式集中反映美国的历史、文化收藏，主要包括反映美国历史、文化和立法方面的照片、文字手稿、音乐、电影、图书、图片、乐谱等资料[34, 35]。

网上的数字资源浩如烟海，我们可以直接利用网上已有的信息进行二次开发。这包括两种形式，一是将所需信息下载到本地，加以重新组织，形成新的资源库；二是利用各种技术建立网上虚拟信息库。网上信息数量巨大，形式复杂，获取所需数据资源一般都是借助网络搜索工具，如搜索引擎、目录数据库等完成的。

1.4.2　网络数据的筛选与转换

互联网是一个开放的系统，任何个人和机构都可以在网上发布信息。由于上网的信息没有经过严格的筛选和审查，导致网上信息冗余、信息老化陈旧、信息污秽等现象十分普遍。因此，把网络信息加以过滤，选择有价值的信息，并实现信息的有序化是网络数据开发利用的重要环节。

网络数据的筛选一般有3种方式，即人工筛选、计算机自动筛选和人工与计算机协作筛选。依靠人工进行网络数据的筛选一般只适用于数据量不大的情况。但一般来说，在网上需要处理的数据量极大，单纯依靠人工进行数据筛选既不经济也不可行。采用计算机技术自动实现数据的筛选成为人们考虑的主要方式，如搜索引擎。从目前来看，一般有3种方式：

（1）一是利用标准化的数据资源，通过比较和规范化过程实现筛选。

（2）二是通过通用数据筛选工具进行筛选，但这种方法的缺陷是效率和准确性不高。

（3）三是根据实际情况，自主开发网络数据筛选工具。

当然，最后一种是比较理想的方式，但开发有针对性的筛选工具从开发周期和成本上考虑都是不经济的。通过人与计算机的交互共同实现对网络数据的筛选也是目前常用的一种形式，如Yahoo对于网络信息资源的选择和组织就是采用这种方式。

同时，由于网络信息类型复杂，不同的信息在网上的组织方式差异极大，所以为实现资源共享，必须加强网络信息资源建设的标准化工作，这包括设计网络数据标准和开发网络数据转换工具。目前在这一领域已经取得了相当不错的成绩，如元数据的开发和标准化、XML的运用等。

1.4.3　网络数据的组织与集成

1. 网络数据的组织

网络信息组织的本质是对网络数据的管理。

（1）网络数据组织的特点

传统的信息组织主要是以印刷型的文献组织为主，是一种顺序的、线性和固定的组织方式，缺乏内在联系。由于不具备对信息进行处理和组织的技术条件，所以只能借助信息字面含义来组织信息，这种一维的、顺序的、静态的信息组织方法，不利于充分、客观地揭示和反映多维性的知识空间。而网络信息数据组织除了文字信息以外，还包括声音、图像、视频等类型信息的组织，其组织应该是一种分布式的模式，其信息对象可能并不存储在同一地方，而可能是分布在不同的服务器上，与传统的信息组织相似，网络信息组织也是将网络原始资源进行描述、揭示、分析和存储，形成动态、有序化、系统的二次信息。网络信息组织由3部分组成：统一资源定位URL、元数据和数据。URL广泛用于赋予网络信息的惟一标识号，由于网络信息处于无序状态，又易于随意改动，其存放地点也就相对不固定，所以URL对于建立一个有序的网络信息保障体系来说，具有非常重要的意义。网络信息对象只有被赋予惟一的URL，才能被组织和检索。元数据是一组描述数据本身基本特征的数据，随着网络技术的发展，传统的信息组织技术与规范已难以适应网络信息的需要，元数据作为一种规范网络信息的数据结构标准，为网络信息组织提供了手段。

（2）网络数据组织的基本内容

网络信息组织的基本内容其实就是索引，包括采集信息、建立数据库、标引信息和形成索引。

首先，利用既能在网上检索文件并自动跟踪读文件的超文本结构，又能循环检索被参照的所有文件的软件，来采集各网点的文本、HTML项及其各种信息，并进行分类标引。通常从现有的URL集成起步，然后在网上自动搜索找到一个文件，分析它的HTML题目、全文和链接点，再利用它们作为新的URL起点，继续漫游，直到没有满足条件的新的URL为止。在漫游的同时，将它到达过的所有站点的信息和内容予以记录，并通过网络传送到本地。

具体地说就是：

① 在对文本进行索引时，首先对原始信息进行分析、抽取、整理、归纳，并组成字典库，然后根据字典库上的所有字词，建立一个大的倒排序文件，再根据不同的格式对原始信息集合抽取出一个文档以及相应的标题、文字等信息，建立标题文件、资源描述文件、目录文件等多级索引结构。

② 在对图形图像进行索引时，主要通过分析图像的内容、颜色、纹理等进行特征索引建立特征库的方式来实现，即通过对图形图像文件或标题进行索引，对网站或页面标题进行索引，采用人工干预找出图像并进行分类，对图形图像的颜色、纹理等特征用特殊的方法进行标引。

③ 在对动画信息进行索引时，主要通过对动画的数字结构的分析与处理来实现。现在已研制出形形色色的网络信息资源发现工具，用以对网络资源的自动跟踪。当网络文件传送到本地后，资源发现工具会对其进行剖析，按一定的策略将查询的内容（如URL、关键字、某些特定词）抽取出来，形成可供检索用的索引数据，并把它添加到索引数据库中。

（3）网络数据组织的模式

随着信息量、信息种类及传递速度的发展，信息组织模式已发生根本性的变化。为了便于信息的使用与共享，一般采用以下模式来组织网络信息：

① 自由文本方式。由于计算机处理的所有最终结果都能以文件的形式保存下来，因而对图形、图像、图表、音频、视频等非结构化信息可方便地利用文件系统来管理。该模式主要用于全文数据库的组织和对非结构化的信息进行组织和处理。以文件方式组织网络信息资源的优势是简单方便。计算机有一整套文件处理的理论与技术，在组织网络信息资源时可以非常容易地利用这些现成的技术和方法，因此，以文件方式来组织网络数据仍然被广泛使用。网络也提供了的专门的协议来帮助用户利用那些以文件形式保存和组织的信息资源，如FTP。但以文件方式来组织网络数据有其难以克服的弱点：

● 随着网络的普及和信息量的不断增多，以文件为单位共享和传输信息会使网络负载越来越大。

- 对结构化信息的组织与管理显得软弱无力。
- 文件系统只涉及信息的简单逻辑结构，当信息结构较为复杂时，就难以实现有效的控制和管理。
- 随着以文件形式保存和管理的信息资源的迅速增多，文件本身也需要作为对象来进行管理。因此，文件只能是网络信息资源管理的辅助形式，或者作为信息单位成为其他信息组织方式的管理对象。

② 数据库方式。数据库是对大量的规范化数据进行管理的技术，数据库方式是当前普遍使用的网络信息资源的组织方式，主要用于处理结构化的数据。

利用数据库技术进行网络数据管理有以下优势：

- 对大量的结构化数据的处理效率有了很大提高。数据库技术利用严谨的数据模型对信息进行规范化处理，利用关系代数理论进行信息查询的优化，从而提高了管理的效率。
- 数据的最小存取单位是字段，可根据用户需求灵活地改变查询结果集的大小，从而降低了网络数据传输的负载。
- 以数据库技术为基础已建立了大量的信息系统，形成了一整套系统分析、设计与实施的方法，为建立网络信息系统提供了现成的经验和模式。

但该方式也有不足之处：

- 面对网络环境中日益增加的多媒体信息、表格、程序、大文本等非结构化信息，传统数据库虽然做出了很多改进，但对这类信息的处理仍显得力不从心。
- 网络信息单元的结构日益复杂化，而数据库技术囿于其严格的数据模型规范，无法有效处理，难以表示出复杂信息对象的语义和数据之间的知识关联。
- 缺乏直观性和人机交互性。关系数据库系统的检索结果以记录集合的形式出现，必须由应用程序将之进行适当处理，才能以较直观的方式提供给用户，因而缺乏灵活易用的界面机制。

③ 主题树模式。该模式组织的方法是将数据按照某种事先确定的概念体系分门别类地逐层加以组织。用户通过浏览的方式层层遍历，找到所需的信息线索后，通过信息线索链接到相应的网络信息资源。利用主题树方式组织的优势主要有：主题树屏蔽了网络资源系统相对于用户的复杂性，提供了一个基于树浏览的简单易用的网络信息检索与利用界面；数据信息检索由用户按照规定的范畴分类体系，逐级查看，目的性强，查准率高；采用树型目录结构组织信息资源，具有严密的系统性和良好的可扩展性。

当然，这种方式也存在一些缺陷（例如，以主题树方式组织网络信息，必须事先建立一套完整的信息组织体系）：

- 网络信息资源的庞杂性，决定了很难确定一个全面的范畴体系作为主题树结构的基础，来涵盖所有的网络信息资源。
- 用户为了准确迅速地获取信息，必须对相应的范畴体系有较全面的了解，这就增加了用户的负担。而且，为了保证主题树的可用性和结构的清晰性，范畴体系的类目不宜过多，每一类目下的信息索引条目不宜过多，这就大大限制了一个主题树体系所能容纳的信息资源的数量。因此，主题树结构不适合建立大型的综合性的网络资源系统，但在建立专业性或示范性的网络信息资源体系时，就显示出其结构清晰、使用方便的优点。

④ 超媒体模式。超媒体技术是超文本与多媒体技术的结合，它将文字、表格、声音、图像、视频等多媒体信息以超文本方式组织起来，使人们可以通过高度链接的网络结构在各种信息库中自由航行，找到所需要的任何媒体的信息。

采用超媒体方式组织信息资源的优势主要有：

- 以非线性的方式组织信息，符合人们思维联想和跳跃性的习惯。
- 节点中的内容可多可少，结构可以任意伸缩，具有良好的包容性和可扩展性。
- 可组织各类媒体的信息，方便地描述和建立各媒体信息之间的语义联系，超越了媒体类型对信息组织与检索的限制。

通过链路浏览的方式搜寻所需信息，将信息控制机制融合进系统数据之中。正是由于超媒体的优点，使它已成为占主流地位的信息组织方式。

当然，利用它组织网络信息资源也有一些缺陷：

- 采用浏览的方式进行信息搜寻，当超媒体网络过于庞大时，很难迅速而准确地定位于真正需要的信息节点上。
- 很难保存遍历过程中所有的历史记录，不能在需要时立即返回到曾经过的某一节点，难以避免所谓的迷航现象。

（4）网络数据组织的发展趋势

① 后控词表的使用。在网络数据组织中自然语言得到了最为广泛的应用，但是由于其采用的是不规范的自然语言，无法有效地对同义词、近义词和异形词等进行控制和处理，因此，难以解决长期以来一直困扰网络用户的查准率和查全率过低的问题。网络信息组织必将建立后控制词表，用以规范输入的检索词。后控词表的性质类似于入口词表，是一种转换和扩检工具，是一种罗列自然语言检索标识供选择的工具。后控词表的控制词并非直接用于标引，而是作为文献检索标识的自然语言词进行控制，建立等同、等级、相关关系。用户可通过输入某一概念的任意同义词作为检索词，经过后控词表找出其标识词，然后再通过对所有同义词的匹配查找，检出符合条件的记录。后控词表的建立，将使自由标引显得更加现实，使自由标引所建数据库更具实用价值。后控词表是提高查全率和查准率的高

效控制工具，也是实现自由标引的基础。

② 概念检索。概念检索的方法是解决搜索引擎传统的关键词匹配检索模式问题的关键技术之一，是网络信息组织的发展趋势。概念检索能实现语义内涵扩展、语义外延扩展和语义相关扩展。它将成为未来搜索引擎的重要特色。现在有人采用人工智能中的专家系统构造技术，通过创建专家知识库初步实现了特定领域的概念检索。这种知识库对概念本身以及概念之间的各种关系进行描述，相当于在知识库中建立了一个同义词典，可以方便地支持同义词扩展检索。今后网络信息组织将更注重网页质量与信息相关性的结合，将更注重自动采集和自动标引的功能，将越来越类似于专家系统，建立丰富的知识库，采用先进算法对网上的超链接结构和用户的单击行为进行分析，利用分类主题一体化方法简化用户检索入口，提高检索效率，克服检索语言单纯以学科聚类、主题语言单纯以事物聚类的局限性，既保留了分类法的等级分类体系，又兼有关键词表反映错综复杂的概念逻辑关系的参照系统，使传统的分类法和主题法更适应信息时代的需要。

2. 网络数据的集成

（1）数据集成的含义

集成（Integration）的意思是指把分散的部分结合成一个有机整体。信息系统集成是一个寻求整体最优的过程，是根据总体信息系统的目标和要求，对分散的现有信息子系统或多种硬软件产品和技术，以及相应的组织机构和人员进行组织、结合、协调或重建，形成一个和谐的整体信息系统，为组织提供全面的信息支持。信息系统集成具有3个主要特征：

① 具有整体的、一致的目标，即建立一个统一的信息系统。

② 以原有系统或已有技术为基础进行结合及协调。

③ 多种意义上的集成，其中人的集成占主导地位。

信息系统集成是一种系统的思想和方法，它涉及软件和硬件等技术问题，但决不只是技术问题。可以这样说，信息系统集成是以集成的信息作为目标，以功能的集成作为结构，以平台的集成作为技术基础，以人的集成作为根本保证。集成化的信息系统将为组织的各级决策者提供及时准确、一致而适用的信息[32]。

数据集成就是从大量的数据中将有用的数据针对不同的应用进行整合、封装、处理的过程，以解决数据的应用质量问题。充分利用有用的数据，废弃虚假无用的数据，是数据集成技术最重要的应用。网络数据类型多、数量大、结构复杂，而且质量参差不齐，为了更有效地开发和利用网络信息资源，必须对网络数据进行集成，这是目前研究的的热点。

（2）网络数据集成的目标

网络数据集成目标是支持对网上多个数据源的查询。它除了与异构数据库集成系统相同外，还要处理大量的、数目递增的网络数据源。描述网络数据源特征的元数据很少，各数据源有很强的自治性。网络数据集成的主要任务首先就是为集成系统设计一个公共的模型，用于表示来自于不同网络信息源的各种数据，以便进行统一处理；其次，还要考虑数据转换问题，将来自不同信息源的各种数据转换为集成系统能进一步处理的统一格式，还必须定义公共模型上的基本运算，虚拟方法必须实现公共模型上的操作到各种数据操作的自动转换。

（3）网络数据集成的意义

① 互联网是一个大而复杂的异构数据环境，如果将网上每一站点看做是数据源，每个数据源都是异构的，各站点间的信息和组织方式都不一样，那么若想利用这些数据进行数据挖掘，就必须研究站点之间异构数据的集成问题。这是对数据进行分析、处理的基础。

② 网络数据与传统数据库中的数据不同，多为半结构化或非结构化数据，没有特定的模型描述，因此，传统数据挖掘的方法在此并不完全适用。寻找一个半结构化的数据模型是解决问题的关键。除了要定义一个半结构化数据模型外，还需要一种半结构化模型抽取技术，即自动地从现有数据中抽取半结构化模型的技术。互联网上的数据库系统不少是分布、异构的，其异构性主要体现在以下几个方面：计算机体系结构的异构；基础操作系统的异构；数据库管理系统本身的异构。因为数据集成上大量信息必须通过数据库系统才能有效管理，所以网络环境分布式海量信息情况下如何建立合理高效的海量数据库，就成为数据分析亟待解决的问题。一个强大的数据挖掘系统应能处理来自多个数据源的各种复杂的、混合的数据类型。就目前的技术水平而言，除关系数据和结构型数据出现了一些比较实用的挖掘方法以外，其他的数据类型，如超文本、多媒体等还缺乏有效统一的方法。而在网络化的信息时代，决策者面对的数据大多属于非结构化数据。非结构化数据向结构化数据的转换，也就成为数据挖掘的难点之一。

③ 随着计算机网络的发展，决策者对网络信息的依赖越来越大。过去数据仓库（Data Warehouse，DW）主要从内部各处的联机数据库提取的数据已不足以满足决策者的需要。新的数据仓库需要从多个内容相关、物理和逻辑都相互独立的数据源，如互联网成千上万的网站，提取面向主题的数据集合，提供一个统一的关系数据库系统平台。并且以此为中心，集成查询工具、报表工具、分析工具和数据挖掘等工具，以满足决策者的各种需求。因为传统的数据仓库技术难以迅速而准确地获取有用的信息并转换为统一的数据形式，因此必须建立基于虚拟数据库的决策支持系统，以集成不同数据源的数据，并以统一的关系数据库的形式提供给上层分析。

（4）网络数据集成内容

在集成中对数据处理有两种性质：一是数据外部形式协调处理，其标志是数据空间特征相对位置、特征数量、属性的构成及层次不发生变化；二是数据特征内容的变化，即集成数据参与运算，空间特征、属性内容、时间特征尺度等或多或少发生了变化，或生成了新的数据集。

集成方法是面向不同应用的，譬如，统一的访问请求、数据在结构松散的互操作系统中传输、数据仓库方式和数据移动等。每一种集成中都要用到诸如组成系统描述、界面描述、参考定义、语意相关性、转换功能模块库、访问控制和义务等。由于数据来源存在着很大差异，所以如何使之匹配起来，需经一系列的转换、一致化操作等过程。集成中数据的叠加属于拓扑叠加，其主要目的是根据数据内容之间的相关关系，利用属性逻辑运算形成新的数据集。数据转换包括格式、属性分类等内容，考察转换效果的主要标志是数据损失尽可能少，其中研究最多的是数据在不同数据格式转换中的问题。海量信息集成系统模型是一个3层结构：信息服务层、信息集成层和信息源层。信息集成层是系统的核心层，主要功能有模式集成、元数据集成、面向主题的信息集成和面向领域的语义集成等。数据仓库中的数据是面向主题进行组织的，是在较高层次上对分析对象的完整、一致的描述，能刻画各个分析对象所涉及的各项数据以及数据之间的联系。根据语义确定信息的领域分类，生成领域内各信息的语义网络并建立有效的集成框架，其目的是解决各个异构信息源之间的语义不一致性，以提供基于语义的操作与服务。

数据一般通过两种方式集成：虚拟的和具体化的。在虚拟情况下，集成系统充当用户和信息源之间的接口。这是多数据库、分布式数据库等开放系统的特点，例如联邦数据库系统。在处理查询时，由于需要访问数据源，所以响应查询一般比较费时。在具体化的情况下，系统需要维护一个与信息源中数据一致的视图副本。目前一般采用两种基本的方法解决信息集成问题：过程式的方法和说明式的方法。在前一种方法中，根据一组预先定义的信息需求，采用一种特殊的方式集成数据，设计适当的软件模型去组合数据源，以满足预定义需求。很多系统都采用这种方法，它们并不需要一个明确的集成的数据模式概念，而依赖于两类软件组件封装器和中间件。封装器封装数据源，把底层的数据对象转换为普通的数据模型；在某种程度上，中间件是信息源中数据的一个视图，中间件中并没有数据，用户可以对中间件进行查找，中间件从封装器或其他中间件获取信息，通过集成不同的数据源信息，解决它们之间的冲突来提炼信息，然后把信息提供给用户或者其他的中间件。

（5）网络数据集成需注意的问题

网络数据集成需注意以下问题：

① 中间模式的说明和重新生成。包括选取何种中间模式（如基于XML等），以及中间模式与各局部数据模式的对应和转换。

② 网络数据源的数据完备性。对不同数据源的数据完备性进行评价，分析数据源之间的信息重叠，对回答查询具有重要意义。

③ 各数据源的查询处理能力不同。需要考虑各数据源对局部数据访问模式的限制和其特有的抽取数据的演算能力，尽量把各数据源能胜任的工作推到相应的数据源中，以减少

网络数据传输。

　　④ 查询优化。选择最少数目的数据源完成查询，向参与查询的数据源传送最小的查询方法。

　　⑤ 查询执行引擎。查询执行引擎的功能可能受到网络环境的影响，各数据源的自治性也为查询执行引擎的实现带来一定困难。

　　⑥ 包装程序的建立。HTML文档包装程序的建立，依赖的技术大多是机器学习和自然语言处理等；XML以其面向交换的特点作为中间模式可以简化包装程序的建立。

　　⑦ 不同数据源之间的相同对象匹配。不同数据源可以表示现实世界中的相同对象，查询需要判断在各个数据源返回的结果是否对应同一对象。

1.4.4　网络数据的检索与利用

　　目前网络数据的检索工具是搜索引擎，它的主要任务是在网上主动搜索服务器数据信息并将其自动索引，其索引内容存储于可供查询的大型数据库中。当用户输入关键字查询时，该网站会告诉用户包含该关键字信息的所有网址，并提供通向该网站的链接。

　　搜索引擎主要由4部分组成：搜索器、索引器、检索器和用户接口。

　　(1) 搜索器的功能是在互联网中发现和搜集信息。它通过网络机器人等相关技术，根据网页链接进行搜索，在网上自动抓取和分析被它找到的网页信息，并将其加入到索引数据库中。它要尽可能快、尽可能多地搜集各种类型新信息，同时还要定期更新已有信息。

　　(2) 索引器的功能是理解搜索器所搜索的信息，从中抽取出索引项，用于表示文档以及生成文档库的索引表，建立起自己的物理索引数据库。一个搜索引擎有效性在很大程度上取决于索引的质量。

　　(3) 检索器的功能是根据用户的查询在索引库中快速检出文档，进行文档与查询的相关度评价，对将要输出的结果进行排序，并实现某种用户相关性反馈机制。

　　(4) 用户接口的作用是输入用户查询、显示查询结果，提供用户相关性反馈机制。对于各种搜索引擎，它们的工作过程基本一样，包括以下3个方面：派出"网页搜索程序"在网上搜寻信息，并将它们带回搜索引擎；将信息进行分类整理，建立搜索引擎数据库；通过网络服务器端软件，为用户提供浏览器界面下的信息查询。

　　搜索引擎类型主要有：

　　(1) 基于目录的搜索引擎。将收集到的信息分类到某一个类中。这类搜索引擎有两大问题：分类是按分类者或分类软件的分析而定，不一定与用户的要求一致；如果你查找的信息没有对应的分类项，则无法进行搜索。

　　(2) 基于机器人的搜索引擎。基于机器人的搜索引擎从一组已知的文档出发，通过这些文档的超文本链接确定新的检索点。然后用索引机器人周游这些新的检索点，标引这些检索点上的新文档，将这些新文档加入到索引数据库。以后搜索引擎可以用这个索引数据库去回答用户的提问。搜索方法有深度优先和广度优先两种。

① 广度优先算法先标引新服务器上的新文档，然后标引已知服务器上的新文档，即找到尽量多的服务器。它保证一个服务器上至少有一篇文档加入索引数据库，能降低同一服务器被访问的频度，缺点是不能深入文档。

② 深度优先的算法能较好地发掘文档结构，如相互参照的链接结构，而且相对比较稳定。缺点是有可能进入无限循环。

（3）基于客户的搜索引擎。基于客户的搜索引擎用网络客户机中的周游软件，从一组已知的文档出发，检索网上的文档并传送这些文档。然后用文档中的超文本链接到更多的文档，直到满足要求。基于客户的搜索引擎不需要第三方检索接口，因此可改善用户界面，因为基于客户的搜索是实时的，所以可以搜索到最新的资料，但搜索速度慢，网络负载和服务器负载都太大。

（4）元搜索引擎。元搜索引擎，也称为集成搜索引擎、多搜索引擎、索引搜索引擎等，实际上是搜索引擎之上的搜索引擎，这类搜索引擎可以接受用户的一个搜索请求，然后将该请求转交给其他若干个搜索引擎同时处理，最后对多个引擎的搜索结果进行整合处理后返回给查询者。整合处理包括消除重复、对多个引擎的结果进行排序等。

这类搜索引擎的优点是返回结果的信息量更多、更全，能够在尽可能短的时间内提供相对全面、准确的信息，而且即使不能完全满足用户需求，也仍可以作为相对可靠的参考源进行扩展搜索，因此成为备受推崇的首选检索入口。元搜索引擎将用户查找要求递交给其他搜索引擎，它的注意力则放在改进用户界面及用不同的方法过滤从其他搜索引擎接收到的相关数据，消除重复的信息。

1.5　网络数据分析与网络信息计量学的关系

1.5.1　网络信息计量学概述

网络信息计量学是信息资源数字化、网络化的产物。目前所知道的关于网络信息计量的最早的研究是伍德鲁夫（Woodruff）对网络文献特征的测度。1997年，阿曼德（T.C.Almind）和英格维森（Peter Ingwersen）提出用Webmetrics一词来描述将文献计量学方法应用于万维网上的研究。在这之后，Webmetrics被广泛运用于有关网络空间的信息计量研究中。此外，另一个意思与此相近的词是Cybermetrics。目前在互联网上已经出现了以Cybermetrics命名的电子期刊和网上学术论坛（http://www.cindoc.csic.es/cybermetrics/），它是由西班牙科学信息与文献中心主办的。Webmetrics和Cybermetrics的中文直译分别是"网络计量学"和"赛柏计量学"，但由于其实际研究内容并不涉及网络与电脑的物理结构的计量，而主要是对网络与电脑上的电子信息资源的计量，因而译为"网络信息计量学"和"网上信息计量学"更为贴切[36、37]。

　　网络信息计量学是一门新兴的学科，在观点和认识上，许多基本的问题还没有统一，对网络信息计量学的定义也是如此。譬如，认为网络信息计量学"是一门研究互联网上数据相互引用的科学"；"是一门对网络文献规律进行统计分析的科学"；"是基于HIJ的软件计量分析工具，集计算机技术、网络技术、计量学方法、统计方法于一体，其应用范围覆盖了所有基于网络通讯技术的信息测度"等。从网络信息计量学的研究现状及其发展趋势来看，网络信息计量学是采用数学、统计学等各种定量研究方法，对网上信息的组织、存储、分布、传递、相互引证和开发利用等进行定量描述和统计分析，以便揭示其数量特征和内在规律的一门新兴分支学科。它主要是由网络技术、网络管理、信息资源管理与信息计量学等相互结合、交叉渗透而形成的一门交叉性边缘学科，也是信息计量学的一个新的发展方向和重要的研究领域，具有广阔的应用前景。网络信息计量研究的根本目的是通过对网上信息的计量研究，为网络信息的有序化组织和合理分布，为网络信息资源的优化配置和有效利用，为网络管理的规范化和科学化提供必要的定量依据[38~40]。

1.5.2　网络数据分析与网络信息计量学的关系

1. 网络数据分析是网络信息计量学的主要研究方法

　　从网络信息计量学的定义可知，数学、统计学等定量研究方法是网络信息计量学的基本研究方法，对网上信息的数量特征和内在规律的发现是建立在网络数据分析的基础上的，因此，网络数据分析是网络信息计量学的主要研究方法。

　　尽管Woodruff对网络文献特征的测度、Ingwersen P.对网络影响因子（WIF）的研究、Rousseau R.对网站引用特征的分析，以及T.M. Dahal、Alastair Smith、M. Aida等人的研究目的各不相同、数据收集手段和策略各异，但却无一例外地都是以网络数据分析为基础的。在目前的研究中所采用的网络数据分析方法种类很多，但大致可以分为两类：一是一般科学方法，如统计分析法、数学模型分析法、系统分析法等；二是借鉴信息计量学和科学计量学的特征方法，如引文分析法、书目分析法等。

2. 网络数据分析是网络信息计量学的研究内容

　　网络数据分析在网络信息计量学的研究中具有举足轻重的地位。对于一门学科而言，研究方法是发现问题、分析问题和解决问题的手段，它在一定程度上制约着学科研究范围的大小，决定了研究的深入程度。

对于网络信息计量学中的网络数据分析研究而言，我们不仅在理论研究上要大胆借鉴其他学科研究成果，不断丰富和发展网络数据分析的理论和方法，还要在实践中善于利用现代信息技术，开发丰富多样的网络数据分析工具，以有效处理网上海量的数据。在这一方面，我们已经取得了初步成绩，如Larson、Rousseau、Ingwersen等成功地将信息计量学的方法运用到网络信息计量学中，极大地推动了学科的发展。并且，在数据获取方法上，AltaVista等搜索引擎为网络信息计量学提供了强有力的工具，同时，网络信息计量学的研究成果也推动了搜索引擎技术的进步。

3. 网络信息计量学是网络数据分析研究不断深入的动力

随着网络信息计量学研究的不断深入，研究对象和范围的不断拓展，必然对网络数据分析方法和手段提出更高的要求。目前，我们在网络信息计量学研究中所使用的数据分析方法都是借鉴其他学科的成果，还没有形成自身的特征性方法。网络信息计量学之所以能发展成为一门独立的学科，取决于其独特的研究对象和研究领域——网络信息。网络信息与其他信息相比，具有数量巨大、增长迅速、类型多样、变换频繁等特点，研究其内外部特征和规律，势必不能完全照搬其他学科的方法和手段，而必须以此为基础，探索适应上述特点的特征性方法。

第 2 章　网络数据仓库

2.1　数据仓库概述

2.1.1　数据仓库含义

数据仓库（Data Warehouse）的思想形成于20世纪80年代末，并在20世纪90年代得到不断发展和完善。根据数据仓库概念的首创者W.H.Inmon的定义，数据仓库是"面向主题的、集成的、稳定的、与时间相关的数据的集合，它用于支持管理决策的制定过程"[41、42]。这一定义至今被认为是最权威的数据仓库定义，它比较全面地概括了数据仓库的特征。数据仓库是集成的面向对象的数据库集合，是用来支持决策功能的，其中每一个数据单位都与时间相关，这些数据应该是具有良好定义和一致性的，且应有足够数据量支持数据分析、查询和报表功能。

2.1.2　数据仓库的特征

数据仓库的特征如下：

（1）数据仓库是面向主题的。与传统数据库系统面向应用不同，数据仓库是围绕主题来组织数据，如客户、供应商、产品、销售、利润等，每个主题对应一个内涵明确的客观分析领域，按主题组织数据，反映了按主题开展决策分析对数据的要求。

（2）数据仓库是集成的。数据仓库通过对各种系统的数据进行重新组织和集中存储，实现了对不同格式和重复内容的数据的统一，从而为决策分析提供了一致的高质量的数据来源。集成数据意味着随后运用设计方法来建立数据仓库，在命名协议、关键字、关系、编码和翻译中的一致性只能通过设计获得。

（3）数据仓库的数据是与时间相关的。首先，数据仓库数据都包含时间项，标明了该数据的历史时期；其次，数据仓库数据是一系列的数据写照，反映不同时期的业务变化，其有效性和准确性与时间相关；最后，为了满足决策支持对趋势发展和时间序列等分析的需求，数据仓库存储有长期的历史数据。

（4）数据仓库是稳定的。在事务处理系统中，数据库数据需要经常更新操作，如记录的插入、删除、修改等，而数据仓库不进行实时的数据更新，只进行定期的数据装入。相对稳定是指数据仓库中的数据不进行实时更新。数据一般是按照一定的周期升级到数据仓库中的，包括复杂提取、概括、聚集和老化的过程。一旦数据进入数据仓库之中，就不能再由用户进行更新了。从数据的使用方式上看，数据仓库的数据是稳定的。这是指当数据被存放到数据仓库中以后，用户只能通过分析工具进行查询、分析，而不能修改其中存储的数据。也就是说，数据仓库的数据对用户而言是只读的。

　　（5）可读性。数据仓库数据的稳定性是针对应用而言的，其数据随时间定期更新，每隔一段时间，新数据被抽取、转换后集成到数据仓库中，而历史数据仍被保留在数据仓库中。随着时间的变化，数据以更高的综合层次被不断综合，以适应趋势分析的要求。

2.1.3　数据仓库的构建过程

　　数据仓库的构建过程如下：

　　（1）数据的抽取。数据的抽取是数据进入仓库的入口。由于数据仓库是一个独立的数据环境，它需要通过抽取过程将数据从联机事务处理系统、外部数据源、脱机的数据存储介质中导入到数据仓库。数据抽取在技术上主要涉及互连、复制、增量、转换、调度和监控等方面。数据仓库中的数据并不要求与联机事务处理系统保持实时同步，因此数据抽取可以定时进行，但多个抽取操作执行的时间、相互的顺序、成败对数据仓库中信息的有效性则至关重要。

　　（2）存储和管理。数据仓库的真正关键是数据的存储和管理。数据仓库的组织管理方式决定了它有别于传统数据库，同时也决定了其对外部数据的表现形式。要决定采用什么产品和技术来建立数据仓库的核心，则需要从数据仓库的技术特点着手分析。

　　（3）数据的表现。数据表现实际上相当于数据仓库的门面，其性能主要集中在多维分析、数理统计和数据挖掘方面。而多维分析又是数据仓库的重要表现形式，近几年来由于互联网的发展，使得多维分析领域的工具和产品更加注重提供基于网络前端联机分析界面，而不仅是在网上发布数据。

2.1.4　数据仓库的发展

　　首先，在数据库应用的早期，计算机系统所处理的是从无到有的问题，是传统手工业务自动化的问题。当时，可以简单地通过拥有联机事务处理的计算机系统而获得强大的市场竞争力。

　　其次，单位容量的联机存储介质比现在昂贵得多，相对于市场竞争的压力，将大量的历史业务数据长时间联机保存来用于分析显然是不现实的。因此，联机事务处理系统只涉及当前数据，系统积累下的历史业务数据往往被转存到脱机的环境中。此外，在计算机系统应用的早期还没有积累大量的历史数据可供统计与分析。联机事务处理成为整个20世纪80年代直到20世纪90年代初数据库应用的主流。然而，计算机应用在不断地进步，当联机事务处理系统应用到一定阶段的时候，便发现单靠拥有联机事务处理系统已经不足以获得市场竞争的优势，需要对其自身业务的运作以及整个市场相关行业的态势进行分析，从而做出有利的决策。决策需要对大量的业务数据包括历史业务数据进行分析才能得到，而这种基于业务数据的决策分析，称之为联机分析处理。如果说传统联机事务处理强调的是更新数据库——向数据库中添加信息，那么联机分析处理就是要从数据库中获取信息、利用信息。自20世纪90年代开始，随着数据仓库理论研究不断深入、技术应用日益广泛，越来越多的企业开始认识到数据仓库的价值和作用：数据仓库可以将企业各环节、各部门的大量数据转换为有用和可靠的信息；数据仓库为企业提供了一个统一的、高质量的数据平台，它已成为各种数据分析应用的基础；通过与查询报告、多维分析、数据挖掘等多种分析技术的结合应用，数据仓库在辅助决策中发挥着越来越重要的作用。事实上，将大量的业务数据应用于分析和统计原本是一个非常简单和自然的想法。但在实际的操作中，人们却发现要获得有用的信息并非想像的那么容易：

第一，所有联机事务处理强调的是数据更新处理性能和系统的可靠性，而并不关心数据查询的方便与快捷；联机分析和事务处理对系统的要求不同，同一个数据库在理论上难以做到两全；

第二，业务数据往往被存放于分散的异构环境中，不易统一查询访问，而且还有大量的历史数据处于脱机状态；

第三，业务数据的模式是针对事务处理系统而设计的，数据的格式和描述方式并不适合非计算机专业人员进行业务上的分析和统计。

根据业务的统计分析建立一个数据中心，它的数据可以从联机的事务处理系统、异构的外部数据源、脱机的历史业务数据中得到；它是一个联机的系统，专门为分析统计和决策支持应用服务，通过它可满足决策支持和联机分析应用所要求的一切，这个数据中心就叫做数据仓库。如果需要给数据仓库一个定义，那么可以把它看作一个决策支持系统和联机分析应用数据源的结构化数据环境。数据仓库所要研究和解决的问题就是从数据库中获取信息。由于关系数据库系统在联机事务处理应用中获得的巨大成功，使得人们已不知不觉地将它划归为事务处理的范畴；随着事务处理能力的提高，数据仓库对关系数据库的联机分析能力提出了更高的要求，而采用普通关系型数据库作为数据仓库在功能和性能上都是不够的，故它们必须有专门的改进。因此，数据仓库与数据库的区别不仅仅是应用的方法和目的上的，同时也涉及产品和配置。数据仓库的兴起实际上是数据管理的一种回归。数据仓库并非是一个仅仅存储数据的简单信息库，数据仓库实际上是一个以大型数据管理信息系统为基础的、附加在这个数据库系统之上的、存储了从企业所有业务数据库中获取的综合数据的、并能利用这些综合数据为用户提供经过处理后的有用信息的应用系统。如果传统数据库系统的重点与要求是快速、准确、安全、可靠地将数据存进数据库中，那么数据仓库的重点与要求就是能够准确、安全、可靠地从数据库中取出数据，经过加工转换成有规律的信息后再供分析使用。

2.1.5 数据仓库类型

数据仓库类型如下：

（1）运作型数据存储。包含数据仓库和运作系统两种特性的混合数据仓库系统。

（2）数据集市。小规模的、面向部门或工作组的特定应用的、可快速实现的小规模数据仓库。

（3）探索型数据仓库。在这种数据仓库中，使用者可以针对海量数据的细节进行复杂的查询。

（4）数据挖掘数据仓库。在这种数据仓库之中，数据挖掘者可以验证自己的假定、判断和猜测。

（5）项目型数据仓库。为某个特定的临时性项目而专门建立的数据仓库。

2.1.6 数据仓库的建立

数据仓库的建立模式如下：

（1）"自顶向下"模式。"自顶向下"的开发策略指从原来分散存储在各处的联机数据库中的有用数据，通过提取、净化、载入、刷新等处理步骤建立一个全局性数据仓库。这个全局数据仓库将提供给用户一个一致的数据格式和软件环境。从理论上说，决策支持所需的数据都应该包含在这个全局数据库中。数据集市中存储的数据是为某个部门的应用而专门从全局数据仓库中提取的，它是全局数据仓库中数据的一个子集。在"自顶向下"模式中，数据集市和数据仓库的关系是单方向的，即数据从数据仓库流向数据集市。

（2）"自底向上"模式。"自底向上"模式是从建立各个部门或特定的商业问题的数据集市开始的，全局性数据仓库就建立在这些数据集市的基础之上。"自底向上"模式的特点是初期投资少，见效快，因为它在建立部门数据集市时只需要较少的人做出决策，解决的是较小的商业问题。"自底向上"的开发模式可以使一个单位在数据仓库发展初期尽可能少地花费资金，也可以在做出有效的投入之前评估技术的收益情况。

（3）"平行开发"模式。"平行开发"模式是指在一个全局性数据仓库的数据模型的指导下，数据集市的建立和全局性数据仓库的建立同时进行。在"平行开发"模式中由于数据集市的建立是在一个统一的全局数据模型的指导下进行的，所以可避免各部门在开发各自的数据集市时的盲目性，减少各数据集市之间的数据冗余和不一致。事实上，一些部门在建立数据集市的过程中所遇到的问题及其解决方案和所获得的经验都将导致全局性数据仓库的数据模型做出相应的改变，这些变化将使其他部门在建立集市时受益，也有助于全局性数据仓库的建设。在平行开发模式中数据集市的这种相对独立性有利于全局性数据仓库的建设。一旦全局性数据仓库建立好以后，各部门的数据集市将成为全局数据仓库的一个子集，全局数据仓库将负责为各部门已建成和即将要建的数据集市提供数据。

2.1.7　数据仓库结构

从宏观上讲，可建立多级数据仓库，如企业级数据仓库、部门级数据仓库、工作组及个人级数据仓库。一般地，建立数据仓库采用传统的自顶向下模式。数据集市（Data Mart）是从一个小的数据仓库的出发建立数据仓库的方案和支持。就某个数据仓库而言，其中保存的数据可分为：历史性详细数据层，它存储历史数据，供分析、建模、预测之用；当前详细数据层，用于存储最新详细数据，是进一步分析的基础；不同程度的归纳总结信息层，它可包含多个层，根据所需分类归纳的不同深度而定；专业分析信息层，它是进一步专业分析的结果，如统计分析、运筹分析、时间序列分析等；结构信息层，它指数据仓库的内部结构信息。任何一个数据仓库结构都是从一个基本框架发展而来，实现时再根据分析处理的需要具体增加一些部件。为了能够将已有的数据源提取出来，可将它组织成用于决策分析所需的综合数据的形式。

数据仓库是存储供查询和决策分析用的集成化信息仓库，是存储数据的一种组织形式，它从不同的数据源或数据库中将原始数据提取出来，然后将这些数据转换成公共的数据模型，并和数据仓库中已有的数据集成在一起。一个数据仓库的基本体系结构应有以下几个基本组成部分：

（1）数据源。指为数据仓库提供底层数据的运作数据库系统及外部数据。可以是异种或异构数据库，也可以是数据文件、企业内部数据、遗留数据、市场调查报告或其他各种文档数据等。

（2）提取器。又称为包装器、监视器。它负责把来自信息源的数据转换为数据仓库所使用的数据格式和数据模型，感知数据源发生的变化，并按数据仓库的需求提取数据；监视数据源中数据的变化，当信息源的数据发生变化，或者有新的信息源挂上数据仓库时，就将这些变化的或新的数据上报给集成器，以便更新和扩充数据仓库。

（3）集成器。主要负责按数据仓库的各种规则，如一致的命名转换、一致的编码结构、一致的数据物理属性等，将信息正确加载到数据仓库中。集成器将对来自信息源的数据进行过滤、总结，并且将不同信息源的数据以及数据仓库中的数据进行合并处理，然后装载进数据仓库中。

（4）数据仓库。存储已经按视图转换的数据，供分析处理用。根据不同的分析要求，数据按不同的综合程度存储。数据仓库中还应存储元数据，其中记录了数据的结构和数据仓库的任何变化，以支持数据仓库的开发和使用。

（5）元数据。它描述了数据仓库的数据和环境。用于存储数据模型和定义数据结构、转换规则、仓库结构、控制信息等。元数据是数据仓库的管理性数据，它是整个数据仓库的核心。

（6）客户应用。它是供用户对数据仓库中的数据进行访问查询，并以直观的界面表示分析结果的工具。

2.1.8　数据仓库的开发步骤与实施

数据仓库是一个解决方案，而不是一个可以买到的现成的产品。不同部门会有不同的数据仓库，人们往往不懂如何利用数据仓库，不能发挥其决策支持的作用，而数据仓库公司人员又不懂业务，不知道建立哪些决策主题，从数据源中抽取哪些数据，因此需要双方互相沟通，共同协商开发数据仓库。

数据仓库的开发步骤如下：

第1步，确定用户的实际需求，建立数据模型。数据模型也是面向主题建立的，可为多个数据源集成提供统一标准，通过它可得到完整的描述信息，如企业的各个主题域、主题域之间的联系、描述问题的码和属性组等。

第2步，深入分析数据源，记录数据源系统的功能和处理过程。只有了解数据如何被处理，才能分解商业动作，从中获取数据元素。

第3步，利用现有信息，确定由源数据到数据仓库的数据模型所需的转化综合逻辑。无论数据仓库更新是采用事件驱动还是时间驱动，只要事件发生就要更新数据，涉及应合并转化多少数据、是只针对变化文件还是包括所有文件和转化综合过程的周期长短等问题。

第4步，根据数据模型生成物理的数据仓库，生成元数据，并将从数据源获得的数据装入数据仓库。

第5步，生成终端用户应用软件，主要应用于数据分析和决策支持，开发中的关键问题主要包括对数据来源的分析、对数据的转化和集成过程的定义、构造数据仓库、提供应用工具等，使用户能从数据仓库中获取信息。

开发数据仓库的流程主要包括：

（1）启动工程。建立开发数据仓库工程的目标及制定工程计划。计划包括数据范围、提供者、技术设备、资源、技能、组员培训、责任、方式方法、工程跟踪及详细工程调度。

（2）建立技术环境。选择实现数据仓库的软硬件资源，包括开发平台、数据库鼓励系统、网络通信、开发工具、终端访问工具及建立服务水平目标，如可用性、装载、维护及查询性能等。

（3）确定主题，进行仓库结构设计。因为数据仓库是面向决策支持的，它具有数据量大，但更新不频繁等特点，所以必须对数据仓库进行精心设计，才能满足数据量快速增加，而查询性能并不下降的要求。

（4）数据仓库的物理库设计。基于用户的需求，着眼于某个主题，开发数据仓库中数据的物理存储结构。

（5）数据抽取、精炼、分布。根据数据仓库的设计，实现从源数据抽取数据、清理数据、综合数据和装载数据。

（6）对数据仓库的多维分析访问。建立数据仓库的目的是为决策支持服务，所以需要各种能对数据仓库进行访问分析的工具集，包括优化查询工具、统计分析工具、客户机—服务器工具及数据挖掘工具，通过分析工具实现决策支持需要。

（7）数据仓库的管理。数据仓库必须像其他系统一样进行管理，使数据仓库正常运行。数据仓库的实施应注意以下问题：

① 与传统业务系统不同，数据仓库是面向管理决策层应用的，必须有系统自身的最终用户——决策层的参与。数据仓库应用本身并不是业务流程的再现，而是基于数据分析的管理模式的体现。在这个层次上，数据仓库对于决策层的意义首先不是信息技术和产品上的，而是经营管理模式上的。数据仓库的实施者需要在商业智能化时如何能够帮助企业获得市场竞争力上下工夫，提供切实有效的系统实施目标和规划，使得企业决策层充分认识到数据仓库是他们自己所需要的系统，从而在投入和配合上给予充分的支持。由于数据仓库的访问和查询往往能够通过工具来提供，因此数据仓库的功能取决于系统的规划和设计。

② 在了解数据仓库应用需求的时候，主要的对象应该是决策部门和管理部门，而不是信息系统部门。了解应用的需求必须从如何利用信息进行管理的角度出发，需要有丰富的行业经验。在这个阶段，对于国内数据仓库应用来说，可以将复杂的数据分析需求分解成若干专题，这些专题在行业内往往具有一定的普遍性，有现成的设计模式可以借鉴。数据仓库的设计实施也宜逐个击破，每个阶段都能满足一部用户的需求，最后获得全面的成功。

③ 在对待原始数据的问题上，需要坚持一个原则，即不拘泥于业务系统的现状。由于数据仓库是独立于业务系统的，数据仓库的实施将以管理层需要的分析决策为主线，在设计中可以为不确定数据预留空间。对于数据的完整性和质量问题可通过如下方式处理：利用多种方式加载数据，可以设计专门的输入接口收集数据，如获取客户的个人资料；放宽数据的时效性，在分析中标明个别数据的有效时间；在系统中标识出低质量的数据，规范

业务系统。

④ 数据的抽取、转换和装载是一项技术含量不高但却非常烦琐的工作，在系统实施过程中建议由专门小组或人员负责数据抽取的工作，将其纳入统一的管理和设计，不仅考虑原始数据源的类型，还必须考虑抽取的时间和方式。由于一个数据仓库系统往往同时存在多种数据抽取方式以适应原始数据的多样性，因此讨论单一抽取工具的选型是没有意义的，原则只能是简便、快捷、易维护。

⑤ 用户对数据仓库的认识常常从报表起步，但数据仓库并不是为业务报表而设计的。需要指出的是，数据仓库的分析工具在固定格式的报表再现上有时不如专门定制的程序，因此，以解决报表问题作为建立数据仓库的目的一般都会以用户的失望告终。数据仓库的强项在于提供联机的业务分析手段，正因为数据仓库的使用，才使管理人员逐步摆脱对固定报表的依赖，取而代之地以丰富、动态的联机查询和分析来了解企业和市场的动态。

⑥ 系统的实施需要明确的计划和时间表，新的技术和产品可以分阶段加入，但要避免无休止地测试和选型。因为数据仓库的价值在于使用，所以如果让一些没有必要的信息去指导决策，那么数据仓库将永远停留在投资阶段。在定义实施计划时，需要明确系统的使用范围、用户的应用模式等与选择具体产品相关的重要问题。

2.1.9　数据仓库的意义

数据仓库系统能在许多领域起到帮助作用，可以获得一致的高质量数据；降低支出；更适时地访问数据；改进性能和提高效率。数据仓库将包含相应的信息：与商务活动的关键措施有关的信息以及允许用户扩展这些措施的信息。这将帮助人们吸收足够的信息以做出明智的决策。建立数据仓库包括两个重要的阶段：一是构造数据仓库；二是丰富的前端工具对数据仓库中的数据进行分析。建立数据仓库可解决以下问题：

（1）解决多数据源问题。实际应用环境非常复杂，它们可能分布在不同的地理位置上，使用不同的数据库和操作系统平台，在普通的应用环境中很难将这些高度分布的数据集中，充分利用起来。在构建数据仓库进行数据转移的过程中，则可以通过数据转移工具将位于不同平台、不同数据库中的数据按照一定的规则，集中在一个数据仓库中，达到充分利用各种数据源的目的。

（2）保证数据的完全一致性。由于应用不同所造成的数据不一致性问题在实际工作中显得异常突出，所以在传统的业务系统中很难将这些数据综合在一起进行分析和处理，因而无法获得真实的分析结果。在构造数据仓库的过程中，将充分考虑数据的不一致性问题，将系统中不一致的数据，根据数据一致性原则转移到数据仓库中，从而保证数据仓库中数据的完全一致，这对做出正确的决策是至关重要的。

（3）能充分利用历史数据。历史数据在企业决策中起着非常关键的作用，因为只有充分利用历史数据才能准确地对企业做各种趋势分析。在传统的业务系统中，历史数据大多被存储在磁带、光盘中，要查询一次历史数据是费时、费力的事情，况且各年的数据可能存储在不同的介质上，在这样的系统上如果想分析历年的数据将非常困难。数据仓库中主要存储的就是历史数据和大量的汇总数据，因而基于历史数据的分析在数据仓库系统中则显得易如反掌。

（4）提高分析的效率。决策分析主要是针对各种汇总数据进行的，而生产业务系统中存储的都是具体的数据，因而在进行数据分析时，势必要进行大量的计算，效率很低。在基于数据仓库进行分析时，效率则会显著提高，因为数据仓库存储的就是一些经过预先计算的汇总数据。

（5）便于随机查询分析。数据仓库使得决策支持进入实用化阶段。数据仓库中存储巨大的数据量，如果缺乏相应的查询、报表和分析工具，数据仓库就有可能变成数据监狱。对于一个企业来说，仅仅拥有数据仓库，而没有高效的数据分析手段，则难以提高数据仓库中数据的利用率。由于对数据仓库的联机分析访问能力是至关重要的，因而需要有一些先进的联机分析工具为企业用户提供优秀的功能。它通过快速、一致、交互地访问各种可能的信息视图，帮助数据分析人员、决策人员、管理人员洞察数据深处，掌握隐于其中的规律。

2.2　基于网络的数据仓库

数据仓库把企业中分散的原始操作数据和来自外部的数据汇集整理成一个单一的关系数据库集合，提供完整、及时、准确的信息，使用户可以直接从中提取信息来进行各种决策分析；网络简单易用的界面、良好的开放性、标准的趋于统一这些特点使用户能够快速、经济地访问世界各地的信息；因此，人们自然地将这两项技术结合，从而产生了基于网络的数据仓库。基于网络的数据仓库使人们不再局限于通过局域网使用数据仓库，而是可以用网络浏览器作用户界面，通过网络远程访问数据仓库，所得到的分析结果也可以借助网络服务器迅速发布。

2.2.1　当前数据仓库的局限性

数据仓库中的数据来源于多个数据源，如操作数据库、外部文件、历史数据等。从数据源抽取的数据必须进行清理、转换和集成，然后装入数据仓库。装入仓库的数据形式取决于数据仓库里数据库的设计，一般的数据仓库设计方法是多维数据模型，具体表现为星形模式或雪花模式。用户使用前端的报表、查询、分析和数据挖掘等工具来操作和使用数据仓库。为提高信息的查找效率，出现了数据集市。数据集市是支持某一部门或特定商业需求的决策支持系统应用的数据集合，是一种更小、更集中的数据仓库。当前数据仓库的体系大部分对数据仓库的设计主要基于客户机/服务器模式，有专门的客户端应用程序。这种模式目前看来是比较合适的，但在将来的发展中存在一定的局限性：

（1）客户机/服务器模式体系结构的建立和维护所需要的费用都很昂贵。

（2）使用专门的用户界面将会显得不再有效了，因为有越来越多的移动用户出现。

（3）系统兼容性也是一个问题，而多计算平台的使用无疑会增加管理和维护的费用。

除了以上的缺陷外，商业领域的变化也要求数据仓库有新的解决方案。信息访问权必须扩大到企业内部用户、供应商和客户。

为解决这些缺陷，一种新的数据仓库体系结构，即采用瘦客户配置，正越来越被人们关注，这就是基于网络的数据仓库体系结构。该体系结构除了解决以上技术缺陷，还帮助企业与它的供应商、合作伙伴、客户建立融洽的合作关系。网络技术与数据仓库技术相结合产生的基于网络的数据仓库技术，越来越受到业界的青睐。这种瘦客户配置的新型数据仓库，在某种程度上弥补了数据仓库解决方案的缺陷，有效地拓展数据仓库的应用范围。

2.2.2　基于网络的数据仓库系统的优点

决策需要的数据应该是全面的，而在传统的管理信息系统环境下，地理上分散的数据很难直接在计算机系统内部统一起来，因而，数据的统一工作需要大量的人力、物力和时间。可以将网络和数据仓库技术用于现代管理决策中以提高决策效果。数据仓库用于数据的存储和组织，联机分析处理侧重于数据的分析，数据挖掘则致力于知识的自动发现，把它们结合起来，就可以使它们的能力更充分地发挥出来。数据仓库技术的发展给以上问题的解决带来了新的契机。它将来自各个数据库的信息进行集成，从事物的历史和发展的角度来组织和存储数据，供用户进行数据分析，并辅助决策支持，成为决策支持的新型应用领域。数据仓库是用于分析的数据库，常常作为决策支持系统的底层。它从大量的事务型数据库中抽取数据，并将其整理、转换为新的存储格式。联机分析处理是针对特定问题的联机数据访问和分析，通过对信息进行快速、稳定、一致和交互式的存取，对数据进行多层次、多阶段的分析处理，以获得高度归纳的分析结果。

流动性用户（如远程办公）的不断增加，加大了对网络分析工具的需求。基于网络的数据仓库技术提供了一种以网络为中心的方式，使访问得到扩展并使之更简便。最近几年，不论是出于商业目的还是休闲的需要，用户使用网络已经越来越熟练了，它使得网络浏览器成为一种易于使用且被广泛接受的用户界面。基于网络的数据仓库允许用户使用网络浏览器来访问和管理数据，它具有以下优点[43~45]：

（1）易于访问。基于网络的数据仓库体系结构使任何与互联网连接的计算机都可以很容易地访问企业数据仓库及其应用程序。近几年来，互联网使用已经相当普及，这使网络浏览器对各种层次的计算机用户来说，都是一种易于使用的界面，无需对用户进行专门的操作培训。

（2）平台无关。互联网为很多用户提供了一个在低成本和与平台无关的环境中传送数据的方式。通过使用网络浏览器作为数据仓库的信息访问层，重要的商业信息可以被任意一种平台上的用户访问而无需专门定制，这使得网络浏览器对于任意的客户机系统来说都是一种完美的用户界面。为了确保完全的平台无关性，Java程序设计语言越来越多地应用于面向任务的数据仓库软件开发中，可以在互联网上的访问、分析和发布均采用基于Java的软件设计，它可以被大多数的网络浏览器解释执行。互联网给大量的用户提供了便宜、快捷的方法访问与平台无关的分布式数据。网络是构建在标准上的，这些标准包括用于通信的TCP/IP、用于导航的HTTP和用于显示的HTML。几乎所有的客户机/服务器计算环境都支持这些标准。网络浏览器作为数据仓库的访问层，用户可以通过它访问重要的信息而不必关心所使用的平台，这也正是其他界面无法与网络浏览器比拟的地方。Java写一次就可到处运行的特点，使得Java程序能被大多数的网络浏览器解释，从而广泛应用于互联网信息分析、访问和发布。作为业界广泛支持的标准，它具有形式与其内容相分离的特点，有良好的扩展性、自描述性和自相容性。XML文档与网络具有良好的亲和力，是与应用无关、平台无关的，可充当异构环境下理想的数据媒介。

（3）低成本。基于网络的数据仓库技术通过提供瘦客户机解决方案来降低创建和管理成本。该方案把应用软件的大部分操作转移到服务器上，因此降低了桌面计算机的软硬件成本和支持程度。瘦客户机可以使网络中相对比较简单的桌面设备的功能更加强大，采用该方案可以使企业利用一些新技术（如网络计算机等）。瘦客户端只需要一个能与网络相联的简单的桌面系统。系统管理员都偏爱集中式管理网络，因为这容易管理且节省成本，具有较好的安全性。在基于网络的数据仓库中，应用程序存储在应用服务器中，它们可以被用户下载在本地执行（如Java应用程序），也可在服务器上执行，因此，不需要在客户端另外安装软件，且将来的升级和维护都只在服务器上进行，大大地节省了资源。

（4）易于使用。随着互联网应用的普及，计算机用户已经很少不会使用网络浏览器，因此可以极大地节省培训费用。经济的全球化、管理的扁平化和决策的群体化以及供应链管理的应用，使得从企业的CEO到普通销售代理都有跨领域、跨组织获取公用信息的旺盛需求。此外，日益增加的大量移动用户也要求能通过公共网络实现辅助决策。因此，基于网络的数据仓库使得公用数据仓库及其应用的用户借助于互联网的连接性更易于获取所需的信息。

（5）集成功能。集群技术的出现为建立该系统所需的Web服务器和应用程序服务器，以及数据库服务器的实现提供了更好的技术保障。采用多处理器、多硬盘的服务器有效地降低了系统可能出现的故障所造成的损失。如频繁的存取操作对传统的客户机/服务器系统来说可能是灾难性的，当采用集群技术之后，多个处理器同时协同工作，即使一个或多个处理器出现故障也不会导致整个系统性能的降低。

（6）协调通信。实现异型数据库之间的协调通信。采用专门的数据库服务器可以更好地实现不同数据源之间数据的导入、导出等访问操作，采用拷贝和分布式事务协同处理器使得异型数据库的事务处理更加同步和趋于一致。

2.2.3　基于网络的数据仓库的组建

数据仓库是存储供查询和决策分析用的集成化信息仓库，它的数据来源于数据库或其他信息源，如日志文件。基于网络的数据仓库主要是指它的数据来源于WWW站点。目前，通过网络方式可以充分地共享应用和信息，利用网络技术进行原有业务增值已成为信息技术的趋势，在进行数据仓库系统设计时，人们一直在追求最大限度地取得决策所需的各种信息，共享各种应用，因此组建基于网络方式的数据仓库的方案得以提出。

网络中有大量的各种数据，如文本、图片、声音、图像等，这些数据多存在于HTML文件中，没有严格的结构及类型定义，被称为半结构化的数据。在网络中主要存在两种结构：

（1）一种是超文本结构，依据此结构，逻辑上相关联的结构信息在物理上被链接，利用标签能够将文件以及图像的区域链接到本地计算机或互联网其他地方的文档中去。

（2）另一种是由HTML文本特点决定的文本组织结构，通过HTML语言，用不同的方法将数据组织在文本中，例如，给定一个HTML页，通过HTML标签容易识别该页的标题或一些复杂的结构，如表格（Table）、项目列表（List）等。网络数据仓库用户感兴趣的往往是这些半结构化的数据。在HTML文档中，数据所在的行一般是一些设有完整的语法结构的句子片段，从这种文档中提取数据不能简单套用传统的信息提取的方法。信息提取的目标是根据文档内容来概括、总结文档，它涉及自然语言处理的技术，主要任务是从文本中识别预先定义的信息类型，如用在商业领域的一个信息提取系统会提取公司名称、产品、设备、商业数据等。因为网络半结构数据的特点给网络数据仓库带来了困难，所以可以将原先用HTML写的网络数据转化为XML形式的网络数据，利用XML优势。例如XML使浏览器能对数据进行排序和过滤，能根据样式表按用户的特定喜好把数据表示出来，构建基于网络的数据仓库。HTML和XML都是用来进行信息发布的，它们都是用文本形式存储的，并且都是基于结构化信息的国际标准，但还是有一些区别：HTML只说明数据看起来应该是什么样，而XML则说明数据是什么意思。与HTML不同，使用XML可以创建自己的标记，这些标记可以更准确地描述用户所要的东西。目前，已有很多工具可以将HTML文档根据你自己定义的XML样式转化为XML文档。现在构建基于网络数据的数据仓库，最主要的工作就是针对互联网上的所有XML文档如何构造数据仓库。

虚拟数据库管理系统是网络数据仓库建设的关键。设计虚拟数据库管理系统（VDBMS）的目的，就是使万维网和其他外部数据源看起来就像单个数据库一样，它将成为万维网应用基础设施的一个组成部分。这种关系数据库视图使我们能够使用结构化查询语言（SQL）来执行功能强大的查询操作，查询结果可以根据应用系统的要求，用关系表或XML文档来表示。虚拟数据库管理系统是一个基于Java的集成系统，可以用它来开发和操作一个"虚拟数据库"，即建立在大量WWW站点和其他数据源之上的一个关系视图。数据库和互联网应用可以通过ODBC和JDBC接口，用SQL来访问虚拟数据库，常用工具包有：

（1）包装器开发工具包（WDK）。包装器（Wrapper）是Java程序，根据需要从数据源如WWW站点中抽取数据，并将数据用表的形式表示出来。包装器开发工具包提供了包装器框架，它们是一组Java类。使用这些框架，包装器开发人员就可以很容易地定制数据查询过程。WDK为网络访问、HTML语法分析、模匹模式和关系数据输出提供了高级抽象。

（2）抽取器开发工具包（EDK）。数据集成的过程经常需要从"非结构化"文本中抽取结构化数据。这种非结构化数据指的是将样式信息与抽象数据混在一起的计算机表示法。为了做到这一点，包装器使用一个叫做抽取规则的程序，该程序是编程人员用抽取器开发工具包所创建的一套规则和程序库。抽取规则是用抽取语言的一种高级语言来表达的，编程人员可以描述复杂的文本模式和语言结构，以标识使用特定名词的上下文。单个名词被列在程序中，EDK编译器可以为它加上由标志和值组成的标签。抽取规则和程序库是由EDK抽取引擎来解释的。

（3）VDB服务器（VDB Server）主数据质量工具包。VDB服务器和必要的抽取器结合起来，并把它们表示为一个具有一致性的关系数据库，数据库可以通过JDBC或ODBC用SQL来访问。VDB服务器可以根据应用系统的要求，将查询结果表示为表或XML文档。关系缓存区用以提高万维网数据源的查询性能，该缓存区可以预先接入，并根据应用的要求进行刷新。虚拟数据库经常会处理一些非常不规则的数据，这些数据不在虚拟数据库管理员的控制之下，而且会在没有任何通知的情况下发生巨大的变化，因此，数据转换和数据合法性检查就显得相当关键。数据质量工具包提供建立数据转换器的能力，转换器可以将不同数据源中的属性值转换为一种公共的表示方式和词汇表。数据合法性检查器可以对一些条件进行监视或强制在不同级别进行约束，另外，对包装器送来的数据要进行稳定性测试。

（4）管理员界面。管理工具用于在虚拟数据库服务器上注册和注销每个数据源及其相关的包装器。数据源注册之后，就可以在虚拟数据库中用表的方式访问了。系统管理员使用注册命令，在虚拟数据库服务器用户和他们访问数据源时所用的对应名字之间建立认证映射。系统管理员还可以用注册命令把系统的工作负载分配到局域网上的多个工作站上。VDB技术将互联网转化为能支持强大的结构化搜索功能的数据库,而XML也提供了一种把结构化数据交付给浏览器的有效机制,因此,虚拟数据库技术使互联网向数据库转变成为可能,也为组建基于网络的数据仓库技术提供了新的方法。

2.2.4 网络数据仓库相关的实现技术

网络数据仓库相关的实现技术如下:

(1)网络连接技术

由于网络浏览器所处理的数据都是HTML文档,而HTML文档尚无能力与数据库直接交互,因此得到的网页是静态的。而数据仓库应用所使用的分析工具应满足用户对信息的动态性、实时性和交互性的需求,这一问题涉及网页与网络服务器的动态交互以及网络服务器与后端数据库的连接。

(2)网络浏览器相关技术

客户端网络浏览器的核心部分是一个主控进程,它管理信息高速缓存并进行状态管理;管理网络请求和处理响应,调用浏览器特性的配置,并驱动网页内容的基本表现。请求处理程序把基于GUI的请求映射为HTTP网络请求,响应处理器则把HTTP响应映射为基于GUI的事件以及所请求的显示内容。网络浏览器支持的文档表现接口可分为如下几种:

① 内嵌支持Java运行环境,用于执行Java小程序(Applet),以及调用下载JavaBean组件所提供的服务。

② 内嵌支持ActiveX运行引擎,用于执行下载的ActiveX/COM组件。

③ 内嵌脚本语言运行引擎,可内嵌若干种脚本语言运行引擎,用于执行那些被嵌入HTML页面的脚本命令(如JavaScript、VBScript)。

④ 支持外部内容处理器,据此可使用某种应用程序动态地执行所获得的URL信息内容,该应用程序能以网络浏览器外部进程形式运行。

⑤ 支持插件内容处理器,能在网络浏览器窗口中直接执行所获取的URL信息,它通过内容处理器插件的形式运行单独的线程。

⑥ 支持XML表现管理器。在微软Internet Explorer 5.0中,可以将XML放在数据岛中嵌入HTML页面,可以将数据岛捆绑到HTML元素(如HTML表格)中。使用SUN的JSP,除了能以XML文档形式表示网络请求的输入和网络响应的输出以外,还可将JSP页面直接映射为基于XML的页面。

(3)网络服务器相关技术

网络服务器应能够支持可伸缩客户端的并发请求数目,实现某种形式的安全访问控制,并且支持用于扩展网络服务器功能的多种API，能够以应用相关的格式动态地生成网络文档。依据HTTP请求生成基于网络文档的接口是网络服务器的核心，网络服务器一般支持以下各种文档服务接口：

① 文件请求处理程序。它把URL映射到网络服务器的本地文件（如HTML文件），将其读出并在HTTP响应流中发送回客户。

② CGI引擎。CGI提供一个标准接口，可使用由任何语言编写的外部程序来处理HTTP请求并生成HTTP响应。

③ SAPI（互联网服务器应用程序编程接口）。该接口可调用微软平台的动态链接库中的DLL程序，处理HTTP请求并生成HTTP响应。

④ NSAPI（Netscape服务器应用程序编程接口）。该接口可调用二进制库，处理HTTP请求并生成HTTP响应。

⑤ 脚本语言运行引擎。它允许在网络服务器的进程空间内执行那些嵌入HTML文件中的JavaScript或VBScript等脚本语言命令，这些命令可用于动态生成HTML内容并送回客户端。

⑥ Java Applet引擎。它允许在网络服务器的进程空间内执行某些依据特定接口的Java代码，用于处理HTTP请求，并生成HTTP响应。

（4）异构数据源整合技术

基于网络的数据仓库应具有定期定时对广泛的异构数据源的数据进行抽取、净化、转换和集成的有效手段，这些进入数据仓库的数据既包括结构化数据，也包括非结构化、半结构化数据以及以往应用遗留下来的大量历史数据。结构化数据可来自内部或外部地域上分布的不同类型的数据库，非结构化、半结构化数据主要来自外部（报刊、工业通信、技术报告、国家统计数据、互联网等公共信息系统），因此，需要具有企业内部和企业之间跨部门、跨系统、跨应用的基于网络的信息集成和互操作手段。解决此问题的主要途径是：

① ODBC（Open Database Connectivity）。ODBC是微软制定的用于数据库访问的应用程序编程接口，得到各数据库厂商的广泛支持，主要用于对不同类型关系数据库的访问。

② 微软的ADO/OLEDB。除关系数据库外，使用ADO可访问非关系型数据库、文本文件、邮件箱、目录服务等。ADO（Active Xdata Object）的基础——OLEDB是微软在ODBC的基础上定义的一个新的开放式接口标准，但其应用只限于Windows环境。

③ JDBC（Java Database Connectivity）。JDBC是Javasoft公司设计的Java语言的数据库访问API，具有与ODBC相似的基本结构，旨在解决ODBC不能直接映射到Java的问题，JDBC已为大多数数据库商家接受。

（5）数据包装技术

包装（Wrapping）是一种翻译和转换机制。借助于包装器（Wrapper）可以将不同结构、不同来源的数据转换成具有统一模式的数据。由于包装器直接与数据源绑定，具有灵活性和专用性，所以特别适合于企业遗留系统数据源中数据的抽取、净化和转换。

（6）XML技术

由于XML的自描述性、应用无关性、平台无关性以及作为标准已被广泛接受，所以XML文档已成为不同系统环境之间消息传递和数据交换的理想媒介。XML Schema既可表示简单数据，又可表示非常复杂的数据，它在互联网环境的数据库应用中有望成为广泛使用的数据表示技术。此外，XML可以用来封装实际的命令或方法调用，然后利用特定的方法调用获取序列化的响应消息[43]。

2.2.5　基于网络的数据仓库体系结构

基于网络数据仓库系统与传统数据仓库系统的最大不同在于数据仓库的建立、维护和使用是在互联网环境下进行的，它是一个多层结构的瘦客户机/服务器结构。与传统数据仓库结构的不同之处有两点：

（1）客户端仅仅充当浏览器的角色，通常只安装Java虚拟机，不需应用软件，也不需要安装数据中间件，实现了零管理客户机。

（2）借助于数据包装技术和XML技术及相关的中间件，通过互联网对广泛分布的异构数据源进行整合（数据抽取、净化、转换、建模等），极大地拓展了系统的适应范围。互联网和数据仓库对于系统开发以实现广泛的数据共享来说是高度民主互补的，而且很多技术对于成功地构建基于网络的数据仓库也是至关重要的，要了解其开发原理就必须从分析其结构开始。基于网络的数据仓库的结构分为3层，包括客户机、网络服务器和应用服务器：

在**客户机**一方，用户的需求是一个互联网连接和一个网络浏览器，客户机可以是任意一种平台，包括PC、Macintoshes、UNIX机、网络计算机等。互联网是客户机与服务器间的通讯媒体。在服务器一方，**网络服务器**用于管理客户机与服务器间信息的流入和流出，由数据仓库和**应用服务器**提供支持，后者由可下载的Java应用软件、通用网关接口（CGI）程序及其他用于操作数据仓库中数据的应用软件组成。查询结果显示在创建的网页上或基于Java的数据显示工具中。由于系统总体结构在传统的决策支持系统中，数据库、模型库和知识库往往被独立地设计和实现，因而缺乏内在的统一性。为了很好地解决上述问题，人们提出了在互联网环境下，以数据仓库为中心、联机分析处理和数据挖掘为手段的网络数据仓库。按其总体结构，该系统分为基础系统网络、数据采集、数据仓库、多维数据库、知识库与模型库的组合和应用系统等几部分。它们之间相互作用，构成一个层次分明的信息分析环境：

① 模型库系统。包括模型库和模型库管理系统。

② 知识库系统。包括知识库、知识库管理系统和推理机。

③ 数据库系统。包括数据库和数据库管理系统。

④ 网络数据库系统。包括网络数据库和网络管理系统。

系统的主要输入数据来源于数据库和知识库。数据仓库管理系统完成数据仓库的建立以及数据仓库中数据的综合、提取等各种操作，负责整个系统的运转，数据挖掘、联机分析处理，用于完成决策问题中的各种查询、数据分析和数据开采等。人机界面则通过自然语言处理和语义查询，在决策者和系统之间提供相互联系。决策者发出决策请求命令后，数据挖掘工具利用数据仓库、模型库和知识库共同完成数据库挖掘过程。通过数据挖掘工具触发数据仓库管理系统，从数据仓库中获取与任务相关的数据，生成辅助模式和关系。这些模式和关系被分析评价后，一些被认为感兴趣的数据通过人机界面提供给决策者，有些发现则加入到知识库中，用于新的知识发现（KDD）和知识评价。将数据仓库和相应的数据分析工具结合起来的决策支持体系结构，用数据仓库存储和组织数据，为用户的数据访问提供统一的全局数据视图；用联机分析处理工具构建面向分析的多维数据模型，用多维分析方法进行分析比较、使分析活动从方法驱动变为数据驱动，实现分析方法和数据结构的分离；用数据挖掘技术实现知识的自动发现，为决策提供全局性的知识。

网络是一个没有统一标准、没有结构、异构的系统，并且在以很快的速度增长、变化，造成为进行搜索而建的索引很快不能反映真实情况而失效。如何对巨大的、分布的、高度异构的、半结构的、支持超文本和超媒体、经过网络互相连接的不断变化的信息库进行查询和挖掘，加拿大韩家炜先生提出建立一个多层数据库（Multiple Layered Database，MLDB）概念，用数据库技术来管理网络的元数据。它是一个分层的数字图书目录。由于网络上信息的多样性、多变性和巨大的数量，对原始信息进行结构化处理，再利用数据库技术进行管理和查询是非常困难的，也是不实际的。多层数据库的主要思想是概括（Generalization），即根据经常出现的查询模式，对网络上的原始信息进行概括归纳，形成多层次的结构化的数据库[46]。

一个多层数据库由3个主要部分构成，即{S，H，D}，各部分的定义如下：

S是一个数据库模式，它包含了关于分层数据库结构的元信息；

H是概念层次的集合；

D是MLDB各层中数据库关系的集合。

数据库模式描述了MLDB的全局结构，存储了包括结构、数据类型、取值范围等在内的通用信息。

此外，它还描述了从低层关系到高层关系的路径图，以及所采用的归纳方法。概念层次的集合是预先定义的，可以协助系统向高层概括低层信息，以及将查询映射到相应的层次。D不仅包括原始的全局信息库，而且包括经过概括归纳的各层次的数据库关系。可将网络上的原始信息作为多层数据库的最底层Layer-0，该层信息的多样性和海量使得对其管理非常困难。基于全局信息的访问模式和访问频率，Layer-1可以被组织为多个关系表，如document、person、organization、images等。

Layer-1是对最底层信息的抽象或描述，它是数据库系统可管理的最底层信息。该层信息由各个站点分别构建和存储，每个站点对自己的文档进行综合以后在每个站点形成Layer-1。在Layer-1的基础上构建更高层的数据库需要采用概括归纳技术，这种概括归纳可能在多个方向上进行，例如根据不同的分类原则进行划分，或者进一步概括某些属性，合并相同的元组，形成汇总表，或者对两个或多个关系进行连接形成新的关系表等。在进行抽象时，需要领域专家提供一个概念层次，然后利用面向属性的综合方法自动完成综合工作。下面用一个例子来说明信息组织的这种层次关系。

例1.

（1）假设Layer-1由两个关系组成，即document和person，一种可能的结构如下：

document（file addr, authors, title, publication, publication date, abstract, language, table of contents, category description, keywords, index, multimedia attached, num pages, format, first paragraphs, size doc, timestamp, access frequency, links in, links out, … ）

person （last name, first name, home page addr, position, picture attached, phone, e-mail office address, education, research interests, publications, size of home page, timestamp, access frequency, … ）

以document为例，关系中的一个元组是Layer-0中一个文档的抽象。file addr表示了存放文档的文件名和URL；size doc是文件的大小；timestamp是文件的最后一次修改时间；access frequency记录了存取频率，它是该元组的存取次数，或者是从Web Log中统计出来的文档的存取次数等。

（2）将上面的Layer-1经过简化得到Layer-2：

doc brief（file addr, authors, title, publication, publication date, abstract, language, category description, key words, major index, num pages, format, size doc, access frequency, links out）

person brief（last name, first name, publications, affiliation, e-mail, research interests, size home page, access frequency）

（3）对第2层采用多种技术概括归纳，可能得到如下的Layer-3：

cs doc（file addr, authors, title, publication, publication date, abstract, language, category description, keywords, num pages, form, size doc, links out）

doc summary（affiliation, field, publication year, count, first author list, file addr list）

doc author brief （file addr, authors, affiliation, title, publication, pub date, category description, keywords, num pages, format, sizedoc, links out） person summary（affiliation，research interest，year，num publications，count）

建立多层数据库的第1步是实现Layer-1，即从原始的无结构的信息向具有较好结构的可管理的数据转换和归纳。首先要解决异构问题，因为不同的站点可能采用不同的数据库管理系统，所以可以采用将不同数据库中的数据以XML文档的形式来表现。XML文档利用DTD来对文档使用的标签的顺序、标签之间的嵌套关系进行自我描述，从而达到描述文档结构的目的，由于XML允许用户自由定义标签，不同的网络维护者对同一个事物可能采用不同的标签来描述，所以不利于信息的共享。Dublin Core提出了一套描述符用以描述文档的内容、表现形式和相关属性，解决了结构的问题。对于目前大量HTML语言的站点，可以采用专门的抽取和转换工具逐步过渡到XML。各站点通过各种转换工具，形成自己的Layer-1数据库。这些数据库通过互联网构成了一个巨大的全局Layer-1数据库。虽然可以在Layer-1数据库上完成查询，但对于涉及大量站点的查询，其效率一定是低下的，因此，有必要通过抽象和综合形成更高层的数据库，由于这些数据库的体积相对较小，应在主干网的站点上或本地服务器上存放多个副本，从而提高查询响应速度。多层次网络信息库可以方便互联网上的资源发现、多维分析和数据挖掘。

2.2.6　基于网络的数据仓库面临的问题

传统数据仓库设计和实现中遇到的问题，在基于网络的数据仓库设计和实现中都存在，此外，系统的可伸缩性、速度和安全性，在实现基于网络的数据仓库中需要特别予以关注。基于网络的数据仓库体系结构适合作为发布重要数据和决策支持的工具。虽然它提供了灵活访问数据源的方法，扩大了投资所带来的利益，但它的实施在管理和技术方面都面临挑战[44、45]。

（1）可扩展性问题。一旦将数据仓库环境与网络相连，那么任何人都可以访问它，从而很难预料到在同一时刻有多少人在访问一个数据，这在很大程度上影响硬、软件资源的接收和发送数据，如果同时访问的人数过多，将增加网络的额外负担。拥塞的网络必然导致传送速度降低、性能下降、服务器出错等问题，最终使用户不满意。因此，基于网络的数据仓库方案必须有高扩展性来处理大量的同时访问问题。数据仓库成功的关键在于服务器的处理，服务器的性能对基于网络的数据仓库是至关重要的。面对将来的扩展性需求，管理者设计基于网络的数据仓库时一定要有前瞻性，要考虑几年后用户的信息需求、用户的数量、数据存储量的大小等问题，在硬件和软件设计上要有一定的冗余以适应将来的变化。

（2）速度问题。速度常常是评价基于网络系统的一个标准。信息传输的速度取决于很多因素，除了通信设备外，网络和交换机的通道、干涉、距离等都影响网上信息的发送速度。在数据仓库环境中，复杂的查询和涉及大量的数据操作都会增加网络的额外负担，使网络处理和发送速度减慢。在内联网（Intranet）中，速度已不是问题，但互联网常常受大量数据传输影响而使速度减慢。过去基于网络的数据仓库系统应该限速和限任务的观点已不适合现在复杂的决策支持系统了。目前，高速传输信息已成现实，公司可应用这些接入技术连接骨干网来确保较高的传输速度。

（3）安全性问题。网络安全问题可以分为两类：通过内部或外部的网络非法访问私有数据、用计算机病毒破坏数据。基于网络的数据仓库的安全管理不仅要对用户的权限进行管理，还要防止信息被盗取以及其他的对数据的有害行为。限制用户访问、操作数据的权限常用来保证应用层和用户层的安全，我们可以采用加密、数字签名等技术来防止信息被盗取或修改。供应链中的信息被截获，很可能造成巨大的商业损失，因此，必须决定哪些数据，哪些工具可以在网上共享。要成功地完成这个任务，必须深层次分析外部用户的信息需求。用于支持战略的数据和分析工具，非核心用户一般是不可以用的。

2.3 数据仓库的典型产品

2.3.1 CA 的 Decision Base

数据仓库的应用面临着各种各样的困难，如怎样从大量积累数据中提取信息，如何对信息实现足够的访问与分析功能，数据入库处理与应用程序是否归档，是否能够最终实现真正的信息价值，是否能够轻易地辨认出哪些将受环境中的变动影响等一系列的问题重新摆在了我们的面前。为此CA提供了一个稳健的知识管理解决方案基础架构Decision Base，它能够满足任何企业的需要，能够集成完全不同的技术解决方案。通过对这些工具、应用程序、进程与咨询服务的结合，能够使您的商业战略更具竞争性，使企业在市场中得以生存。CA数据仓库解决方案的特色为：

（1）独特的元数据管理与应用。数据仓库必须优化，以便更好地实现数据存取、大量的数据分析乃至交易分析；必须确保数据仓库能够从正确的地方搜集与存储详细的数据，以便进行正确的分析。元数据管理是仓库环境、性能、利用率的关键基础，最终的数据仓库的价值取决于基础设计。CA的数据仓库解决方案Decision Base利用其知识库作为中心记录用户的信息资产——关于入库信息的数据，使商业用户能够更轻易地驾驭数据仓库和理解常有的隐含的数据信息，这样元数据就像地图一样，告诉用户的数据仓库里有什么信息，这些信息来自哪里。

（2）数据转换。CA Decision Base Reporter提供了简便的方案，创建与共享特定报表，并将其转换为生产报表。它支持在报表内进行多重查询——使用户可在其报表中创建多重一对多关系，并可进行并列比较。无需昂贵的中间件或临时表格，报表生成程序就可将来自不同数据库的数据链接起来，使CA Decision Base Reporter能够轻松创建具有专业外观的报表。

（3）解析处理功能。CA将三维可视化技术运用到了Decision Base OLAP Server中，从而为复杂的数据提供了更好看、更直观的界面。这样，用户就能集中精力设计专门的商务功能——提供更稳健的电子商务应用程序，使他们能够更快地进入市场。CA Decision Base OLAP Server提供了多维视角，并可通过标准关系数据库顶端的虚拟立方实现分析处理功能。OLAP Server允许用户通过基于LAN的客户机或在浏览器内现场编辑并执行任何分析，动态地编辑数据，在任何层级或细节跟踪与分析关键商业指标，因为它是网络激活的，所以应用程序可通过互联网、内联网或外联网（Extranet）服务器轻松配置。

（4）预测管理功能。CA Neugents是用于预测管理的先锋，能够预测商业结果、规划前景、预计收入，并可识别对这些方面有所影响的因素。Neugents与基于规则的系统及基于经验的推论一起提供了一整套聪明的解决方案，可用于任何商业问题。通过Neugents与Decision Base，能够检测企业的客户数据，预测他们最可能购买哪些产品，然后据此安排生产系统。Neugents可在应用程序内建立学习功能，应用程序可清楚地显示过去所发生的状况，并根据已经改变的环境做出正确的反应。

2.3.2　IBM的DB2 UDB

IBM公司新推出的DB2 UDB 7.1主要实现以下功能：电子商务，包括E-commerce、ERP、客户关系管理、供应链管理、网络自助和商业智能，帮助企业实现电子商务；商业智能，利用已有的数据资源来支持企业决策，包括数据访问、数据分析、成本控制，获取新的商业机会和提高客户忠诚度；数据管理，包括准确高效地运行查询和应用，安全地存储、访问数据，数据恢复，在复杂的硬件环境下实现应用；增强DB2家族，满足当今异构计算环境需求，实现开放式解决方案。它主要有以下特性：

（1）集成能力强。主要包括通用数据支持、免费新增数据仓库中心和DB2 OLAP Starter Kit。用户可以使用DB2的数据连接器，像访问DB2数据资源一样访问Oracle、Sybase、Informix、SQL Server等数据库。DB2 UDB的用户现在可以跨越DB2数据库、Oracle数据库或者一个OLE DB资源进行分布式的查询，也就是可以通过使用DB2通用数据库的SQL句法和API在一个工作单元的查询内访问和处理保存在异构数据资源中的数据。

（2）高级面向对象SQL。DB2 UDB V7中包含了一些先进的SQL功能，对开发人员和分析员都非常有用。DB2可以提供临时表格支持、应用存储点（Saving Point）、标识栏（ID Column）和嵌套存储过程。

（3）Windows集成。DB2 UDB 7.1增加了对于Windows环境集成的支持：OLE-DB 2.0

版本的客户端支持功能，如OLE存储过程的集成支持；Visual Studio集成；LDAP on Windows 2000支持；扩展用户ID支持。DB2 V7.1加强了对OLE-DB的支持功能。现在用户可以用OLE-DB的应用工具通过本地的OLE界面来访问或查询DB2数据，也可以通过OLE-DB的表格功能把数据装载到DB2中。它提供了3个新的扩展器：

① 空间扩展器（Spatial Extender）。新版DB2提出了空间SQL查询概念（Spatially Enabled SQL Queries），使用户可以在关系型数据库中集成空间数据（通过坐标确定位置）和普通的SQL数据，这两种技术的结合使用户可以进行新型查询。新的空间扩展器将能够存储和索引空间数据（坐标信息），并使用户通过特定的空间数据查询对其进行访问。

② DB2 XML扩展器。IBM DB2 XML Extender体现了IBM全面的XML技术策略，在电子商务领域居业界领导地位。XML扩展器是IBM B2B服务器的组成部分，使DB2服务器可以支持XML。通过XML扩展器提供了XML文档在DB2中的存储和恢复机制，并可高效地查询XML内容。通过数据交换，XML扩展器提供新的和已存在的DB2相关表格和XML格式文档之间的映射。DB2用户可以在任何地方通过XML扩展器进行电子商务，实现企业之间（B2B）和企业与消费者之间（B2C）的应用。

③ Net.Search扩展器。DB2 Search Extender包括一个DB2存储过程，提高了Net.Data、Java和DB2 Call Level界面应用的快速全文本查询功能。它为应用编程者提供了大量查询功能，例如模糊查询、逆序查询、布尔操作和分区查询。在互联网中使用DB2 Net.Search Extender进行查询具有极大的优势，特别是在遇到并行查询的大型检索时。

2.3.3　Oracle的数据仓库

Oracle公司作为世界上最大的数据库厂家之一，凭借其在技术、资源和经验上的优势，一直致力于为企业提供最能满足企业竞争需要的数据仓库解决方案。

Oracle的数据仓库解决方案包含了业界领先的数据库平台、开发工具和应用系统。Oracle数据仓库突破了现有数据仓库产品的局限，能够帮助企业以任何方式访问存放在任何地点的信息，在企业中的任何层次上，满足信息检索和商业决策的需求。

Oracle数据仓库体系结构：Oracle数据仓库包含了一整套的产品和服务，覆盖了数据仓库定义、设计和实施的整个过程。

Oracle提供完整的产品工具集满足上述数据仓库的用户需求：

（1）Oracle数据仓库核心，是最新版本的数据库产品，专门针对数据仓库进行了很多的改进，包括对更大数据量的支持、更多用户数的支持、更多数据仓库专用函数的支持等。

（2）Oracle Warehouse Builder，可以为数据仓库解决方案提供完整、集成的实施框架，以前只能由单独工具完成的功能现在能够在同一环境中实现，这些功能包括数据建模、数据抽取、数据转移和装载、聚合、元数据的管理等。

（3）Oracle Warehouse Builder还实现了数据仓库不同部件（如关系数据库、多维数据库以及前端分析工具）的集成，为用户提供完整的数据仓库和商业智能系统。

（4）Oracle Developer Server，是企业级的应用系统开发工具，具有面向对象和多媒体的支持能力，可同时生成客户机/服务器及网络下的应用，支持团队开发，具有极高的开发效率及网络伸缩性。

（5）Oracle Discoverer，是最终用户查询、报告、深入、旋转和网络公布工具，能够帮助用户迅速访问关系型数据仓库，从而使他们做出基于充分信息的决策。由于此类工具直接基于关系数据库，我们也称此类工具为ROLAP型分析工具。

（6）Oracle Express产品系列，是基于多维数据模型OLAP分析和网络访问工具，能够提供复杂的分析能力，其中包括预测、建模和假设（What-if）分析，满足高级分析用户的需求。

（7）Oracle Darwin，是基于数据仓库的数据挖掘工具，简单易用的图形化界面提供决策树、神经网络等多种数据挖掘方法，支持海量数据的并行处理，分析结果可以和现有系统集成。

2.3.4 Sybase的Warehouse Studio

Sybase的Warehouse Studio是一个针对数据仓库应用的集成化的解决方案，包括：设计组件（Warehouse Architect）、元数据管理软件（Warehouse Control Center）、数据管理软件（Adaptive Server IQ）、一个可选的用于集成的组件（Power Stage）和提供一些具有可视化功能的分析软件。

（1）为了能够使用最通用的关系数据库和多维数据库的设计方法建立数据仓库模型，Sybase专门开发了数据仓库设计工具Warehouse Architect。这个工具为设计人员建立了一个非常友好而单一的环境，能让数据建模人员和系统设计人员很方便地处理数据仓库设计中特殊的应用需求。Warehouse Architect为数据仓库的设计提供了3大类功能：

① 多维建模。在Warehouse Architect环境中，设计人员可以使用针对数据仓库问题的所有常用的设计方法，可以获得处置数据多维特性的功能支持。在这个环境中，可以使用自顶向下的建模方法或者是使用自底向上的建模方法获得各种设计。

② 设计向导。Warehouse Architect所提供的设计向导，可以帮助设计人员生成数据的多维层系结构，可以为聚合、划分、导入处理而优化的数据结构，还可以用逆向工程的方法获得源数据定义。

③ 优化代码的生成。Warehouse Architect能够生成最流行的目标数据仓库和应用环境的

目录信息所需要的代码，对不同的环境所生成的代码也不同。

（2）Warehouse Studio的管理。无论要建立的目标系统是数据仓库还是数据集市，总的目的都是帮助用户更好地、更有根据地做出决策。在数据仓库的建设中，将数据加载到数据仓库只是完成了整个工作中很小的一部分，因此，Sybase特意提供了Warehouse Control Center，这是Warehouse Studio的管理组件。通过对元数据的运用和管理，这个组件在信息系统与数据仓库的用户间架起了一座桥梁。

（3）数据管理选件Adaptive Server IQ。为了支持数据仓库应用中大量交互式和无定型查询处理的需要，Sybase特意设计了它的新系统Adaptive Server IQ。Adaptive Server IQ是数据管理领域和传统数据管理技术中各种创新技术（其中很多是Sybase具有专利权的技术）的集中体现，它所提交的DBMS（数据库管理系统）对于用户日常的业务运作没有任何妨碍。Adaptive Server IQ所具备的新技术包括：高级索引方法与存取方法、预优化及即兴式连接策略、数据缩减和各种划分方法。通过对这些技术的综合运用，Adaptive Server IQ突破了传统技术的很多限制，为在多用户环境下的交互式分析提供了统一而高效的支持功能。

（4）Warehouse Studio的集成选件Warehouse Studio中的组件Power Stage，可以对应用开发人员提供帮助，使整个处理过程中的那些最困难和最费时间的工作（从数据的抽取到系统的集成）自动完成或者得以简化，同时保证快速得到可靠的结果。在Power Stage转换功能的支持下，借助于以下技术设施，开发者很容易取得所需要的数据：Power Stage运用一种可视化模型，将对数据进行抽取、变换、预处理和向数据仓库中集成的全过程直观地展现出来。通过使用"工作流"图以及Stage的预定义的可重用的组件作为构件，用户很容易模拟数据从数据源到目标仓库的流动过程。使用一种图形化的单击式的界面，可将各个"Stage"链接起来。

（5）Warehouse Studio的可视化特性。目前很多技术领先的可视化工具厂家的产品都支持Warehouse Studio。

2.3.5 Informix

Informix DataStage是一个可以简化和自动从任意数据源中抽取、转换、集成和装载数据的集成化工具。Informix DataStage的可视化设计使用户可以通过一个直观的可视模型设计数据的转换过程。它允许开发者添加更多的数据源、目标及转换程序，而无需重建应用程序，因此可降低成本，减少时间和资源。由于能快速确定解决方案，所以用户可以在短时间内存取他们所需的数据，从而做出更明智的商业决策。建立数据仓库的过程不仅涉及数据集市或数据仓库的初始设计，而且涉及处理过程的集成、维护及扩展环境，以便适应新的数据源、新的过程和新的目标。作为一个综合的、基于组件的系统，Informix DataStage

支持联机数据仓库抽取过程：设计、构建、集成、维护和扩展数据仓库环境。

　　Informix DataStage是一个开放的、可扩展的体系结构。构建一个数据集市包含许多普通的操作，而每个执行过程都不可避免地需要定制解决方案，使之适应特定的分析需求。有经验的开发者懂得如何定制，以便处理特殊的数据格式、专业化的商业规划处理和复杂的逻辑转换，这些工作大约占用构建数据集市或数据仓库所需的80%以上的成本和时间。Informix DataStage提供一个基于组件的体系结构，可以通过模型化、重复使用模块（如文件载入和聚合）来简化和加快开发过程。另外，它还提供了更为强大的可伸缩性和经济性，允许用户建立反映特定应用需求的组件，然后封装这些组件以便重用。Informix DataStage利用开放的应用程序接口（API）和开发工具箱来扩展基于组件的体系结构。使用这个接口，用户能够方便地构建新的被称为Plug-In的组件。利用这些Plug-In，用户可以捕获定制的转换和商业规则，自动归档并在Informix DataStage环境中重复使用，使用户能够构建一个可扩展的附加功能库。这一开放的体系结构可以减少开发环节并降低项目成本。Informix DataStage使用户能建立数据仓库解决方案，从而快速地满足所有用户的需求并节约成本。它包括以下几个工具：

　　（1）设计器——这是一个强大的，基于图形用户界面的开发工具，它包含一个转换引擎、一个元数据存储和两种编程语言（SQL和BASIC）。使用设计器的拖拉功能，用户能在准备数据集市中建立一个数据转换过程模型，防止操作系统的中断及避免执行错误。

　　（2）存储管理器——在开发数据集市的过程中，使用存储管理器浏览、编辑和输入元数据。这可能包括来自操作系统的元数据或目标集市以及来自开发项目中新的元数据，例如新的数据类型定义、传输定义和商业规则。

　　（3）控制器——使用控制器和运行引擎来规划运行中的解决方案，测试和调试它的组件，并监控执行版本的结果（以特别要求或预定为基础）。

　　（4）管理器——管理器简化数据集市的多种管理。使用管理器来分配权限给用户或用户组（控制Informix DataStage客户应用和他们看到的或执行的工作），建立全局设置，例如，用于自动清除日志文件的默认设置，移动、重命名或删除项目、管理或发布从开发到生产的状态。

　　（5）服务器——Informix在服务器方面的强大技术背景使得Informix的Server提供了很高的性能：高速转换引擎、临时的数据存储、支持legacy及关系数据结构、强大的预定义转换等。另外，Informix DataStage服务器通过多个处理器平台优化来强化可伸缩性，支持多种数据输入/输出方法，容易添加新的数据源及转换方法。

2.3.6　微软SQL Server

　　2000年微软发布了SQL Server 2000 Beta2版本，这是供用户测试评估该公司下一版本的旗舰数据库系统。SQL Server 2000已经在性能和可扩展性方面确立了世界领先的地位，是一套完全的数据库和数据分析解决方案，使用户可以快速创建下一代的可扩展电子商务和数据仓库解决方案。它有以下特点：

（1）具有完备的网络功能。SQL Server 2000提供完全集成的、基于标准的XML支持，它对于网络开发人员和数据库程序员来说都是灵活、高效而且易于使用的。数据挖掘功能可以自动地从大量的商业信息中进行筛选，帮助客户找出未被发现的新机会，预测在商业中制胜的策略。

（2）高度可扩展性和高可靠性。SQL Server 2000引入了一个新的特性，被称为分布式数据库分区视图（Distributed Partitioned Views）。它可以把工作负载划分到多个独立的SQL Server服务器上去，从而为实施电子商务的客户提供了无限制的可扩展性。SQL Server 2000分析服务允许对拥有数以亿计成员的维进行多维查询，支持对网络数据集的高速分析。

（3）加速应用开发。SQL Server 2000与Windows 2000的活动目录服务的紧密集成允许集中管理SQL Server 2000和其他资源，从而极大地简化了大型组织中的系统管理任务。SQL Server 2000提供了重要的安全性方面的增强，保护防火墙内和防火墙外的数据。SQL Server 2000支持强有力的、灵活的、基于角色的安全，拥有安全审计工具，并提供高级文件加密和网络加密功能。

（4）Windows DNA 2000和SQL Server的协作。Microsoft Windows DNA是建立和部署互联网商业应用程序最全面的集成平台，Windows DNA 2000的核心是Windows 2000操作系统。Microsoft SQL Server可以在Windows DNA环境下快速建立网络解决方案。SQL Server减少了建立电子商务应用、商业智能（数据仓库）和商业线路应用所需的时间，同时保证了这些应用具有在最苛刻的环境下所需要的可扩展性。

2.3.7 NCR

NCR形成了一套独特的数据仓库方法论和实施框架，这套理论被称为可扩展数据仓库（Scalable Data Warehouse，简称为SDW）。NCR可扩展数据仓库的基本框架主要分成3个部分：

（1）数据装载。数据装载把所谓的操作数据或源数据利用一定的方法，如提取（Extract）、过滤（Filter）、清理（Scrub）、家庭关系识别（Household）等，从生产系统中转换到中央数据仓库中。这种转换分成逻辑与物理两部分，即先根据业务问题建立数据库逻辑模型，然后在此基础上构造物理模型，将操作数据加载到物理表中。逻辑建模应该基于要解决的业务问题进行，而不是基于目前的系统能提供什么数据进行，换言之，数据仓库的出发点是解决业务问题，而不只是提供一个信息转换与访问的工具。

（2）数据管理。数据管理这一部分是整个数据仓库的心脏，它必须采用一个具有优良并行处理性能的关系数据库管理系统。当数据仓库非常庞大而且复杂时，为了提高性能，可以建立一些面向部门应用的数据集市，这些数据集市中的数据是从中央库中通过复制与传送等手段拷贝过来的。

（3）信息访问。信息访问是前端工具，主要提供给有关业务部门访问数据仓库中的信息使用，一般都采用一些具有图形界面、交互功能强的查询工具[47]。

2.4　数据仓库系统的评价与选择

近年来数据仓库技术的变化迅速，数据量和用户数量的爆增，使数据仓库在可伸缩性方面遇到了前所未有的挑战；数据分析的规模和复杂性有了空前的提高；数据来源的数量和类型呈现多样化。实际上，数据仓库系统需要管理的数据类型包括大量的实体、关系、属性和映射，其数量远远超出了人们的想像。越来越多的数据类型和关系意味着需要更强的数据综合能力。数据仓库必须要有一个集成化、可伸缩的基础架构，必须快速、有效、深入地开采数据，并且简便易行地管理数据仓库的变化，这使可扩展性显得尤为重要。同时，集成性、性能、分析能力、数据及时性和系统可管理性等方面的要求缺一不可。具体地说，数据仓库系统的评价与选择应该考虑如下问题[48]：

（1）集成性。数据仓库本身的使命是从根本上实现整个数据集成并从中受益，实现更加正确、高效地分析与决策，然而，数据仓库本身的结构复杂性却使得集成问题更加难以解决，所以，数据仓库的基本需求就是要让它自身的各个组成部分——数据库引擎、OLAP引擎、数据挖掘引擎以及元数据库等部分能够有机地集成起来。

（2）数据存取性能。为了在市场上有更出色的表现，需要更快速地行动——更快地进行管理决策，更快地推出产品和服务，更快地开发新产品，更快地对市场和技术的变化做出反应，所有这些最终都归结为快速地存取数据。数据仓库之中存放着详细的交易、客户和产品数据，这些数据如果不能快速存取，就会毫无价值。

（3）信息分析性能。对于数据仓库性能要求的下一个层次是从海量数据中发现其中的意义——不仅揭示哪里出现了异常情况，而且揭示哪里出现了假象；不仅揭示"哪些客户和我做生意历史最长"，而且揭示"哪些客户最有可能被我所保留"。总之，要为决策提供实质性的帮助，而非似是而非的判断。

（4）数据的及时性。经济技术环境变幻莫测，决策速度至关重要。同一个客户，在呼叫中心、企业网站或者服务柜台所受到的待遇常常是不同的，而对客户做出购买决定影响最大的交互活动常常只是最后的几分钟或者几个小时，因此，所有的决策都必须以最新、最及时的数据为基础。在许多行业，电视广告和无线广播广告的内容每天都需要随着客户前一天的购买情况进行调整。例如书籍和服装类商品的获利能力常常是由最近几周的市场活动所决定的；食品商店的存货情况应当以小时为单位来考虑。决策系统应当运行在以分钟或者小时为单位进行更新的数据库之上。有价值的数据仓库必须既有能力整合历史数据，也有能力整合最新的数据。在一个大型数据仓库之中，保持最新数据意味着每周、每天、每小时甚至每分钟都必须进行大量的数据更新。

（5）适应性。建立数据仓库的目的，在很大程度上是为了适应内外环境的迅速变化。数据仓库本身也必须随环境而变化。例如：有新的应用系统投入使用，形成了新的数据源；各个应用的工作负载和使用方式发生变化，产生的数据量也就有所不同；对于数据库的查询可能突然集中在某个特定的领域；企业的并购更容易让原来的数据仓库面目全非。因此，数据仓库必须比其他任何系统都有更好的适应性。

（6）可伸缩性。这个问题包括两个方面，即数据容量的可伸缩性和工作负载的可伸缩性。

① 数据容量几乎成为数据仓库最重要的限制。一个成功的数据仓库，它每个月肯定都会拥有更多的数据——更多的表格、更多的行、更多的列。越是成功的数据仓库，数据增长就越迅速。

② 数据仓库平台的工作负载也在迅速增长。企业中使用数据仓库的人越来越多，以前，数据仓库只应用于战略层面上的决策，使用者也只是少部分高层决策人士，今天数据仓库已经进入新的时代，应用方式和应用者都大大扩张了，其中增长最快的一个方面就是战术决策支持，特别是许多直接与客户打交道的一线人员也在使用数据仓库了。在大型企业中，销售和服务人员可能成千上万，都可能是数据仓库的使用者，而且，许多公司正在与客户、合作伙伴和供应商共享数据仓库。

（7）可管理性。随着数据仓库规模的增大，管理难度和风险也在增大。数据仓库之中包含大量的数据、大量的表格、大量的应用和服务、大量的使用者以及巨大的存储系统，所有这些都需要非常复杂的管理，需要有功能强大的集成化管理机制。而且，这种管理能力上的需求，仅仅依靠管理机构和人员是不够的，这使得在数据库引擎之中融入先进的自我管理机制成为明显的趋势。

第3章 网络数据流量分析

3.1 概 述

3.1.1 网络基础知识

互联网的空前发展得益于它所采用的网络体系和通信协议，它是由位于世界各地的若干个通信子网组成，也包括各种类型和规模的局域网（LAN）、城域网（MAN）和广域网（WAN），它们通过电话线、光缆、微波和卫星等线路来建立物理连接。互联网采用OSI（开放系统互联）分层网络体系和TCP/IP（传输控制协议/网络互联协议）网络传输协议，辅以其他多种网络协议和工具，适用于不同型号计算机和各种类型的计算机网络，具有良好的可扩展性，解决了通信子网的异质性，使连接在互联网上的所有计算机网络之间能够相互通信。另外，互联网中的所有资源均采用客户机/服务器的模式进行访问，即将网上的资源集中存于一个计算机上作为服务器，其他的计算机采用分布方式作为客户机，通过协议进行访问。在互联网中有各种各样的服务器，信息资源集中分布于服务器上，供客户机访问。

在讲网络流量分析之前，先介绍几个基本的概念：IP地址、域名、服务器、客户机。

1. IP地址

在互联网上，每一个网站都有一个惟一的合法地址来标识自己，这个地址是由一组数字来表示的，地址长度为32位。例如：11001010·01110010·00110011·00101100（二进制表示），转化成十进制就是：202·114·99·44。

每个IP地址由网络号和主机号组成，网络号的长度决定了网络的规模，是子网的标识。按网络规模大小，IP地址分为3类：A类、B类、C类。A类地址中第1个字节表示网络地址，而后3个字节表示网络内计算机的地址；B类地址中的前两位地址表示网络地址，后2位表示网络内计算机的地址；C类地址中的前3位地址表示网络地址，后1位表示网络内计算机的地址；A类地址用于非常巨大的计算机网络，B类地址次之，C类地址则用于小网络。在网络浏览、寻址过程中，首先根据IP地址的网络号找到相应的网络，然后再根据主机地址找到相应的主机。

2. 域名

一般域名地址可表示为：主机机器名.单位名.网络名.顶层域名。如：nic.whu.edu.cn/，这里的nic是武汉大学的一个主机的机器名，whu代表武汉大学，edu代表中国教育科研网，cn代表中国，顶层域一般是网络机构或所在国家地区的名称缩写。

域名由两种基本类型组成：以机构性质命名的域和以国家地区代码命名的域。常见的以机构性质命名的域，一般由3个字符组成，如表示商业机构的"com"，表示教育机构的"edu"等。以机构性质或类别命名的域如表3.1所示。

表3.1 顶级域名一览

域　　名	含　　义
com	商业机构
edu	教育机构
gov	政府部门
mil	军事机构
net	网络组织
int	国际机构（主要指北约国家）

以国家或地区代码命名的域，一般用两个字符表示，是为世界上每个国家和一些特殊的地区设置的，如中国为"cn"、香港为"hk"、日本为"jp"等。

一般情况下，域名与IP地址是一一对应的，在互联网的寻址过程中，需将域名转换为相应的IP地址，这一过程称为域名解析。有时域名对应的IP地址经常更换，而域名不变，所以，用户最好用域名进行网络通信。

3. 服务器

服务器是互联网上提供信息让别人访问的机器，通常又称为主机。它一般由高性能计算机担任，作为网络的节点，用来存储、处理网络上的数据、信息，因此服务器也被称为网络的灵魂。

服务器的构成与微机基本相似，有处理器、硬盘、内存、系统总线等，它们是针对具体的网络应用特别制定的，因而服务器与微机在处理能力、稳定性、可靠性、安全性、可扩展性、可管理性等方面存在很大差异。

服务器主机上需要安装服务器软件。服务器软件有时也简称服务器。目前最常用的网络服务器软件有Apache、iPlanet Enterprise Edition、Microsoft IIS、Zeus等。其中Apache应用最广，在网络市场是无可争议的领头羊，它可以运行在Linux、Soloris、Windows等多种系统平台之上。

4. 客户机

客户机是访问别人信息的机器。

当用户通过电信局或别的ISP拨号上网时，用户的计算机就被临时分配了一个IP地址，当用户下线后，IP地址也被收回。

如果用户直接连接到互联网，则其计算机就会有一个静态的IP地址。

如果用户是通过公司的代理服务器上网，则该代理服务器有可能给每个用户分配一个IP地址，也有可能给所有用户分配同一个IP地址。

3.1.2　网络数据流量分析

随着网络的普及，政府部门、公司、大专院校、科研院所等都在构建或正在建设自己的网站。在建立网站后，为了了解网站运行情况、发现网站存在的不足，对网络服务器的运行和访问情况等数据进行详细和周全的分析就显得十分重要。管理网站不只是监视网络的速度和网络的内容传送，它要求不仅关注服务器每天的吞吐量，还要了解对这些网站的外来访问，了解网站各页面的访问情况，根据各页面的点击率来改善网页的内容和质量、提高内容的可读性，跟踪包含有商业交易的步骤等。

对于网络广告发布商来说，他们希望看到他们的广告发布之后的用户单击和浏览情况，以便评估广告效果，并准确地进行广告计费。

总之，网络数据流量分析无论是对于网站的所有者、管理者还是网站广告客户来说都越来越显得重要和迫切。而这些要求都可以通过对网络服务器的日志文件的统计和分析来做到。

以最常用的网络服务器Apache为例，它支持多种日志文件格式，最常见的是common和combined两种模式，其中combined方式比common方式的日志的信息要多Referer和User-agent项，Referer记录用户请求来自何处（例如来自于Yahoo的搜索引擎），而User-agent记录了用户客户端类型（如Mozilla或IE）。下面是Common类型的日志文件中的一段：

```
218.75.41.11 -- [06/Dec/2002:00:00:00 +0000]
"GET /2/face/shnew/ad/via20020915logo.gif HTTP/1.1" 304 0
"http://www.mpsoft.net/"
"Mozilla/4.0 (compatible; MSIE 5.0; Windows 98; DigExt)"
61.187.207.104 -- [06/Dec/2002:00:00:00 +0000]
"GET /images/logolun1.gif HTTP/1.1" 304 0
"http://www2.beareyes.com.cn/bbs/b.htm"
"Mozilla/4.0 (compatible; MSIE 6.0; Windows NT 5.(1)"
211.150.229.228 -- [06/Dec/2002:00:00:00 +0000]
```

```
"GET /2/face/pub/image_top_1.gif HTTP/1.1" 200 260
"http://www.beareyes.com/2/lib/200201/12/20020112004.htm"
"Mozilla/4.0 (compatible; MSIE 5.5; Windows NT 5.0)"
```

可以看出，对于每一个请求，服务器在日志文件中都记录下了如下用户信息：

- 用户的IP地址。
- 提交请求的日期和时间。
- 用户请求的内容，如HTML页面、GIF图像等。
- 网络服务器对于该请求返回的状态信息。
- 服务器返回给用户的内容的大小（以字节为单位）。
- 该请求的引用地址，即显示用户在单击超链接到达本站前所在的URL。
- 客户浏览器类型、操作系统等信息。

对于每个请求，日志文件都会记录一条信息。如果用户访问一个带有7幅图形的页面，那么日志文件就会记录8条请求——一个HTML页面请求和5个图形请求。服务器的日志文件中包含了许多有用的信息，通过对这些信息的分析，可以进一步得到网站访问量特征（如流量的时段特征）、用户行为特征（如访问路径、进站页面、停留时间、退出页面）等信息[49]。

此外，用户注册信息和Cookie文件也是网络数据流量分析的重要数据来源。用户注册信息是指用户通过网页在屏幕上输入的、提交给服务器的相关信息。它具有信息比较全面、具体、客观等特点，在网络服务活动起着非常重要的作用，特别是在安全方面或者对用户可访问信息的限制方面具有一定的意义。在网络数据流量分析中，用户登记信息可以和访问日志结合起来，以提高数据挖掘的准确度，从而能进一步地了解用户的特点。Cookie是当用户访问某个站点时，随某个HTML网页发送到用户浏览器中的一小段信息。浏览器通常会将其存在用户的硬盘中，其中有个别存储的信息会随同用户新的网页浏览请求被送回发出Cookie的网络服务器，因此，通过Cookie也可以获得用户的某些信息。

3.2　网络流量分析的数据来源、指标和技术问题

3.2.1　网络流量分析的数据来源

要想获得用户访问网站的具体数据，有两种方法：一是连续抽样方法，二是网站日志分析方法。前者类似于电视观众的固定样组（Panel）调查，采用的是抽样入户、连续记录的方法，即采用多阶段组合概率抽样产生固定样组，在样组用户的计算机中安装特定的计量软件，通过报酬激励、样本轮换和配额控制共同保持样本的连续性，然后对从用户计算

机上收集到的上网信息进行统计分析。后者则是利用计量软件直接对网站服务器的日志文件数据进行审计（Audit）分析。

　　美国网络流量审计公司I/PRO在2001年5月的一项研究表明，与基于日志审计的流量分析相比，基于连续抽样的流量分析的结果存在较大的误差[50]。图3.1表示了与日志审计相比，基于连续抽样的流量分析发现误差的比例。从左到右6个柱图（第三个柱图高度为0，因此看不到）分别表示：

- 连续抽样得到的流量低于日志审计流量超过50%的案例比例。
- 连续抽样得到的流量低于日志审计流量10%～50%的案例比例。
- 连续抽样得到的流量低于日志审计流量超过0%～10%的案例比例。
- 连续抽样得到的流量高于日志审计流量超过0%～10%的案例比例。
- 连续抽样得到的流量高于日志审计流量10%～50%的案例比例。
- 连续抽样得到的流量高于日志审计流量超过50%的案例比例。

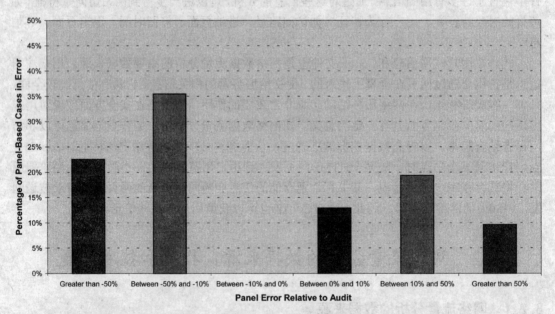

Web site traffic: Percentage of Panel-Based Cases in Error vs. Audit - May 2001

图3.1　网站流量分析中固定样组抽样和日志审计的误差比较（资料来源：www.ipro.com）

　　基于连续抽样的流量分析的结果存在较大的误差，这是由于这种固定样组的连续抽样调查方法来源于电视收视率调查，而它并不能够满足网络媒体的审计要求。电视观众在特定时间内的节目选择是有限的（顶多不过上百个），因此调查某个电视节目在某个时间段的收视率，只要样本选择合理而且样本数量足够大，就可以达到符合要求的准确度。但是，网络用户在某个时间段内登录网站的选择则近乎无限，因此通过固定样组的连续抽样调查来统计某个特定网站的流量情况，其精度根本就无法满足要求。因此，国内外的网络流量分析目前大多采用日志分析模式进行。

3.2.2　网络数据流量分析的主要指标

网站数据流量分析的指标可以分为网站访问量指标、用户特征指标和用户的行为特征指标等，具体介绍如下：

1. 网站访问量指标

（1）访问数

访问数又称用户会话数。它反映了网站通信量的总体水平，可以作为测度网站受欢迎程度的有效指标。关于"访问"的定义，目前被业界普遍接受的定义是：用户访问网站，如果期间中断时间不超过30分钟，则用户在该网站上的活动被定义为一次访问。如果用户离开网站30分钟后再回来，则应算作另一次访问。其他术语的准确定义限于篇幅在这里不做介绍，有兴趣的读者可以在美国传播审计局（Audit Bureau of Circulation，ABC）的认证审计机构的网站（www.abcinteractiveaudits.com）上找到其他术语的定义。

在国内，CNNIC制定的标准是，访问者在20分钟内与网站有交互活动则被认为是同一次进入网站，不记录新的用户会话数；当访问者持续20分钟与网站没有交互活动，当他再次访问网站时访问者被认为再一次进入了网站，记录新的用户会话数[51]。

（2）页面请求（Request）数

页面请求数指为了进入目标页面，浏览器和它连接的服务器之间进行的每次单一连接的次数总和。

在这里我们没有采用点击率（Click Rate）或点通率（Click Through Rate）的概念，因为它们容易混淆。事实上，一次页面请求有可能产生多次单击或者命中（Hit），如果网站主页有6幅图形，那么对主页的每次请求都会产生7次（1个HTML文件的和6个图形的）单击或者命中，所以，单纯统计点击率是容易产生误导信息的。

要注意的是，页面请求数是请求数的一个子集，它不包含对图形、动画、音频等文件的请求。

（3）惟一访问者（Unique Visitor）数

惟一访问者数是指在一特定时间内第一次进入网站，具有惟一访问者标识（惟一地址）的访问者数目。这一特定时间可以为一天，也可以为一周或一个月等。

（4）页面阅览（Page View）

页面阅览又称页面印象（Page Impression）、阅览（View）。一次页面阅览就是一次页面的下载，访问者成功地阅览到页面，应该是在他的浏览器上完整地看到该页面[52]。度量方法是将一次浏览器请求即可算作一次页面阅览。不过这种度量方法仍然是有缺陷的，比如在响应时间太长时，访问者可能在页面显示之前就中止跳转至其他页面了，因此即使服务器记录了访问者的请求，但实际上并没有被访问者阅览到。此外含有帧（Frame）的页面在一次请求时会产生多个页面阅览，对此应该只做一次计算。网站e166的部分访问量指标统计如图3.2所示。

图3.2　网站e166的部分访问量指标统计（资料来源 http://www.e166.com/）

2. 用户特征指标

（1）用户使用的浏览器

浏览器是用于定位和阅览HTML文档的程序，如早期的Mosaic、现在流行的Netscape Communicator和Microsoft Internet Explorer。可以从日志文件中获得浏览器类型的信息，以此获得统计的数据。了解用户使用的浏览器的意义在于某些网页在某一种浏览器中表现更好些，这样可以针对用户浏览器对网页进行优化设计。

（2）用户的域名和主机

域名是互联网上对应于计算机IP地址的文本地址，主机则是连接在互联网上的计算机的正式名字。通过日志文件中的IP地址可以得到用户的域名和主机名。销售商可以从这类数据中得到有用的信息。

（3）用户的计算机操作系统

可以通过分析浏览器字符串（Browser String）来获得关于操作平台的信息。这类数据可以为计算机制造商或者软件供应商提供有价值的信息。

3. 用户的行为特征指标

（1）用户的入站路径

这个信息反映出访问者的来源，例如来自于其他网站的链接或者搜索引擎，如果访问者来自搜索引擎，那么大多数提交的URL信息甚至可以告诉你访问者在搜索引擎中使用的关键词。分析访问者使用的关键词对于网站创建和登录搜索引擎非常重要。

（2）用户的入站页面

如果知道人们最常通过哪个或哪些页面进入网站，那么可以对这些页面进行优化设计并对其进行重点维护，同时也可以将这些网页的meta标签应用于可以增强用户阅览并能直接增加销售的网页。

（3）用户浏览站点的常用路径

用户浏览站点的路径可以通过指引链接（Referrer、Referral Link）得到。如果用户单击一个页面中的链接而被引导至当前HTML页面，则该链接就是当前页面的指引链接。从HTTP_REFERRER环境变量和对服务器日志文件的分析中可获得指引链接的信息。分析用户的浏览路径可以检测网站的导航系统是否有效。

（4）每个访问的停留时间

一个访问的停留时间是用户访问的第一次请求至最后一次请求间的时间加上每个页面请求的平均时间。各个访问的停留时间的和除以用户访问数可以得到每个访问的平均停留时间。通过对每个访问的平均停留时间的分析，可以得出许多有价值的结论，如果许多访问者在20~30秒内离开你的网站，那么很可能是由于页面下载速度太慢，也可能是由于内容贫乏或其他设计缺陷；另一方面，如果你发现许多访问者在某些页面停留的时间比较长，那么可能要对其他页面进行改进。

（5）用户的退出页面

了解用户离开网站的相关信息有助于改进对这些页面的设计，甚至将其删除。

除了以上指标外，通过对网站流量的分析，还可以得到流量时段特征指标（如网站上用户最多的时段）、目录特征指标（如哪个目录下的网页访问量最大）等。

3.2.3 网络数据流量分析需要解决的几个问题

1. 高速缓存

高速缓存（Web Cache）是通过分布式地放置服务器及合理配置缓存Cache，将页面存储到硬盘或者服务器上，从而降低广域网的宽带负荷，并提高网站内容的响应速度。Internet Explorer等浏览器都会将最近访问过的页面缓存在硬盘上，而ISP等在线服务提供商会将最常用的页面存储在服务器上，以加快这些页面的调用速度。它适用于访问量大、应用服务多、服务器不多的中小型客户，特别适合门户类、静态页面较多的站点。

高速缓存服务能够缩短最终用户使用相关网络资源时的反映时间，提供高速访问，以使网页的相关内容更贴近用户，这不仅使最终用户享受高速反应的服务，同时也使托管客户减少了对带宽的需求和服务器处理能力的需求。

虽然"高速缓存"能够使用户更快地获取信息，但如果另一台服务器也采用这种方法，站点发布商就无法跟踪站点的使用情况。例如，许多美国在线用户可以访问某个站点，但如果它缓存在美国在线的服务器上，则该站点发布商就可能无法统计到这些访问。如果站点发布商以网页阅览量为计量标准，那它就无法对通过缓存页面传送的网页阅览量进行计费。有人估计缓存掩盖的访问量大约达到20%，而TrueCount的测量结果显示，隐藏的访问量显著超过20%，反映出问题的严重性大大超出预料[53]。

站点发布商并不反对缓存，但他们希望能够亲自处理缓存站点的日志文件，这样就能保证对站点活动的准确计量。不过现在已经有了即使在缓存的情况下也可以统计网页阅览量的软件，如MatchLogic（www.matchlogic.com）公司的TrueCount软件。

2. 代理服务器

代理服务器（Proxy Server）是网上提供转接功能的服务器，其功能就是代理网络用户去取得网络信息。形象地说：它是网络信息的中转站。代理服务器是介于浏览器和网络服务器之间的一台服务器，有了它之后，浏览器不是直接到网络服务器去取回网页，而是向代理服务器发出请求，请求信号会先送到代理服务器，由代理服务器来取回浏览器所需要的信息并传送给你的浏览器。而且，大部分代理服务器都具有缓冲的功能，就好像一个大的Cache，它有很大的存储空间，不断地将新取得的数据储存到它本机的存储器上。如果浏览器所请求的数据在它本机的存储器上已经存在而且是最新的，那么它就不重新从网络服务器取数据，而直接将存储器上的数据传送给用户的浏览器，这样就能显著提高浏览速度和效率。很多企业都用代理服务器连接互联网与内联网充当防火墙，以节省IP开销：如前面所讲，所有用户对外只占用一个IP，而不必租用过多的IP地址来降低网络的维护成本。

这样，局域网内没有与外网相连的众多机器就可以通过内网的一台代理服务器连接到外网，大大减少费用。

代理服务器会将已经浏览过的内容拷贝，并将拷贝提供给局域网的用户。这对于减少互联网的访问流量、节省公司的开支等，当然算是好事。但对于被访问的站点和广告商来说，就是问题了，因为有了代理服务器，一部分用户就不是直接从目标网站调用内容，所以站点与广告商无法统计这部分访问量；而且通过代理服务器，整个局域网的电脑对外都只使用一个IP地址，这样站点发布商的日志文件仅能识别一个用户，这与实际情况相差甚远。为了解决这一问题，可以在设计流量分析软件时，在需要计数内容的Header中加入一段代码，当代理服务器中缓存的内容被调用时，代码能够自动返回有关信息到原始站点服务器。许多人共用一台机器时，也会暴露用惟一的IP地址识别用户的缺陷：IP地址识别的是计算机和浏览器，而不是用户。对于这个问题，可以结合Cookie文件分析解决。

3. Cookie

Cookie是一种网络服务器通过浏览器在访问者的硬盘上存储信息的手段。它与特定的网页或网站关联起来，自动地在网络浏览器和网络服务器之间传递。Cookie用于互联网的本意是为了克服HTTP的无记录状态。众所周知，浏览器与网络服务器是利用HTTP进行通信的，而HTTP又是无记录的，所以当一个请求发送到网络服务器时，无论其是否是初次来访，服务器都会把它当作第一次来对待，根本没有对它的记忆，为了克服这一缺陷，客户端永久性的Cookie就应运而生。一般编写Cookie文件时，用户需要的信息主要有Cookie的截止日期、Cookie访问域名的URL、Cookie变量名称和一些与Cookie变量有联系的数据。Cookie文件的内容虽然简单，但它能为站点和用户带来很多方便和好处，具体表现如下：

- 它可让网站跟踪特定访问者的访问次数、最后访问时间和访问者进入站点的路径。
- 它可告诉在线广告商广告被单击的次数。
- 它可让用户在不键入密码和用户名的情况下进入曾经浏览过的一些站点。
- 它可帮助站点统计用户资料以实现个性化服务。

不过，一些用户认为Cookie会侵犯个人隐私而禁用Cookie（最新的浏览器版本中都有"禁用Cookie"功能），这会给站点发布商统计信息造成一定的麻烦。实际上，与注册信息相比，Cookie文件影响个人隐私的可能性是比较小的。不管怎么样，网站应该采取完善的技术措施和隐私保护条款，以便使用户可以放心地使用Cookie功能。比如说，网站应该对Cookie文件中的Username和Pass-word等信息进行加密保存，防止被窃取。

4. 搜索引擎

搜索引擎通过Robot（机器人）程序自动访问网站，提取网页信息，并根据网页中的链接进一步提取其他网页或转移到其他站点上。由于专门用于检索信息的Robot程序像蜘蛛一样在网络间爬来爬去，因此，搜索引擎的Robot程序有时被称做蜘蛛（Spider）、网上流浪汉（Web Wanderer）或网络蠕虫（Web Worms或Web Crawler）。

　　搜索引擎对网站的不停访问会夸大网站的访问量。在做流量分析时应该将这一部分访问信息排除。美国互动广告局（Interactive Advertising Bureau，IAB）的网站每月更新网络搜索引擎的最新名单，以便在网络流量审计时排除来自这些搜索引擎的访问量。

5. 行业标准

　　为了扩大网站的影响力，吸引更多的网络广告客户和电子商务客户，目前各网站大都对自己网站的访客流量进行了计量和宣传。但是各网站在测试过程中所遵循的测试标准不同（比如对于网站流量的衡量，有的采用Hit，有的采用Pageview；有的采用每天的均值，有的采用累加值）；而且各网站所采用的测量工具不同（如有的工具分析网站的Log文件，有的利用CGI程序）；再加上一些人为的因素使得这些统计结果不能准确、全面地反映网站的访客流量和网站的影响力，从而使得各网站的测试结果之间没有可比性，网络广告客户、电子商务客户在这些结果面前无所适从[54]。因为行业范围内缺乏标准会造成混乱，从而影响行业本身的发展。因此，行业标准的统一和推广应该受到重视。有了标准，网络广告客户才能够客观地比较不同站点的影响力、网络广告的业绩表现等。

　　由于美国的网络广告起步较早，因此美国互动广告局很早就制定了网络流量分析中的术语的定义标准和流量审计报告规范，其最新的版本可以从美国广告协会（the American Association of Advertising Agencies，AAAA）的网站上下载，其网址为：

　　http://www.aaaa.org/downloads/iab_guidelines02.pdf

　　在我国，CNNIC于1999年12月联合全国众多网站共同制定了《网站访问统计术语和度量方法》，并呼吁推广这套网站访客流量度量标准，CNNIC还提供了第三方流量认证。CNNIC的《网站访问统计术语和度量方法》可以从以下网址下载：

　　http://www.cnnic.net.cn/trafficauth/standardindex.shtml

3.3　网络流量分析的流程和方法

3.3.1　网络数据流量分析的主要流程

　　前面已经讲过，网络数据的流量分析主要是通过对网络使用记录进行计量分析，这要经过一系列的数据准备工作，采用数据统计分析和挖掘方法，在大量无序的数据中，获取有规律的认识。

网络数据流量分析的基本流程如下：

1. 数据预处理阶段

网络日志挖掘分析首先是对日志中的原始数据进行预处理，其主要任务是从原始日志文件中选取计量分析使用的规范化数据，其结果将直接影响到分析处理结果的准确度与可信度。数据预处理阶段包括数据净化、用户识别、会话识别和路径补充等过程。

（1）数据净化

数据净化指删除网络服务器日志中与计量分析无关的数据。因为在大多数情况下，只有日志中HTML文件与用户会话相关，所以通过检查URL的后缀删除认为不相关的数据。可以使用一个默认的后缀名列表帮助删除文件，如后缀名有图像文件.jpeg、.gif、.jpg、.map和.cgi等，去掉一些不能反映用户行为的记录，有些不是用户发出或不能反映用户模式的记录（如搜索引擎的访问记录）也需要删除，此外还要过滤一些请求错误和失败等记录。

（2）用户识别

用户是指通过一个浏览器访问一个或多个服务器的个体。由于本地缓存、代理服务器和防火墙的存在，使得识别用户的任务变得很复杂。一般最常被网络日志分析工具使用的技术就是基于日志的方法，可以使用一些启发式规则帮助识别用户：

① 如果IP地址相同，但是代理日志中表明用户的浏览器或操作系统改变了，则认为不同的代理表示不同的用户。

② 将访问日志、引用日志和站点拓扑结构相结合，构造用户的浏览路径。如果当前请求的页面同用户已浏览的页面间没有链接关系，则认为存在IP地址相同的多个用户。

（3）会话识别

在跨越时间区段较大的网络服务器日志中，用户有可能多次访问该站点。会话识别的目的就是将用户的访问记录分为单个会话（Session）。最简单的方法是利用时间的长度来确定，如果两页间请求时间的差值超过一定界限就认为用户开始了一个新的会话。这个时间界限，美国IAB制定的标准是30分钟，我国CNNIC制定的标准是20分钟。

（4）路径补充

在识别用户会话过程中的另一个问题是确定访问日志中是否有重要的请求没有被记录，这就是路径补充所做的工作。解决的方法可根据用户访问的页面路径进行推理。如果当前请求的页与用户上一次请求的页之间没有超文本链接，那么用户很可能使用了浏览器上的BACK按钮调用缓存在本机中的页面。检查引用日志确定当前请求来自哪一页，如果在用户的历史访问记录上有多个页面都包含与当前请求页的链接，则将请求时间最接近当前请求页的页面作为当前请求的来源。若引用日志不完整，则可以使用站点的拓扑结构代替，并通过这种方法将遗漏的页面请求添加到用户的会话文件中。另外，在执行CGI程序时，由于传递的参数不一样，所以必要时还要结合参数确定显示的页面内容。

2. 模式识别阶段

此阶段采用的方法包括统计分析、聚类、分类、关联规则、序列模式识别等：

（1）可以统计对特定网页或文件的访问情况；统计不同的领域和地区的访问情况，如edu、com、cn域名等网络流量分布；统计常用和少用的资源；统计不同的领域和地区的用户分布；统计用户和地区时间的关联情况等。

（2）利用数据分析技术进行网络流量分析、典型的事件序列和用户行为模式分析、事务分析，可以回答成分和特色在什么上下文中被使用，什么是典型的事件序列；在用户中是否有共同的行为模式；不同用户群在使用和行为上有什么差异；用户的行为是否随时间变化，怎么变化等问题。

（3）通过分析网络存取日志能帮助理解用户的行为和网络结构；根据具体的分析需求选择访问模式发现的技术，如路径分析可以用来发现网站中最经常访问的路径，从而可以调整站点的结构。

（4）在网络使用记录分析的环境下，关联规则分析的目标是发现用户对站点各页面的访问之间的关系，对于网络服务的分析是非常有用的。

（5）时序模式的发现，各种聚类和分类技术的采用对于网络使用记录中的模式发现都有其各自的作用。日志分析可以与网络内容分析和网络链接结构分析等结合起来。

3. 模式的分析

模式分析阶段是分析挖掘得到的规则和模式，提取有意义的、感兴趣的规则与模式作为分析结果。该阶段的主要任务是从上一阶段收集的数据集中过滤掉不感兴趣和无关联的模式。具体的实现方法要依具体采用的分析技术而定。目前在网络使用模式分析的工具主要是可视化技术和知识的查询机制。此外，联机分析处理技术也可以应用到模式的分析中。如果没有合适的技术和工具来辅助理解，那么采用各种技术分析出来的模式将不能得到很好的利用。通过对日志文件的模式分析，可以提供各种各样的统计报告。

3.3.2 网络数据流量分析的主要方法

网络用户使用记录的分析，主要任务是从数据中发现模式，是关于用户行为及潜在用户信息的知识发现。通常实现方法是对网络服务器日志和Cookie等日志文件进行分析，发现用户访问行为频度和内容等信息，从而找出一定的模式和规则。主要包括关联规则、序列模式、网页聚类、频繁遍历路径等。

目前，国内外的一些流量分析软件大多数只提供一些简单的统计功能，如对某一个URL

的访问次数或访问时间的统计等，而不能对日志中隐含的关系进行挖掘分析，因而在功能上有一定的局限性。

1. 统计分析

对网页的访问种类、时间、不同种类的统计（频率、均值、中值）分析，有助于改进系统性能、增强系统的安全性，便于网页的修改并能够提供决策支持。通过对日志访问频率分析，可以在一定程度上发现用户感兴趣的热点问题。例如，国外某公司发现网站的访问量很多来自国外，其中一大半来自巴西，于是他们修改网页以迎合巴西用户的特点，结果使来自巴西的订单出现大幅度的增长。

2. 路径分析

路径分析可以用于确定在一个网站中最频繁访问的路径。例如：70%的用户端在访问/Library/document2时，是从/Library开始，经过/Library/new、/Library/document、/Library/document1……；80%的访问这个站点的用户是从/Library/document开始的；65%的用户在浏览4个或更少的页面后就离开了。

第一条规则说明了在/Library/document2页面上有有用的信息，但因为用户对站点进行的是迂回绕行的访问，所以这个有用信息并不明显。

第二条规则说明了用户对站点的访问一般不是从主页开始的，而是从/Library/document开始的，如果在这个页面上包含一些目录类型的信息，则将会提高用户的浏览效率。

第三条规则说明了用户在网站上驻留的时间。既然用户在这个网站上浏览一般不超过4个页面，就可以把重要的信息放在这些页面中。通过路径分析，可以改进网页及网站结构的设计。采用路径分析进行网络使用模式分析，比较常用的是建立在用户浏览页面基础上的图形分析，从中可以发现用户访问的路径模式和最频繁访问的路径。

3. 关联分析

关联规则的发现可以用来找出某次服务器会话中最经常出现的相关网页。在网络信息服务中，关联规则的发现也就是要找到用户对网站上各种文献之间访问的相互联系，这些文献之间可能存在或可能不存在直接的联系。例如，用关联规则发现方法，可以找到以下的相关性：40%的用户访问页面/Library/document1时，也访问了/Library/document2；30%的用户在访问/Library/document时，在/Library/document1进行了服务请求。利用这些相关性，可以更好地设计和组织站点，提供有效的服务。目前有关用户访问记录的数据量比较大，如何降低搜索空间是关联规则的发现需要解决的问题。

4. 序列模式分析

序列模式的分析就是在时间戳有序的事务集中，找到那些"一些项跟随另一个项"的内部事务模式。找出会话间的模式，利用会话间的时间排序，预测未来的访问模式，可以进行趋势分析、转折点检测和相似分析等。例如：在访问/Library/document的顾客中，有30%的人曾在过去的一星期利用关键字"知识发现"在网上做过查询；在/Library/document1上进行过服务的用户，有60%的人在过去15天内也在/Library/document4处请求服务。发现序列模式能够进行预测用户的访问模式，对用户开展有针对性的宣传。通过系列模式的发现，能够在服务器中选取有针对性的页面，以满足访问者的特定要求。此外，序列模式的分析有助于发现网络信息服务内容和产品的生命周期，暂时性的序列模式可以分析有关的工作和服务效果。

为了发现网络日志中的序列模式，首先需要把存放在文本文件中的日志记录转换为序列数据库中的访问序列，接着一定的序列模式挖掘算法需要施加到序列数据库上，发现用户关心的序列模式。此外，为了挖掘用户感兴趣的序列模式，减少挖掘、解释和评价模式的时间，序列模式挖掘还应能体现用户对模式的约束。序列模式识别用户浏览行为的序列模式，主要集中在挖掘频繁遍历路径的算法，通过序列模式发现频繁访问路径。发现频繁访问路径的基本思路是首先识别所有用户访问事务中的最大前向访问路径，然后将发现频繁访问路径模式的问题映射成在所有的最大前向访问路径中发现频繁发生的连续子序列的问题，即利用事务数据库中的挖掘序列模式的方法来发现所有的大访问路径。对于某些自动生成的页面，可以根据"热门访问路径"自动生成链接及其排列次序，把热门链接排在前面。

5. 分类规则分析

分类发现就是给出识别一个特殊群体的公共属性的描述，可以分析某些共同的特性，这个特性可以用来分类新的项。例如：大学的用户一般感兴趣的页面是/Library/document1；在/Library/document2提出过服务请求的用户中有50%是学生。在获得有关的分类知识后，就可以进行适合某一类用户的网络信息服务活动，根据用户分类的信息对网络信息服务方式进行改进。由于网络日志是以文本形式存在的，所以可以利用文本挖掘技术的文本分类法从日志中发现用户感兴趣的内容。

6. 聚类分析法

聚类分析可以从网络访问信息数据中聚集出具有相似特性的某些用户。具有相似模式的用户组成用户群体，可便于为其提供个性化服务。在网络事务日志中，聚类用户信息或数据项能够便于改进网络服务。例如，根据用户聚类数据可发现不同的相关用户群，便于进行分类服务。聚类是按照某种相近程度的度量将数据分成互不相同的类别，聚类结果即一系列相近数据组成的集合。每一组中的数据相近，不同组之间的数据相差较大，这样就可以据此判别或调整站点的结构以利于用户的访问。用户对网站的访问存在某种有序关系，这种有序关系反映的是用户的一种访问兴趣，也就是说群体用户的访问兴趣和他们的访问序列有很强的相关性，先访问的节点具有较大的访问兴趣，因此需要一种聚类方法把这种有序关系挖掘出来。所以聚类挖掘的目的，就是从用户的访问日志中得到具有相似用户访问兴趣的聚类。

3.4　网络数据流量分析的实施与应用

3.4.1　网络数据流量分析的实施

对于商业网站来说，实施网络数据流量分析有下列4种解决办法。

1. 自己开发有关分析软件

在网络发展的早期，一些网站不得不采用自己开发有关分析软件的办法，但现在还采用这种办法就显得有些落伍了。当然如果用户立志要在网络数据分析软件市场上分得一杯羹，则另当别论。

2. 购买相关软件

目前市场上已经出现了一些商用的网站分析软件（如表3.2所示），专门提供对网站流量和日志的计量和分析，可以提供各种各样的统计报告。不过这些软件的数据分析功能还比较单一，不能对日志中隐含的关系进行分析和挖掘，因而在功能上有一定的局限性。国外这方面的软件有WebTrends Log Analyzer、FlashStats等，它们的网站一般提供试用软件的下载。

表3.2　国外部分网站计量分析软件（表中的参考价格以2003年6月6日为准）

供应商及网址	产　品	参考价格（美元）
NetIQ Corporation（http://www.netiq.com）	WebTrends Log Analyzer	标准版：499 高级版：1999
Maximized Software Inc.（http://maximized.com）	FlashStats	标准版：99 ISP版：249
SPSS Inc.（http://www.spss.com）	NetGenesis	／
AccessWatch（http://www.accesswatch.com/）	AccessWatch	一般40 学术机构30

供应商及网址	产　品	参考价格（美元）
Onestat（http://www.onestat.com）	OneStat Pro	根据网站页面阅览流量不同，年使用费为127～358不等
Pilot Software（http://www.marketwave.com）	Pilot HitList	／

如图3.3所示是WebTrends Log Analyzer对Engelen Communications公司的网站（www.engelencommunications.com）关于2002年3月31日的流量所做的分析报告的一部分。

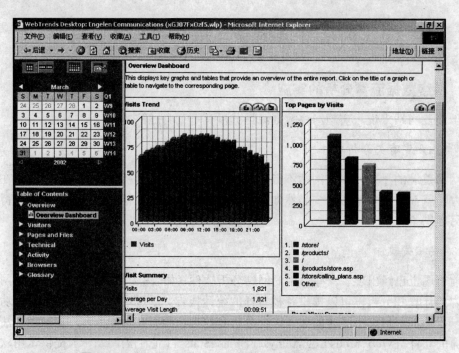

图3.3　WebTrends Log Analyzer的网站流量分析报告界面

国内的一些商家也开发了流量分析软件（如表3.3所示），不过还没有形成特别知名的品牌，在市场占有率方面也不尽如人意。国内的这些软件大多数没有在网上公布价格，因此我们没有列出参考价格项。

表3.3　国内部分网站流量分析系统开发商及其产品

供应商及网址	产　品
奥盟公司（http://www.e-aom.com）	奥盟AOMWEBSTAT
北京亚信科技（中国）有限公司（http://www.asiainfo.com/cn）	WWW访问统计分析系统AIWebStat
北京世纪鼎点软件有限公司（http://www.sjdd.com.cn）	鼎点网络流量分析与统计系统1.1版

续表3.3

供应商及网址	产 品
日出东方网（http://www.eastasp.com）	网站流量统计分析系统
惠惠龙网络工作室（http:// www.hhlong.com）	惠惠龙网站流量分析系统
企高科技发展中心（http://www.anibit.com.cn）	网站流量分析系统
广东保进电子有限公司（http://www.gdbaojin.com/）	保进网站流量分析统计系统
北京东方飞云信息技术开发有限公司（http://www.8bit.com.cn）	巴比特网站流量分析系统
上海火速网络信息技术有限公司（http://wwa.hotsales.net/）	全站访问分析系统（WWA）3.0
世纪先锋网（http://21van.51.net/project/count.php）	世纪先锋网站流量分析系统
来网软件（http://www.laisoft.com/）	来网分析师2.2版
无忧在线网（http://www.51-online.com/yiewu/qyiefang/）	网站流量分析系统
开放数据软件工作室（http://www.opendata.com.cn）	网站流量分析系统

3. 购买相关服务

由于日志文件是容易篡改的文本文件，因此网站广告客户常常对网站自己提供的流量数据心怀疑虑。对网站经营者而言，如果能够购买第三方流量认证，那么能够很好地消除广告客户的这种疑虑。

此外，如果公司有大量的服务器，或者服务器位于不同的地方，那么购买第三方流量认证也能够节约大量的人力和时间。

如果采用第三方流量认证，常常需要与流量认证服务商按月签订服务合同，费用一般视分析报告的大小、频率、网站流量规模而定。

国外提供网络流量认证服务的公司主要有：

（1）ABC Interactive（ABCi）

网址：http://www.abcinteractiveaudits.com

ABCi是美国流通审计局（Audit Bureau of Circulations）1996年成立的全资子公司。

（2）I/PRO，Internet Profiles Corporation

网址：http://www.ipro.com/

（3）BPA International

网址：http://www.bpai.com/

（4）Nielsen//NetRatings

网址：http://www.nielsen-netratings.com/

Nielsen//NetRatings对美国各网站2003年2月来自家庭和单位的访问量的审计结果如表3.4所示。

表3.4　美国各网站2003年2月访问量的审计结果排名

网　　站	独立用户数	访问率（%）	每用户停留时间
AOL Time Warner	89,898,000	68.49	7:06:24
Microsoft	89,187,000	67.95	2:17:02
Yahoo!	80,780,000	61.54	2:35:28
United States Government	44,885,000	34.19	0:27:19
Google	40,340,000	30.73	0:25:25
eBay	35,617,000	27.13	1:58:20
Amazon	35,345,000	26.93	0:17:24
RealNetworks	34,213,000	26.06	0:24:12
About-Primedia	33,512,000	25.53	0:14:40
Terra Lycos	31,967,000	24.35	0:20:11
USA Interactive	28,030,000	21.35	0:22:22
Walt Disney Internet Group	24,299,000	18.51	0:19:01
Viacom International	23,613,000	17.99	0:20:27
Landmark Communications	20,478,000	15.6	0:17:51
eUniverse	18,271,000	13.92	0:10:05
InfoSpace Network	17,516,000	13.34	0:11:14
Apple Computer	17,399,000	13.25	0:07:00
Sharman Networks	17,147,000	13.06	2:10:41
CNET Networks	16,728,000	12.74	0:12:30
Classmates	15,086,000	11.49	0:09:08
AT&T	14,659,000	11.17	0:38:37
The Gator Corporation	14,208,000	10.82	0:04:25
EarthLink	13,361,000	10.18	1:57:04
Adobe	13,114,000	9.99	0:04:57
Ask Jeeves	13,036,000	9.93	0:11:03

注：数据来源于Nielsen//NetRatings

　　此外，还有一个站点不能不提，那就是美国互动广告局（Interactive Advertising Bureau，IAB），其前身是网络广告局（Internet Advertising Bureau），它是由几百家广告公司和网络媒体组成的行业协会。IAB把原来的网络广告营销研究领域扩大到无线通信营销方式，其中包括手机上的短信营销。它发布的网络广告标准、网络流量审计标准已经被美国网络媒体和网络广告商普遍接受。

　　在国内，1997年4月，IT信息内容供应商ChinaByte选中著名的网站流量分析和认证公司I/PRO作为其网站的第三方审计机构。ChinaByte是国内第一家选用国际权威认证机构的国内公司。接着，1998年8月7日，搜狐公司委托CNNIC，直接采集网站的访问记录，做出完整的统计报告，成为第一家委托国内机构运用真实客观的评估标准进行站点访问率分析的网络公司。随后，一些有实力的网站也纷纷跟进。1999年12月，CNNIC联合国内17家网站，共同推广其网站流量度量标准——《网站访问统计术语和度量方法》，并开展第三方流量认证服务。

4. 使用免费软件

对于一些不愿意花费很多费用，但又想了解自己网站的流量数据的中小型网站来说，用Webalizer做网站流量分析应该是一个不错的选择。Webalizer是一个高效的、免费的网络服务器日志分析程序。其分析结果以HTML文件格式保存，从而可以很方便地通过网络服务器进行浏览。

目前互联网上的很多站点都使用Webalizer进行网络服务器日志分析。Webalizer具有以下一些特性：

（1）具有很高的运行效率。Webalizer是用C写的程序，在主频为200MHz的机器上，Webalizer每秒钟可以分析10,000条记录，所以分析一个40MB大小的日志文件只需要15秒。

（2）Webalizer支持标准的一般日志文件格式（Common Logfile Format）；除此之外，也支持几种组合日志格式（Combined Logfile Format）的变种，从而可以统计客户情况以及客户操作系统类型。并且现在Webalizer已经可以支持wu-ftpd xferlog日志格式以及squid日志文件格式了。

（3）支持命令行配置以及配置文件。

（4）支持多种语言，也可以自己进行汉化工作。

（5）支持多种平台，比如UNIX、Linux、NT、OS/2、MacOS。

任何人都可以从Webalizer的官方站点（http://www.mrunix.net/webalizer/）下载Webalizer，当前的最新版本是Webalizer-2.01-10。

3.4.2 网络数据流量分析的应用

网络数据流量分析对网站经营者、企业网站管理者和网络广告发布商都有重要的作用。应用网络数据流量分析，网站经营者、企业网站管理者可以实现WWW服务器业务管理定量化，可以对网站进行更有针对性的管理和维护，可以在分析顾客的特点的基础上进行更有效的网络营销；网络数据流量分析也使网络广告记费和网络广告评估变得更切实可行。具体地说，网络数据流量分析在以下方面有着重要应用：

（1）WWW服务器的选择、调优

通过分析网站流量，可以了解网络服务器和网络系统的荷载情况，如果服务器不能满足流量负荷的要求，那么可以考虑更换和升级。通过分析访问的时段特征和地域特征，可以确定系统优化运行策略，对于多服务器系统来说，更能为在不同地区镜像站点的设立提供参考依据。

（2）网站管理和维护

网站流量分析可以提供页面被访问的详细情况，对整个站点乃至任意页面的访问流量进行数据分析，生成统计报告，并可转换成各种图表，随时可以了解网站乃至任意页面的流量动向和受欢迎程度。管理者借此可以知道哪些栏目受欢迎，哪些栏目需要改进，哪些栏目是同一个用户反复访问的，哪些栏目可以吸引回头客，哪些链接有错误，哪些程序有问题等，并以此做出相关改进和调整。例如，通过分析用户的入站页面、访问路径以及退出页面，网站经营者可以改进网站的导航结构，修改不合理的页面内容，以最大限度地挽留顾客。

（3）用户调查和市场营销

网络流量分析可以使网站和广告商掌握客户的使用状况、客户对信息及广告的兴趣点、客户对新业务和服务的接受程度。通过IP分析可以掌握用户的地域特点，通过注册信息可以了解用户的群体特征、消费能力和特征等有价值的信息。此外，通过对用户行为模式的分析还可以识别电子商务中网络欺诈行为。

（4）网络广告发布和广告效果评估

① 通过网络流量分析和比较，网络广告发布商可以比较客观地了解不同站点的影响范围和覆盖面、网站用户的群体特征、组成结构乃至消费特征，这样网络广告发布商就可以选择最有效的网络媒体来发布自己的广告，从而取得最好的广告效果。

② 网站流量分析也为广告效果评估提供了依据。通过流量分析，网络广告发布商可以知道自己广告的曝光次数、访问者的特征等有价值的信息。

③ 此外，网站广告资费标准的确定也离不开网络流量分析。不论是按千人次成本（CPM）计费还是按时间记费，都需要网络流量分析结果的支持。

以下是美国国家地理杂志网站（http://www.nationalgeographic.com）的第三方流量分析报告（数据来源：http://www.abcinteractiveaudits.com）。

（1）月平均网页浏览量（截至2003年1月31日）

月平均网页浏览量如表3.5所示。

表3.5   月平均网页浏览量（截至2003年1月31日）

	总 浏 览 量	月 平 均	周一～周五	周六、周日
主页	2,296,461	74,079	82,246	50,599
其他	44,407,449	1,432,498	1,586,929	988,510
总浏览量	46,703,910	1,506,577	1,669,175	1,039,109

（2）周日平均网页浏览量

周日平均网页浏览量如图3.4所示。

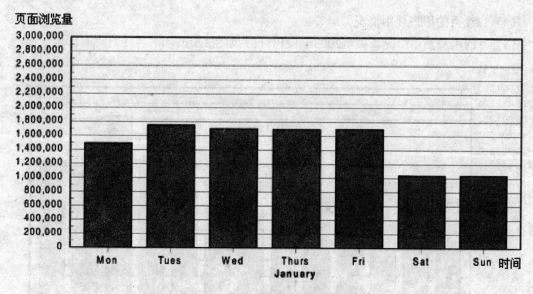

图3.4 周日平均网页浏览量

（3）当月用户日使用情况

当月用户日使用情况如图3.5所示。

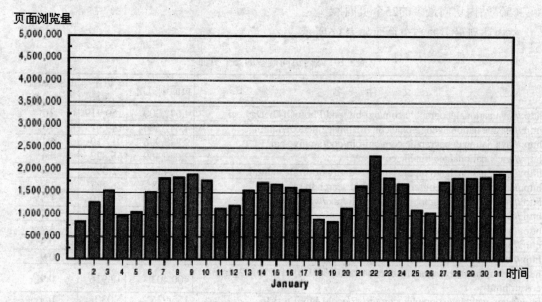

图3.5 当月用户日使用情况

（4）13个月的用户使用情况

13个月的用户使用情况（截至2003年1月31日）如图3.6所示。

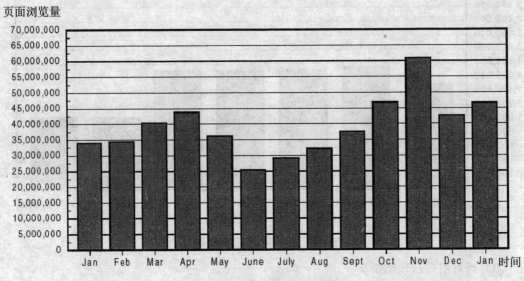

图3.6　13个月的用户使用情况

（5）站内访问最多的25个页面

站内访问最多的25个页面如表3.6所示。

表3.6　站内访问最多的25个页面

文　件　名	页面浏览量	日平均	占总数的百分比（%）
http://lava.nationalgeographic.com/cgi-bin/pod/PhotoOfTheDay.cgi	4,672,300	150,719	10
http://plasma.nationalgeographic.com/mapmachine/ax/ad.html	4,647,306	149,913	10
http://lava.nationalgeographic.com/cgi-bin/pod/archive.cgi	2,833,996	91,419	6.1
http://www.nationalgeographic.com	2,040,469	65,822	4.4
http://www.nationalgeographic.com/ads/dart/worldrefresh.html	1,004,308	32,397	2.2
http://search.nationalgeographic.com/find/searchdb.pl	892,398	28,787	1.9
http://lava.nationalgeographic.com/cgi-bin/pod/wallpaper.cgi	710,490	22,919	1.5
http://www.nationalgeographic.com/xpeditions/atlas/index.html	634,706	20,474	1.4
http://www.nationalgeographic.com/photography	581,549	18,760	1.2
http://www.nationalgeographic.com/maps	440,579	14,212	0.9
http://www.nationalgeographic.com/geospy/ad.html	435,319	14,043	0.9
http://news.nationalgeographic.com/news/2003/01/0121_030122_dromaeosaur.html	400,403	12,916	0.9
http://shop.nationalgeographic.com/dr/v2/ec_MAIN.Entry16	155,936	5,030	0.3
http://www.nationalgeographic.com/index.html	255,992	8,258	0.5
http://plasma.nationalgeographic.com/pearlharbor/ax/ad.html	242,934	7,837	0.5

文 件 名	页面浏览量	日平均	占总数的百分比（%）
http://www.nationalgeographic.com/xpeditions/hall/view.html	224,021	7,226	0.5
http://www.nationalgeographic.com/features/97/salem/ad.html	217,389	7,013	0.5
http://www.nationalgeographic.com/kids	215,257	6,944	0.5
http://www.nationalgeographic.com/geobee/wrong.html	213,139	6,875	0.5
http://news.nationalgeographic.com	207,466	6,692	0.4
http://www.nationalgeographic.com/animals	201,797	6,510	0.4
http://magma.nationalgeographic.com/ngexplorer/0301/games/game.cgi	190,253	6,137	0.4
http://www.nationalgeographic.com/geobee/thankyou.html	168,708	5,442	0.4
http://www.trailsillustrated.com/acb/showprod.cfm	167,222	5,394	0.4
http://www.nationalgeographic.com/features/97/kingcobra/html/ad.html	158,881	5,125	0.3

（6）基于行业的用户域分析

基于行业的用户域分析如表3.7所示。

表3.7 基于行业的用户域分析

域 的 类 型	页面浏览量	%
Commercial	14,173,807	30.3
Educational	2,340,921	5
Government	242,646	0.5
Military	238,492	0.5
Networks	9,168,495	19.6
Organizations	1,356,192	2.9
Other	2,916,496	6.2
Total	30,437,049	65
Unresolved IP Addresses	9,647,977	20.8
Total Internationa	16,618,884	14.2
GRAND TOTAL	46,703,910	100.0

基于地域的用户域分析（Profile of Users by International Domain）如表3.8所示。

表3.8 基于地域的用户域分析

域 的 类 型	页面浏览量	%
Africa	84,478	1.3
Asia	688,459	10.4
Canada	1,108,221	16.7
Europe	3,606,206	54.5
Middle America	378,755	5.7
Oceania	468,993	7.1
South America	283,772	4.3
Total International	6,618,884	100

第 4 章 网络数据的定性分析

在认识和探究网络数据的研究中，人是主体，网络数据是客体，要发现网络数据分布、运行和开发利用中的规律，主体必须能动地作用于客体。在这个过程中，必须借助于各种科学研究方法。所谓方法，是指人们在一切活动领域内从实践上或理论上把握现实、为达到某种目的而采用的途径、手段和方式的总和。因而，我们认为，科学研究方法就是研究者认识和发现研究对象客观规律的手段。

对于科学研究方法，我们可以按照不同的标准分类。

（1）通常，按照方法的适用范围，可以将科学研究方法分为哲学方法、一般科学方法和特征性研究方法。

（2）在数理统计广泛运用于各学科和研究领域之后，根据数学方法在各种研究方法中运用的程度，我们也常将其划分为定性方法和定量方法。定性研究方法是对事物质的方面进行分析研究的方法，一般着重于对研究客体整体特征的把握，而定量方法将研究客体的特定属性和关系采用一定的方法进行量化分析，使研究成果更加精确。通常，定性研究是定量研究的基础，定量方法的运用是对定性研究成果的深化。

在本章，我们将讨论在网络数据分析中常用的一些定性方法。

4.1 网络数据内容分析

内容分析法（Content Analysis）是社会科学研究中广泛采用的方法。

● 1971年，哈佛大学的卡尔·多伊奇等人将"内容分析"列为1900年～1965年62项"社会科学的重大进展"之一。目前，它也被广泛运用于网络数据分析的研究中。

● 贝雷尔森（Bernard Berelson）定义的传统内容分析法，定量是其最显著的特征，因而，内容分析法长期以来被视为一种定量研究方法。

● 随着内容分析法在各个领域的深入运用，其自身也在不断发生着变化。譬如，受20世纪60年代以罗兰·巴特为代表的结构主义/符号学的影响，20世纪70年代以来，许多关于内容分析的研究既没有完全采用贝雷尔森定义的传统方法，也没有照搬罗兰·巴特所实践的结构主义/符号学的纯粹形式，而是吸取两者的精髓，将其改造成集定量分析和定性分析为一体、显现内容研究和深层结构研究相结合的方式[55]。并且，在传统的内容分析法的运用中，当研究者得出一组说明传播内容特征的数据后，需要对这组数据进行解释，这说明其定量的特征并不排斥该法的定性成分。

- 对于内容分析法的性质，郭星寿还从研究对象的角度进行了阐述。他认为，文献分析法是对文献内容特征的研究，即它不仅包括显性内容信息，也包括"潜在的或隐含的信息"。潜在信息"不是直接描述这些事件现象或过程的相互联系，而是间接的——通过对外在信息中表现出来的这些事件现象或过程的特征、性质进行描述，它不暴露在表面上，带有内在的性质，它们通过对象的外在特征和性质反映出来"。因此，内容分析法的量化是基于定性分析之上的，它离不开对文献内容的质的把握，它是基于定性研究的定量分析方法。

4.1.1　内容分析法的产生

20世纪初，就有人采用一些半定量的统计方法对文献的内容进行分析和解释。这些研究主要是通过统计报纸上某类新闻报道篇数，计算考察报道的重点和社会舆论状况，以及对艺术、音乐、文学和哲学等方面文献的主题内容进行分析，以期发现社会和文化变化的历史趋势。内容分析法的产生、发展过程如下：

- 譬如，20世纪20年代美国专栏作家李普曼为证实美国新闻界存在严重失实弊病，以《纽约时报》为对象，研究了美国报纸关于俄国十月革命的报道。
- 第二次世界大战期间，拉斯韦尔等人在美国国会图书馆组织了一项名为"战时通讯研究"的工作，这项工作系统地发展和完善了内容分析法。他们以德国公开出版的报纸为分析对象，通过内容分析方法获取了许多重要的军政机密情报，取得了出乎意料的成功。这项工作所采用方法的形成和所取得的效果，为战后内容分析法的发展和应用奠定了基础。
- 奈斯比特所著《大趋势——改变我们生活的十个新方向》一书的出版，是内容分析法走向成熟的里程碑。他的咨询公司运用内容分析法对200份美国报纸进行分析、综合，经过几年的积累，从中归纳出美国从工业社会过渡到信息社会的10大趋势。在这部书取得成功的同时，众多的研究者发现了内容分析法在社会学研究中的巨大作用和潜力。60年代以后，计算机技术的发展为内容分析提供了强大工具，有力地推动了内容分析的发展和运用[56、57]。
- 内容分析方法起源于新闻传播领域，墨顿认为，它的发展历史划分为5个阶段：直观阶段（1900年以前）、定量描述阶段（1900年～1926年）、社会现实的独立调查工具的成熟阶段（1926年～1941年）、学科间扩展的阶段（1914年～1967年）和奠定理论——方法论基础阶段（1967年以来）[58]。在整个发展过程中，大众传媒的发展及其研究起了重要作用。譬如，定量描述阶段正是大众化报纸迅速发展的阶段，研究者热衷于研究日报，试图发现各种报纸主题、趋势有何不同；在成熟阶段，则是收音机、电影迅速发展的时期，传播研究者研究电子媒介内容及其对受众的影响，并发展了"符号评价"这一定性维度，从而超越了频数的定量统计；在学科间扩展阶段，内容分析在传播学界已被确立为大众媒介研究的主要方法之一。

- 20世纪90年代以来，网络作为"第四媒体"得到了迅速的发展，网络传播已经成为包括新闻传媒领域在内的社会各界关注和研究的焦点。然而，传统的内容分析法在网络传播研究运用时出现了一些新的问题，内容分析法能否运用到网络传播领域的研究中，在进行网络数据分析时应当如何进一步完善，这是内容分析法所面临的迫切需要解决的问题，它的突破预示着内容分析法即将进入一个新的发展阶段。

4.1.2 概念和特点

20世纪50年代以来，内容分析法得到了广泛的应用，但由于人们的研究领域、目的和意图各不相同，因而产生了许多关于内容分析的定义。

- 影响最广泛的是贝雷尔森的定义，即"内容分析是一种对具有明确特性的传播内容进行的客观、系统和定量的描述的研究技术" [58]。
- 另外，华里泽和韦尼（Wailger and Wienir）把内容分析定义为用来检查资料内容的系统程序。
- 克立本道夫（Krippendorf）将内容分析定义为用数据有效摹写其涉及内容的一种研究方法。
- 柯林杰（Kerliger）认为，内容分析是以测量变量为目的，对传播进行系统、客观和定量分析研究的一种方法[59]。
- 除此之外，戴元光、苗正民在《大众传播学的定量研究方法》中指出："内容分析是指对具体的大众传播媒介的信息所作的分析，是对传播内容的客观的、有系统的和定量的研究" [60]。
- 卢泰宏在《信息分析》一书中将内容分析法描述为："对文献内容进行系统的定量分析的一种方法，其目的一般是弄清或测度文献中本质性的事实和趋势"，"内容分析法是一种文献分析方法，它试图运用定量编码主题作客观的和系统的分析"，"内容分析法是质量和数量分析的十分严谨的专门方法，目的是弄清或测量文献所反映的社会事实和趋向" [61]。这些定义揭示了内容分析的对象和特征。

从上述定义可以知道，内容分析的对象是通过各种媒介传播的信息。它不仅包括通过大众传播媒介，即报纸、电台、电视传播的信息，还包括期刊、书籍、电子出版物以及网络等载体传播的信息内容。可以说，任何有交流价值的、被记录的信息都能成为内容分析的对象（而不论其内容是学术信息，还是任何社会信息），这是内容分析法运用到网络数据分析研究中的基础。

内容分析法的特征可以概括为客观、系统、定量：

（1）**客观**性体现在研究方法和研究结果两个方面。

① 内容分析是研究者从现有信息出发，按设计好的程序进行研究，研究者的主观态度和偏好不应该对分析的数量结果造成影响。换言之，内容分析对变量分类的操作性定义和规则应该是明确而全面的，任何研究者重复这个过程都应该得出同样的结论。

② 从研究结果来看，内容分析是以媒体所载信息内容为对象的，在进行内容分析的过程中，研究人员与被分析的对象之间没有任何互动，所以分析结果较为客观。

（2）**系统**性主要体现在抽样和评价过程。

① 在抽样过程中，内容分析的范围是根据研究需要确定的，应该包括全部样本。样本范围一旦确定，研究者必须采取科学的抽样方法，按特定的程序抽取，以使样本的每个单位都有同样的几率被计量。

② 对于评价过程而言，研究自始至终使用的评价规则应当只有一套，所有被分析的内容应以完全相同的方法被处理，各个编码员接触研究材料的时长应相同，分析和编码过程必须一致，统计按预先设计的程序进行。从样本范围内随意选取可证明自己观点的分析单位进行阐述，或用不同标准和规则处理不同的样本，都会使内容分析丧失系统性。

（3）内容分析法是一种基于定性研究的量化分析方法，**定量**是其显著特征。内容分析法将用语言表示的信息内容转换为用数量表示的资料，并将分析的结果用统计数字描述。它通过对信息内容"量"的分析，找出能反映信息内容的一定本质的又易于计数的特征，从而能克服定性研究的主观性和不确切性的缺陷，达到对信息"质"的更深刻、更精确的认识。在内容分析法中常用的统计技术包括频数、百分比、卡方分析、相关分析以及T检验等。

但应该指出的是，内容分析法的客观、系统和定量的特征都是相对的。譬如，研究者在选题、定义分析单元、制定分析框架等过程基本上是主观的；而且，内容分析是基于定性研究的量化分析方法，这表明，定量并不排斥定性分析。

4.1.3 方法和步骤

一般来说，内容分析法的实施包括6个步骤：明确研究意图、抽取样本、定义分析单元、制定分析框架、量化与统计、分析汇总[62]。建立假设和检验假设两个环节并不是所有研究所共有的，在图4.1中以虚线表示。

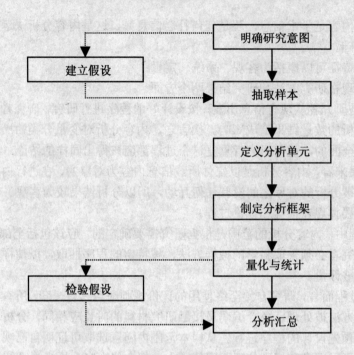

图4.1　内容分析法的步骤

内容分析法的实施包括的6个步骤如下：

（1）明确研究意图

在研究之前，要明确研究意图，避免无意义的和盲目的研究。研究主题可以来源于现存理论、研究和实践中的实际问题，也可以反映社会变化，揭示历史发展规律。我们所从事的研究应该是为社会经济发展和人类文明的进步服务的，切不可因资料现成，单纯地为研究而研究。一个好的选题，其研究成果不仅具有理论研究价值，对实践也能发挥很好的现实指导作用。

根据不同情况，有的研究在这个阶段能十分具体地提出研究目标，甚至在已有研究成果和素材的基础上建立相应的假设，而有的研究在开始时很难提出明确而具体的目标和假设，在这个阶段它还是比较抽象的。但是，无论研究目标具体还是抽象，有无建立相关的假设，研究意图都必须十分明确。

（2）抽取样本

在研究目标明确之后，根据所确立的目标制定研究范围，即详细说明所分析内容的界限，对研究对象下明确的操作性定义。操作性定义必须包括两个方面：制定主题领域、确定时间段。

当研究所涉及的信息数量有限时，对所有内容进行普查是可行的，但在更多的情况下，研究者面临数量庞大的信息，不可能对全部内容进行研究，因而必须进行抽样。对于内容分析而言，抽样的方法没有统一的规定，但必须遵循科学的抽样理论。一般来说，抽样可以从信息内容和时间两方面进行。

① 按信息内容进行抽样。对信息内容进行抽样可以采取随机抽样或分层抽样。例如，要研究我国商业网站中的广告对人们消费行为的影响，研究者可以从我国现有的所有商业网站中随机抽取一定数量的网站作为研究的样本，也可以根据网站的规模分层，然后从不同层次的网站中抽样。

② 按时间进行抽样。样本的起止时间是根据研究的最终目的确定的，对样本按时间进行抽样可以采取3种方式：

- 简单随机抽样法。它是严格按照随机原则对总体进行抽样的方法。
- 连续日期抽样法。它是在总体中随机抽取连续日期的子集。例如，要研究新浪网一个月的新闻，可随机选取该月1~20日的任何一天作为起点，抽取连续10天的新闻作为样本。
- 构造周抽样法。它是在总体中从不同的星期里随机抽取星期一~星期日的样本，并把这些样本构成"一个周"（即构造周）。例如，要抽取星期一的样本，可将总体中所有的星期一集中起来，从中随机抽取一个作为样本，依此类推。或者将总体按时间分段，在不同的时间段中抽取星期一~星期日的样本[63]。

样本量在合理的情况下，越大越好，但样本量过大，研究任务就会很重，如果样本量太少，研究结果就可能不具有代表性。一般来说，如研究对象发生的频率越低，则选取的样本数就应越多，反之，选取的样本数就可相对较少。

（3）定义分析单元

分析单元是指实际计量的对象。从形式上看，分析单元可以是独立的字、词、符号、具有独立意义的词组、句子、段落、意群，甚至整篇文献。它是内容分析的最基本的元素，分析单元的操作性定义应该明确具体，其标准应该便于操作。在复杂的内容分析中，往往不只采用一种分析单元，而是同时采用几种分析单元。

（4）制定分析框架

制定分析框架的基本出发点是使分析单元的测度结果能反映和说明实质性的问题。分析框架体现了分析思路。简单地，我们可以将制定分析框架理解成确定分析单元的归类标准，也就是说把分析单元分配到最能说明分析目的的逻辑分类框架中去。分析框架的构成随着研究主题不同而变化，就像贝勒逊所指出的："特定的研究必须建立起明确的类目，并使之使用于问题和内容"。在有效的分析框架中，所有的类目都应具备完备性、互斥性和信度。这就要求，每一个分析单元都能归入一个类目，并且只能放在一个类目中，同时，不同的编码者对分析单元所属类目的意见应有一致性。这种一致性在内容分析中以数量表示，称为"编码者间信度"。在设计类目系统的过程中，应防止出现类目过少和类目过多两种极端的情况。类目太少，内容间的差异容易被忽略；类目太多，每一个类目中仅有少量的内容，从而大大限制了研究的推理性。

（5）量化与统计

在对分析单元进行编码之后，需要用量化指标反映所研究问题的本质。内容分析中的量化方法主要涉及类目、等距和等比3种尺度。类目尺度（Nominal Level）是计算分析单元在每个类目中出现的频次；等距尺度（Interval Level）可以构造量表供研究者探讨人物和现象的特性；等比尺度（Ratio Level）适用于空间和时间问题的分析。

内容分析常使用的统计方法包括百分比、平均值、众数、中位数等描述性统计方法和方差分析、卡方分析、相关分析、回归分析等推理性统计方法。如果分析的是等距尺度和等比尺度类型的数据，则需用T检验、F检验或皮尔逊T检验。此外，有些研究还运用判别分析、聚类分析、结构分析等方法。

（6）分析汇总

分析汇总即研究者对统计结果和含义进行解释，并在统计分析的基础上，对所研究问题做出科学、客观的结论。

4.1.4　内容分析法的主要类型

从不同的角度可以对内容分析法的类型做出不同的划分。

（1）按目的划分

① 研究内容分析。即通过对交流内容单元的框架分析，对内容发布者的意图、内容接受者的效果影响进行推测研究。

② 专业内容分析。从传播学角度，调查文献传输的有效性以及传输过程中的损益。

③ 咨询内容分析。研究人员根据用户要求，帮助用户分析它所接收到的内容信息。

（2）按性质划分

① 推理内容分析。通过分析显性和隐性的内容，推断交流者的意图。

② 描述性内容分析。即以信息的显性内容为对象所进行的内容分析。

（3）按媒体类型划分

按对大众媒体划分的方式，我们可以将内容分析法划分为针对报纸、电台、电视和网络的内容分析；按照信息传播的介质，我们又可以将其划分为针对文字型文献、图形和图像、声音、动作的内容分析。

（4）按所采用的分析单元划分

根据内容分析所采用的分析单元的不同，可以将其划分为词频分析和篇幅分析。其中，词频分析又包括主题词词频分析和指示词词频分析两类。另外，美国学者贾尼斯根据在内容分析中对分析单元统计方式的不同，将其分为实用内容分析、语义内容分析和符号媒介分析。实用内容分析是对某些主题词或特定的词汇进行统计分析，并赋予不同的权重，以此为基础进行推断；语义内容分析是针对文字的语义内容，对特定的词汇作统计分析；符号媒介分析则是仅以统计字面上特定符号出现的频率为基础的内容分析。

4.1.5　内容分析在网络数据分析中的应用

内容分析在网络数据分析中有如下应用：

（1）描述网络传播的信息

网络信息不仅数量巨大，而且内容广泛、形式复杂，不同的网络用户具有不同的信息需求和行为。通过内容分析可以了解内容信息的分布情况和利用情况。与传统媒体研究相比，由于网络运营服务商能系统地提供特定内容的信息发布及用户使用情况，因此，在网络数据分析中运用内容分析法描述网络信息的传播情况具有更大的优势。通过此类研究，网络服务提供商能准确地评价各种类型的信息产品，为调整信息的内容及组合提供依据。

（2）推论网络传播主体的倾向和意图

内容分析法在萌芽阶段就已经被用于分析媒体的传播倾向和意图。信息内容在一定程度上反映了信息生产和传播者的倾向和意图。特别是以传播社会信息为主的媒介，它所发布的信息都是由特定个人或组织有目的、有意图地制作发行的，在整体上代表了传播者的社会面貌、阶级地位和意识形态。因此，通过内容分析可以明确网络传播者的倾向和意图。具体地说，体现在两个方面：

① 比较网络信息与社会现实。网络是一个开放的空间，目前，网络信息的发布缺乏有效的审核与监管机制，网络信息所传播的内容往往只是部分甚至歪曲地反映社会现实、现代社会的价值观念和科学观念。通过网络数据的内容分析，我们可以明确其中的差距，规范网络信息生产和发布者的行为。

② 推论网络信息生产和传播者的态度。正是因为信息的生产、传播都是有目的、有意图的，代表了生产和传播者的社会面貌、阶级地位和意识形态，因此，我们认为网络信息在大多数情况下真实地表现出了信息生产和传播者的态度，如：通过网站所发布的对时政问题的讨论，可以推断其观点和立场；通过对不同网站的专栏设置和新闻内容等的分析，可以推断其信息传播倾向。

（3）描述传播内容的变化趋势

人们对客观事物的认识是一个渐进的、螺旋式上升的过程。事物自身的演化和社会的发展，都会使人们对事物的观点和态度发生变化，这些变化都会以各种形式通过媒体的报道反映出来，比如，研究者可以通过分析近5年网上关于对IT业的发展状况的讨论，研究IT

业的发展历程和趋势预测，这类研究常常需要分析5年、10年或更长时间的样本，才能发现其报道量和观点的变化。利用网络数据的内容分析开展此类研究具有覆盖面广、获取信息便捷等优点，尤其是对与网络有关的主题内容的分析，有着不可替代的优势。但同时，由于在网上很难收集5年、甚至10年以前的信息，因而网络数据更新周期短这一优势，却使得回溯分析和比较历史信息变得异常困难。

（4）比较、鉴别、评价网络信息资源

每个信息生产者，不论是个人还是组织，所发布的信息都有自身独特的风格和特征。通过内容分析可以明确生产者与信息特征之间的关联性。譬如，源自A的信息具有M、N特征，来源于B的信息具有X、Y特征，我们在明确这些关系后，就能够通过分析信息的特征追溯信息的来源。因此，内容分析法是比较和鉴别网络信息资源的重要方法。

同时，内容分析法也可广泛运用于网络信息资源的评价。对网络信息资源的评价，内容分析法不仅可以在信息资源的科学性、真实性、专业性等方面做出翔实的判定，而且，还能从美学、政治性等角度，采用已经确定的标准开展网络信息行为和倾向的客观评估。

（5）网络传播效果的研究

传播学理论认为，人们长期接触某种媒介内容，就会受到某种媒介内容的影响。这一论断得到了李普曼的报刊意义构成功能、格伯纳的培养论、肖和麦考姆的议程安排功能和德弗勒、普莱克斯的媒介影响语言的功能等理论的支持。同时，传播学的其他理论也指出：媒介内容对受众的影响不是直接的，而是有条件的。受众接触该内容的动机、态度、原有认知结构以及其他因素也将决定媒介内容的影响。当受众大量接触与其原有态度一致、原有认知结构相同等内容时，才有可能增加受众认同媒介内容的机会，进而影响受众。随着"第四媒体"——网络传播的蓬勃发展，网络传播效果的研究吸引了众多的传播学研究者。

内容分析在网络传播效果研究中的应用可以从两个方面展开：

（1）预测网络传播信息中宣传、劝说和诱导性成分对受众的影响。如预测网络广告的效果，并以此为基础优化和制定网络广告组合策略。

（2）评价网络传播效果。与前者相比，这种评价性研究是对预测或假设传播效果的证实。其中，培养分析是比较新颖的研究课题。对于网络传播效果众的培养分析就是在对网络所传播的信息和受众进行系统的调查分析的基础上，检验经常接收这些信息的受众是否产生与传播者类似的态度。

4.1.6 内容分析的评价

内容分析的评价是内容分析法研究中的重要内容。卜卫在1997年《国际新闻界》发表的《试论内容分析法》一文中明确提出了评价内容分析的6项标准，如表4.1所示[58]。

表4.1　评价内容分析的6项标准

项　　目	评　价　标　准
研究假设	是否有明确的问题或假设？如果有推论，推论是否合乎逻辑？
抽样样本	样本对于结论是否合理？样本是否有很好的代表性？
分析单位	分析单位是否明确（分析单位即可被计量的最小单位）？
内容分析	分类标准是否由理论导出？所划分的种类之间是否互相排斥？分类是否详尽或有遗漏？分类标准是否统一？
信度	研究报告里是否有信度检验？不同的评分者是否能得出同样的结论？
效度	研究者建立的分析单位、种类是否能测出所要测量的内容（一致性）？

4.1.7　内容分析法在网络数据分析中的局限性

内容分析法在网络数据分析中的应用是十分广泛的，但由于其自身的局限性和网络信息资源的特殊性，使内容分析法在运用中表现出许多局限性。假设我们以"我国网络广告对受众消费行为的影响"为主题，运用内容分析法进行研究，将面临以下几方面问题：

（1）样本的选择。内容分析是建立在对大量样本资料进行统计分析的基础上的，样本量过少或抽样不具有代表性都会影响内容分析的结果。对于网络广告而言，首先，由于网络覆盖面极其广泛、网络广告的更新周期短、广告信息量增长迅速，以及缺乏统一的管理，因此，收集到某一时间段内所发布的所有网络广告几乎是不可能的；其次，即使通过与网络服务提供商协作，获取了一些网络广告，但这些广告是否具有代表性，我们也无从判定。

（2）分析框架的制定。制定分析框架是内容分析法中最重要的步骤，然而不同的研究者针对同一主题可能采取不同的分析单元和分析框架，因而得出的结论也会有所不同。并且网络信息纷繁芜杂，即使仅针对网络广告，由于其内容涉及的行业、表现形式、所采用的技术等各不相同，在研究广告效果时，甚至要考虑广告在网络上存在的时间等问题，因此，要制定一个完善的、能使大多数研究者达成共识的类目体系是非常困难的。

（3）分析单元及其被利用情况计量方式的确定。一般来说，内容分析的对象必须符合形式化原则，即能从所研究的对象中抽出便于计量的分析单元。而网络广告发布采用的技术不同，表现方式多样，因而无法直接采用传统的词频和篇幅分析的方式。如何确定分析单元是对网络数据进行内容分析所必须解决的问题，而且在对网络广告效果进行分析时，必须统一用户阅读广告的计量方式。网站对网络广告阅读情况的计量方式大致有两种：以页面的浏览次数作为广告的阅读次数和以广告的单击次数作为浏览次数。显然，这两种统计方式之间的差异是显著的，在处理该数据时如果不加以区分，那么研究结果将直接受到影响。

（4）传播效果的判断。正如我们在前面所讨论的，媒体传播的信息内容会对受众产生影响，但这种影响是有条件的。这表明，内容分析不能作为媒体传播内容对受众影响的惟一依据。对网络传播而言，网络用户处于错综复杂的社会文化环境中，其自身的认识能力、意识倾向也各不相同，因此，在研究中不仅需要考虑信息内容，还要系统地对受众自身和社会环境进行研究，综合以上各方面的因素才能得出正确的结论。

（5）费用高、工作量大。内容分析以对大量信息内容进行系统分析为基础。研究所需信息的收集、分类、统计，不仅需要大量的人力和时间，而且还必须以充足的资金作保障。特别是对网络数据的分析，一方面设备上的投入必不可少，另一方面相当一部分网络信息的获取都是有偿的，因此，在开展网络数据的内容分析之前，应该在人力、物力和资金上做好充分的准备。

4.2　网络数据抽象分析

抽象分析是抽象思维在具体运用中的表现，是感性认识上升到理性认识的过程，是我们认识世界，发现事物发展本质规律的重要手段。抽象分析是科学研究的主要方法，它在网络数据研究中的地位和作用因而也是显而易见的。

众所周知，网络数据量庞大，内容复杂，形式千变万化，甚至编码和传播方式也各不相同。面对纷繁芜杂的网络世界，认识和发现其内在规定性必须充分发挥研究者的主观能动性，进行科学抽象。在本节，我们将从人的一般认识过程出发讨论抽象思维，进而对抽象分析的基本单位，即科学概念、科学判断和科学推理逐一分析[64、65]。

4.2.1　抽象思维

科学研究是一种极其艰巨复杂的、创造性的脑力劳动，它是建立在大脑的科学思维基础之上的。任何科研成果的取得，都是科研人员科学思维的结果。

所谓"思维"，可以从广义和狭义两个方面理解：广义的思维与存在相对应，是指人的全部意识活动，包括感性认识和理性认识；而狭义的思维则是与感性认识相对应，仅指理性认识。从人的一般认识过程来说，首先经过感性认识阶段，即由感觉、知觉和表象构成的认识的低级阶段。在这个时期，人们对事物的认识是形象的、直观的，所把握的是事物的片面、现象和外部联系。进而，根据感性认识所提供的材料，把握事物的一般属性和本质属性，认识事物的本质规律和内部联系，即从感性认识上升到理性认识。因此，我们可以把思维理解为人脑对客观事物的特征和规律的一种间接的、概括的反映过程。

马克思认为，人的认识过程分为两个阶段："在第一条道路上，完整的表象蒸发为抽象的规定；在第二条道路上，抽象的规定在思维行程中导致具体的再现。"他简明地概括了从感性具体——思维抽象——理性具体的认识过程。从这里可以看出，从表象到思维结果，必然经过"抽象"这个中间环节。

表象是人在实践中通过感觉与外界接触时所获得的整体形象，它反映着客观现象的丰富多样性，潜在地隐含着对象的本质和规律。由于现象与本质、外在形象与内在规律、或然性与必然性混杂在一起，这时的认识处于把握不定的阶段。思维要进一步把握对象，就要对表象进行取舍，即抽象。抽象就是人们对客观事物在头脑中形成的表象进行取舍，即"抽取"和"舍象"。具体地说，抽象就是通过分析，把客观事物的每个属性分别提取出来加以考察，舍弃其偶然的非本质的属性，抽取出必然的本质的属性，从而形成各种抽象的规定，并用相关的概念表示出来的一个思维过程。这些抽象的规定分别从某个侧面反映出事物的一种规定性。所以说，思维的抽象是把客观事物某方面的规定性从统一整体中抽取出来，并且暂时割断与其他方面的规定性的联系，以及暂时割断与其他事物之间的联系。

这种把客观事物的某一方面的特征与其他特征分离出来给予单独考虑的思维过程，就是抽象思维，又叫逻辑思维。在认识论上，它们是同一认识过程的两个方面：从认识的进程来说是一个不断抽象的过程；从认识的形式来说是一个形成概念，运用概念进行判断和推理的思维过程。抽象思维必须依靠语言和逻辑，其中，逻辑包括形式逻辑、辩证逻辑和数理逻辑。

从认识的发展进程来说，抽象思维和形象思维都是使感性认识上升到理性认识的形式，但与形象思维相比，两者之间的差异是显著的。主要体现在，抽象思维必须以客观事实为依据，运用概念进行判断和推理，舍弃事物的个别形态，揭示事物的本质规律。这个过程的基本单位是概念、公式、定律等。

4.2.2 科学概念

科学概念是人脑反映客观事物本质属性的思维形态。列宁认为："自然科学的成果是概念。"毛泽东也曾指出："概念这种东西已经不是事物的现象，不是事物的各个片面，不是它们的外部联系，而是抓着了事物的本质，事物的全体，事物内部的联系了[64]"。概念是抽象的产物，它是在感性认识的基础上，运用逻辑方法，抽出事物一般的、共同的、本质的属性，并用词语进行表述所形成的。

1. 科学概念的定义

任何概念都以其独特的内涵和外延区别于其他概念。所谓内涵指的是概念的内容，它是概念所反映的事物的本质属性的总和；而概念的外延就是概念的范围，它是概念所确指的对象的总和。概念的内涵和外延是相互制约的，内涵越深，则外延越窄，而内涵越浅，外延则越广。

科学概念的定义是揭示科学概念内涵的逻辑方法。通常定义由被定义项、定义项和定义联项3部分构成。例如，"网络信息计量学是采用数学、统计学等各种定量研究方法，对网上信息的组织、存储、分布、传递、相互引证和开发利用等进行定量描述和统计分析，以便揭示其数量特征和内在规律的一门新兴分支学科"。在这里，"网络信息计量学"指被定义项，"是"指定义联项，其余部分是定义项。

要精确地定义科学概念必须遵循以下规则：

（1）定义必须相称。也就是，定义概念的外延必须与被定义概念的外延一致。例如，"网络信息计量学是研究网上数据引用关系的科学"，显然，这个定义概念的外延大于被定义概念的外延，犯了定义过窄的错误，因而这个定义是不精确的。

（2）定义不能循环。这是指定义概念不能直接或间接包括被定义概念，否则，就是犯了同义反复或循环定义的逻辑错误。譬如，"网络信息计量学就是计量研究网上信息的科学"就违反了这个规则。

（3）定义不能是否定形式的。采取否定形式定义概念，只能表明事物不具有某种属性，而不能表明具有某种属性，不能称为定义。例如，"网络数据不是以纸质为载体的数据"，这个表述并没有揭示"网络数据"的内涵。

（4）定义应当清楚明确，不能包括不确定的概念和含混的词语。也就是说，在定义中所采用的概念的内涵和外延必须是明确而清晰，不会引起任何歧义的，并且定义不能采取比喻、拟人等方式陈述。

2. 科学概念的特点

事物都是处于普遍联系之中，并且事物的属性是多方面的，因而对事物的描述可以是千差万别的。科学概念与这些描述相比，具有以下特点：

（1）科学概念是事物本质和规律的反映。概念是研究者在对事物感性认识的基础上，经过科学抽象得到的对事物全体、本质、内部联系的认识。它是科学判断和科学推理的前提和基础。

（2）科学概念具有精确性。科学概念的精确性不仅体现在其定义的精确性上，而且还表现在它能作定量的描述，并以特定的符号表示。爱因斯坦指出："科学必须创造自己的语言和自己的概念，供它本身使用。科学的概念最初总是日常生活中所用的普通概念，但它们经过发展就完全不同，它们已经变换过了，失去了普通语言中所带有的含糊性质，从而获得了严格的定义，这样它们就能适应于科学的思维。"

（3）科学概念是内涵与外延的统一。内涵通过规定来反映事物的本质，外延则通过列举来表明事物之间的联系。它们是科学概念既相互区别，又相互联系的两个方面。只有将两者统一起来，才能准确、明了地反映科学概念。

（4）科学概念具有相对灵活性。科学概念是事物内在、本质规定性的反映，因而，科学概念应该是相对稳定的。但是，马克思主义认为，运动是绝对的，客观事物处于不断发展变化的过程中，因而科学概念也不可能一成不变。并且，人的认识是螺旋式上升的，随着对事物认识的不断深化，科学概念始终处于不断完善的过程中。

（5）科学概念具有系统性。人对客观事物的认识是一个渐进的过程，因而形成了由简单到复杂，从低级到高级的概念群。这些概念按照相互之间所固有的逻辑关系形成了严密的体系，并与其他概念体系不断交叉、渗透。

3. 科学概念在网络数据分析研究中的作用

科学概念反映了客观事物的规律性，是抽象思维的起点和基本单元，是构筑科学理论体系的基石。总的来说，科学概念在科技发展中的作用可以表述为：科学概念的建立标志着新的科学思想的成熟；科学概念形成之后可以继承，为科学研究开辟新的途径；新的科学概念的形成和运用，可以提出新的科学猜想，导致新的学科分支的形成；科学概念发展了，科学技术也就随之发展了；新的科学概念形成、并且巩固之后，围绕这一科学概念，可能在一些领域开始新的研究和新的发展；不同的科学概念的争论，会推动科学技术进步。

对于网络数据分析这个领域，科学概念的作用集中体现在：

（1）促进网络数据分析这一崭新研究领域的发展。任何一个研究领域和学科的诞生总是建立在一组新的科学概念的基础上。网络出现之后，网络、网络数据这些概念随之产生，由于网络对社会生活各方面的影响越来越深刻，所以引发了社会各界对网络本质和内在规定性的深入探索。随着研究广度和深度的不断增加，虚拟社会、搜索引擎、网站评价、流量分析等新的科学概念层出不穷，逐步形成了网络数据分析这个独特的研究领域。在网络数据分析研究中，新问题的提出、研究对象的拓展、研究方法的创新、研究技术的进步、各种现象内部规律的揭示，都伴随而生了一批新的概念，它们使网络数据分析这个领域逐渐丰富起来、完善起来。可以说，新概念的产生标志着网络数据分析研究的不断深入，网络数据分析的深入开展也促使一大批相关新概念的产生。

（2）为网络数据分析研究提供新的技术和方法。不同学科之间科学概念的移植和渗透，是促进新技术手段产生的有力杠杆。文献计量学、科学计量学、计算机科学等相关学科的概念、理论、方法、技术在网络数据分析领域的移植和交叉，为网络数据分析提供了新的思路和方法。可以这样说，目前网络数据分析所使用的方法绝大多数都是在借鉴其他学科方法的基础上，结合网络数据研究的特点改进而成的。

（3）指导网络实践。理论源于实践，同时服务于实践。新的科学概念的建立和运用，有助于区分长期混淆不清的概念和事实，为实践提供理论基础。譬如，网站评价在很大程度上影响着网络的发展方向。在很长一段时期内，由于网站评价缺乏客观的量化指标，只能停留在定性的经验层次上。用于评价的各项指标多基于主观判断，标准不统一，评价的结果自然也各不相同，对网站建设和改造决策的借鉴作用不大。然而，网站影响因子的提出，在一定程度上为此提供了依据。再例如，通过对搜索引擎的研究，研究者发现搜索引擎检索结果不稳定，这为搜索引擎的改进提出了方向。

4.2.3　科学判断

1. 科学判断的概念

科学概念是科学判断的基础，然而在科学概念的形成过程中，我们已经运用了科学判断。所谓科学判断，就是运用科学概念和科学推理，对所研究的事物有所肯定或有所否定，借以形成原理、定理、定律等知识单元，从而达到理论认识的一种思维形态。

科学概念与科学判断存在着密切联系。这种关系首先表现为科学概念是原理、定理、定律等科学判断的组成部分，任何科学判断至少由两个以上的科学概念构成；其次，科学概念的揭示也必须依靠科学判断。科学概念的内涵和外延要通过原理、定理、定律等科学判断来揭示，而且科学概念的定义本身也表现为科学判断。在实际研究中，科学概念、科学判断、科学推理往往交错运用，一起组成活生生的思维运动。只有把科学判断与科学概念和科学推理有机地统一在一起，才能完整地进行辩证的理论思维，形成完整的科学理论体系。

2. 科学判断的构成

语言是抽象思维的工具，科学概念的表现形式是词语，科学判断也以语句的形式出现。科学判断通常由主词、宾词和联系词3部分组成。科学判断是通过主词和宾词的联系与区别，对客观世界中的各种关系做出实事求是的断定，因此，科学判断符合以下3条原则：首先，科学判断必须是一个真判断，只有这样，它才对客观世界做出了正确的反映；其次，科学判断必须是对客观实际恰如其分的陈述；再次，科学判断必须遵守形式逻辑的基本规律，即同一律、矛盾律、排中律和充分理由律。

（1）同一律。同一律的公式是"A就是A"或者"A等于A"。在同一思维过程中，每个概念、判断必须具有确定的同一内容。遵守同一律能使思维具有确定性，否则就会犯"混淆概念"、"偷换概念"等逻辑错误。

（2）矛盾律。矛盾律的公式是"A不是非A"或者"A不能既是B，又不是B"。这就是说，两个相互矛盾或相互反对的判断不能同时为真，其中必有一假。违反遵守矛盾律就会犯"自相矛盾"的逻辑错误。矛盾律既适合互相矛盾的判断，也适用于相互反对的判断。两个相互反对的判断不能同为真，但可以同为假。

（3）排中律。排中律的公式是"A或非A"或者"A是B或A不是B"。在同一思维过程中，两个互相矛盾的判断，不能同时为假，必有一真，没有第三种可能，因此必须肯定其中一个，否则就会犯模棱两可的逻辑错误。排中律只适合相互矛盾的判断，它要求在两个相互矛盾的判断中做出非此即彼的选择，排除居中的可能性，它是反证法的基础。

（4）充分理由律。其公式为"A真，因为B真"，并且B能推出A。任何真实的判断都应以充足的论据和科学的论证为基础，否则就会出现"缺乏根据"和"根据虚假"的逻辑错误。

3. 科学判断的类型

科学判断根据其内在的逻辑关系，可以分为条件关系判断、必然关系判断和因果关系判断。条件关系判断反映的是特定条件下的规律，大体相同于原理；必然关系判断强调在特定条件下规律的必然性，大致相同于定律；因果关系判断是为解释规律提出的见解，常表现为学说或假说的形式。

4.2.4 科学推理

1. 科学推理的概念及其构成

科学推理是根据一个或几个科学判断，得出另一个新的科学判断的思维过程。科学推理是一种创新性的思维过程。这个过程随所研究问题的难易程度和矛盾暴露的程度不同，可能异常短暂，也可能极其漫长，但无论过程如何，其实质都是由一个或几个已知判断向另一个判断的过渡。

科学推理主要由前提、结论和推理形式所构成。推理中所根据的已知判断叫做前提，它是推理的出发点；从前提推出的新判断叫做结论，它是推理所要达到的目标；前提和结论之间的逻辑联系表现为推理形式或结构，也称为论式。例如三段论式为：

前提：所有的M都是P
所有的S都是M
_____

结论：所以，所有的S都是P

前提、结论和推理形式三者对于科学推理而言缺一不可。要使推理的结论符合实际，能反映客观规律，既要求推理形式正确，又要求推理前提真实可靠。特别是推理的前提，它是推理的出发点和基础，如果前提错误，那么要得到正确的结论是不可能的。

2. 科学推理的类型

科学推理可以根据前提的数量和人的认识过程来划分。根据前提的数量，科学推理可以分为直接推理和间接推理。直接推理是指由一个判断为前提推出结论的推理。间接推理指由两个以上判断为前提推出结论的推理。

按照人的认识从特殊到一般，又从一般到特殊的过程，推理可以分为类比推理、归纳推理和演绎推理。类比推理是由个别性判断导出其他个别性判断的推理。归纳推理是由个别性判断导出普遍性判断的推理。演绎推理是由普遍性判断导出个别性判断的推理。

3. 科学推理在网络数据分析中的作用

（1）科学推理是从已知探求未知的逻辑方法，是探索未知世界的武器。在探索网络世界的过程中，由网络数据分布和运动所表现出的各种现象揭示本质和由本质说明现象，由偶然把握必然和由必然解释偶然，由结果发现原因和由原因导出结果，由事物的性质与功能设想事物的结构和由结构论证性质与功能，由具体区分出抽象的规定和由抽象上升到具体，都是科学推理的结果。

（2）科学推理是推动网络数据分析研究发展的基础和动力。总的来说，网络数据分析研究还处于比较初级的阶段，目前的研究范围、研究深度和研究结果还难以形成完整的理论体系。概念、判断、推理是抽象思维的基本单元。在科学研究中，科学概念、科学判断、科学推理是交织在一起的，共同构成思维运动。只有将三者有机地结合在一起，在逻辑上逐层展开，形成由简单到复杂的推理系统，才能构筑完整的科学理论体系。

（3）科学推理是网络数据分析方法形成和运用的思维基础。可以说，任何科学方法的形成和运用都是科学推理的结果。譬如科学假说，假说的提出源于对已知事实的推理；假说的引申是推理的结果；假说的论证也必须依赖于实践和逻辑推理。同样，思想实验也集中体现了科学推理的巨大潜力。所谓思想实验就是在头脑中构思整个实验过程。这是一个综合推理过程，在这个过程中，广泛地运用了各种推理形式，尤其是演绎推理。

4.3　网络数据归纳分析

马克思主义认识论认为，一切科学研究都必须遵循两条途径：由认识个别到认识一般；再由认识一般到认识个别。前者就是归纳的过程[65、66]。

4.3.1　归纳分析的概念

归纳法是指通过一些个别的经验事实和感性材料进行概括和总结，从中抽象出一般性结论、原理、公式或原则的一种逻辑思维和推理方法。

简单地说，就是从个别事实中概括出一般原理的一种思维方法和推理形式，其主要环节是归纳推理。

归纳法是在一切思维方法和推理形式中最早引起人们注意的方法。

- 早在古希腊时期，德谟克利特在《论逻辑》一书中就讨论了归纳法。后来，亚里士多德在《工具论》中提出了简单枚举归纳法。
- 在近代，系统地提出归纳理论的是培根，他在《新工具》一书中，对归纳法中的求同法、求异法和共变法做了详细的论述。
- 在培根论述的基础上，逻辑史上归纳学派的代表人——穆勒提出了相对完整的归纳逻辑体系，即穆勒五法。

尽管由于归纳法得出的结论具有或然性，人们对归纳法在科学研究中的作用一直存在着争论，但是客观世界存在的一般与个别、普遍与特殊的辩证关系为归纳法提供了客观基础。因此，通过个别去认识一般、通过特殊去认识普遍的归纳方法仍然是人类认识客观事物的一种重要方法。

总的来说，归纳法是发展比较成熟，对科学发展影响较为深刻的一种思维方法。如果以F表示经验事实，以T表示科学理论，则归纳法的公式为：

$$\frac{\begin{array}{c} F_1 \\ F_2 \\ F_3 \\ \cdots\cdots \\ F_n \end{array}}{T}$$

4.3.2　归纳法的类型

归纳法根据所概括对象是否完全以及逻辑推理方式，一般分为3种：完全归纳法、简单枚举法和判明因果联系的归纳法。

（1）完全归纳法

完全归纳法是根据某类事物的全体对象做出概括的推理方法。

完全归纳法的公式为：

$$\frac{\begin{array}{c} S_1 是 P \\ S_2 是 P \\ S_3 是 P \\ \cdots\cdots \\ S_n 是 P \\ S_1、S_2、S_3\cdots\cdots S_n 是 S 类的全部对象 \end{array}}{所以，所有的 S 都是 P}$$

完全归纳法考察了所研究的全部对象，所以它是一种必然性推理，得出的结论一般真实可靠。完全归纳法要求穷举事物的全部个体，然而对于多数研究，我们不可能穷举所有的对象，因而它的应用是极其有限的，只适用于对象明确、而且数量有限的事物的研究。

（2）简单枚举法

简单枚举法是根据某类事物部分对象具有某种属性，又未遇到与此相矛盾的情况，从而得出该类事物都具有某种属性的结论的归纳推理。它是一种初步的、简单的归纳推理方法，因为它只是根据几个事例的枚举，而没有对它们进行深入的分析，因而其结论一般来说都属于经验认识水平，可靠性取决于所举事例的多寡。简单枚举法的公式为：

$$S1是P$$
$$S2是P$$
$$S3是P$$
$$......$$
$$Sn是P$$

S1，S2，S3……，Sn是S类的部分对象，而无相互矛盾情况

所以，所有的S都是P

可以看出，它从有限数量的对象出发，做出一般性推论，克服了完全归纳法对于对象穷举的限制，但是，也产生了新的问题，即所得出的结论具有或然性。

（3）判明因果联系的归纳法

判明因果联系的归纳法又称为科学归纳法或穆勒五法，是根据一类事物部分对象与某属性之间的必然联系，而做出关于该类所有事物的一般性结论的归纳推理。它又分为：

① 求同法。如果所研究的现象a出现在两个以上的场合中，而且只有一个情况A是共同的，那么，这个共同的情况A就与所研究的现象a之间有因果联系。其公式为：

场合	情况	现象
1	A、B、C	a、b、c
2	A、B、D	a、b、d
3	A、C、E	a、c、e

所以，情况A与所研究的现象a有因果联系

求同法的可靠性既和观察到的场合的数量有关，也和各个场合中不相同情况之间的差异程度有关。观察到的场合越多，各个不相同的情况之间的差异越大，求同法就越可靠。

② 求异法。如果所研究的现象在一个场合出现，而在另一个场合不出现，这两个场合只有一个情况不同，那么，这个惟一不同的情况便是被研究现象的原因。这种方法是对照实验的基础。

其公式为：

场合	情况	现象
正面场合 1	A、B、C	a、b、c
反面场合 2	B、C	b、c

所以，情况A与所研究的现象a有因果联系

③ 求同求异并用法。又称契合差异并用法，它是将求同法与求异法合并起来使用，以判明情况与所研究的现象之间的因果联系。具体地说，如果在被研究现象出现的各个场合都有一个共同情况，而在被研究现象不出现的各个场合都没有这个共同情况，那么，这个情况与被研究现象之间就有因果关系。使用此法分为3个步骤：第1步，运用求同法对出现被研究现象的那些场合加以比较；第2步，运用求同法对未出现被研究现象的那些场合加以比较；第3步，运用求异法把前两步比较所得的结果再加以比较。其公式为：

场合	情况	现象
正面场合 1	A、B、C	a、b、c
正面场合 2	A、D、E	a、d、e
反面场合 1	B、F、G	b、f、g
反面场合 2	D、O、P	d、o、p

所以，情况A与所研究的现象a有因果联系

④ 共变法。如果在所考察的场合中，某种情况发生变化时，所研究的现象也随之发生变化，则这种情况就是被研究现象的原因。其公式为：

场合	情况	现象
1	A1、B、C	a1、b、c
2	A2、B、D	a2、b、d
3	A3、C、E	a3、c、e

所以，情况A与所研究的现象a有因果联系

在运用共变法时应该注意，只能是一个情况发生变化，另一个现象也随之而变化，其他现象应保持不变，如果还有其他的现象发生变化，就可能会得出错误的结论。还应特别注意，两现象之间的共变是有一定限度的，在一定限度内，有共变关系，而超过了一定限度，就不存在共变关系；同时，在研究中运用共变关系，要深入分析，防止出现两个现象从表面看来有共变关系，而实际上并没有因果关系。

⑤ 剩余法。被研究的某一复杂现象是另一复杂现象的原因，把其中已判明因果联系的部分减去，那么剩余部分必有因果联系。有人认为剩余法是求异法的变种。

其公式是:

A、B、C、D是a、b、c、d的原因

A是a的原因

B是b的原因

C是c的原因

―――――――――――――――――――

所以，D与d之间有因果联系

判明因果联系的归纳法是以观察、实验的结果为依据，在进行深入的科学分析之后，掌握了事物的必然联系的基础上做出的结论，因而一般是可靠的。

但是，这些归纳法所涉及的都是简单线性的、确定性的因果联系，而不适用于非线性的、双向的和随机性因果关系的处理。

4.3.3　归纳分析法在网络数据分析中的作用

归纳分析法是重要的科学研究方法论，在网络数据分析研究中得到了广泛的运用。我们可以大致将其作用归纳为:

（1）归纳分析法是探索网络数据运动规律的重要思维方法和手段。归纳分析法是通过对个别对象的研究，概括和发掘研究对象一般规律的方法。研究网络数据的运动规律必须以大量的数据为依据。我们通过观察、实验等方法获取数据，以及对这些数据的加工、整理，还只是停留在经验认识阶段，这时只是掌握了网络数据运动的表面现象。只有运用归纳分析法，对这些现象和数据经过科学抽象，才能发现其本质的、内在的规律。

（2）归纳分析法是提出问题，建立科学假说的工具。科学假说是推动学科发展的重要方式，而假说的建立一般是基于对个别经验事实的归纳分析的。在对网络数据的研究中，借鉴已有的科学结论，结合利用归纳分析法对一些个别经验事实和经验材料的考察所得到的启示，提出设想和科学假说，不仅能为网络数据研究提出新的研究方向和思路，而且还能极大地提高研究效率。

（3）归纳分析法是探求网络数据研究中各研究对象和现象之间因果关系的手段。网络的发展，网络数据的运动受到技术、社会、政治、经济、意识形态等各方面的影响，这些因素之间存在着多种多样的联系。通过归纳分析，尤其是判明因果联系的归纳法，我们可以明确一些因素之间的因果联系，为进一步的研究和实践提供依据。

4.3.4　归纳分析法的局限性分析

毫无疑问，归纳分析法在网络数据分析研究中的作用是巨大的，但是，对归纳分析法的局限性我们也应该有充分而清醒的认识。归纳分析法的局限性主要表现在两个方面:

（1）运用范围的局限性。完全归纳法需要穷举所有的研究对象，这对于绝大多数的研究是不可能的。而判明因果关系的归纳法只适用于简单线性的、确定性的因果联系的研究，对于大量非线性、双向的和随机性因果关系的研究不能直接运用该法。

（2）结论具有或然性。对于简单枚举归纳法和判明因果联系的归纳法所得出的结论具有或然性，也就是说，它的结论不一定正确。这两种类型的归纳法，其结论的可靠程度依赖于所观察和运用的研究对象的数量，数量越大，可靠程度越高。导致该局限性的原因主要是：

① 混淆了研究对象的共性和个性、统一性和差异性。在研究中，研究对象的共性和个性、统一性和差异性这两对矛盾是始终存在的。归纳分析法着重考虑研究对象的共性和统一性，而对个性和差异性考虑不足。并且，这种从个别概括一般的研究方法，由于所考察个体的限制，往往会将不属于全体研究对象所共有的个性和差异性当成共性和统一性对待，这必然导致研究结论的偏差和错误。

② 归纳分析法是从现象入手概括和总结本质。然而，现象对本质的反映并不都是直接的和明了的，如果缺乏对研究对象深入细致的探讨，则往往被一些虚假的联系所迷惑。因此，在使用归纳法时必须掌握丰富和确凿的数据和经验事实，并以此为基础开展深入分析，以免出现以偏概全和虚假联系的错误。

4.4　网络数据相关分析

自然界和人类社会中的任何事物和现象都不是孤立存在的，它总是和周围的事物、现象相互联系、相互依赖、相互制约、相互作用的，因此，要认识事物，把握事物发展的规律性，就必须认识和挖掘事物之间的相互联系。这是我们在网络数据分析研究中进行相关分析的原因[66~68]。

4.4.1　相关关系的概念及分类

1. 相关关系的概念

相关关系是指现象或概念之间确实存在着联系，但其关联是不严格固定的或数量关系是不完全确定的一种相互依存关系。

通常，如果一事物的发展变化引起另一事物的发展变化，我们会认为这两者之间是相互联系的。然而，严格地讲，具有相互依赖、相互联系的关系除表现为相关关系外，还有因果关系，有时也将其称为函数关系。因果关系所反映的现象之间的关系是一种严格的确定性依存关系，在这种关系中，对于一个自变量X给定一个值，因变量Y就有一个确定值与之对应，并且这种关系可以用一个数字表达式反映出来。换言之，因果关系所反映的现象之间存在着必然的联系，并且在时间上是先后相继的，原因先于结果。因与果之间的关系是固定的，可以用精确的数学模型予以表达，而相关关系所反映的现象之间的关系不是确定性的和严格依存的。在相关关系中，当给定自变量X一个值时，因变量Y不是只有一个确定值与之对应，而是有若干个随机值与之相对应，Y值表现出一定的波动性，但又总是围绕着它们的平均数并遵循一定的规律而变动。也就是说，相关关系的各方往往同时伴随出现，它们之间的变化存在相应的大致的规律性，这种规律性一般在统计学上才能成立，因此，相关关系又被称为统计关系。

尽管因果关系和相关关系在理论上是两种不同类型的关系，但是，从人的认识和研究过程来看，两者之间并不存在严格的界限。一般来说，分析问题的初期对于所研究对象之间的关系只能做出相关关系的假设，随着认识的深化，剔除相互之间关系的表面性和随机性，明确其内在联系之后，相关关系就有可能转化为因果关系。

2. 相关关系的分类

现象之间的相互关系是复杂多样的，从不同角度描述和说明时，相关关系表现出不同的类型和形态。经常使用的有以下几类：

（1）按相关因素的数量区分。按照相关因素的数量，相关关系可以分为一元相关和多元相关。一元相关是限于两个因素之间的相关关系，其中，一个是自变量，一个是因变量；多元相关又称为复相关，是指两个以上因素之间的相关关系，也就是一个因变量，两个或两个以上自变量之间的相关。

（2）按数学模型的形式区分。按照数学模型的表现形式，可以将相关关系分为线性相关和非线性相关。线性相关是指在数学模型上，因变量与自变量之间的关系可以表示为线性函数，即因变量与自变量之间的变化存在一一对应的比例关系，且改变量之比为常数；非线性相关在数学模型上表现为因变量变化与自变量变化之间的比值不是常数，而是一个含有自变量的函数，所以因变量与自变量之间的关系无法用线性函数表达。

（3）按相关程度划分。按照变量之间相互关系的密切程度，相关关系可以分为零相关、一般相关和完全相关。不管是何种类型的相关关系，其相关关系的密切程度都会存在着差异。相关指标就是反映相关关系密切程度的指标。在不同的相关关系类型条件下，相关指标的具体名称、所用符号、取值范围等是不同的。

（4）按相互关系的方向区分。根据变量之间相互关系的方向，可以把相关关系分为同向相关和异向相关。同向相关又称为正相关，即当自变量X值增加或减少时，因变量Y值也随之增加或减少；异向相关也叫负相关，即当自变量X值增加或减少时，因变量Y值呈反向变化。

4.4.2　网络数据相关分析的步骤

相关分析是研究变量之间相关程度的理论与方法。尽管事物之间的联系各不相同，具体研究方法多种多样，但研究步骤却大体一致。网络数据相关分析一般经过以下环节：

（1）获取数据和资料

任何相关分析都建立在资料和数据的基础上，因此，进行网络相关分析的第一个环节必然是根据研究目的，开展调查和试验，并对所获得的数据、资料进行整理。在搜集和整理数据、资料的过程中：

① 要坚持定性分析与定量分析相结合的原则，以确保数据和资料能揭示变量之间的内在联系。

② 样本应有充分的代表性。在网络数据分析研究中，由于网络覆盖面极广，能穷举所有研究对象的情况是很少的，在绝大多数情况下，总是采用一定的抽样方法，对抽样所得样本进行研究。样本的代表性决定了分析的科学性和可靠性。样本的代表性在很大程度上取决于样本量的多少，样本量越大，样本的代表性就越强。

③ 在对样本进行筛选的过程中，还应注意样本的可比性。样本的选择必须遵循统一的标准，只有符合条件的样本数据才能被用于相关性分析，否则，样本不具有可比性，数据资料自然也不能真实地反映相关关系。

（2）利用统计分析工具初步判定变量相关关系的形式和相关程度

由于网络数据分析的研究范围非常广泛，研究对象和内容极其丰富，因而在网络数据分析中所采用的相关分析方法和形式也多种多样。在这些类型中，既有定性方法和定量方法，也有拟定量方法；既有描述和数字的形式，也有图形、表格和矩阵的形式。各种方法相互渗透，交叉使用。一般来说，为了便于观察和明确变量之间的相关关系的形式和密切程度，常利用相关表、相关图和相关矩阵进行初步研究。

根据对所获取的数据资料是否分组，相关表可分为简单相关表和分组相关表。如果所观察的样本数目较少，不需要进行分组，则可编制简单相关表，以观察两个变量之间变动的趋势和形式，为下一步的分析奠定基础。如果所分析的样本量较大，标志的变异又比较复杂，为了突出地显示样本的分布状况和两个变量之间的相关关系，则需要利用分组相关表。由于它反映的是两个变量之间的相关关系，因而又被称为双变量分组相关表。

相关图是反映变量之间相关关系的另一种工具，与相关表相比，它更为直观。相关图中最简单，同时也是最常用的形式是散点图。散点图是将变量的一组观察值在平面坐标中表示成所获得的一群散点，通过这些散点的分布状况，可以对变量之间的关系进行定性的判断，并为进一步定量模型的建立提供依据。

除了相关表和相关图，相关矩阵是另一种常用的工具。相关矩阵又称为邻接矩阵、关系矩阵。相关矩阵用数学语言简单明了地显示多个对象之间的直接关系，通过矩阵运算可以得出各对象之间的间接关系，甚至各对象之间联系的渠道条数，适宜计算机数据处理。在样本数据量大的情况下，其优势更为明显。

（3）建立回归方程，并对回归系数进行统计检验

在上述对网络数据资料进行初步分析的基础上，按照已判明的相关关系的形式，建立回归方程，以描述变量之间的数量关系，然后对回归方程中的各参数进行统计检验，判断该回归方程是否反映变量之间相关关系的最佳形式，以决定对自变量的取舍和是否需要重建回归方程。

（4）计算相关指标，并对其进行统计检验

计算相关指标和对其进行统计检验的目的是反映现象之间相关关系的密切程度和决定回归方程的有效性。对于品质标志之间的相关，由于无法建立回归方程，只能计算相关指标和对其进行统计检验，以判定现象之间是否具有相关关系。

4.4.3　相关分析在网络数据分析中的应用

由于网络数据分析是一个新兴的研究领域，所以迄今为止还远没有形成系统的理论体系，甚至各项研究中所使用的方法、技术也都还不成熟，因此，网络数据分析研究从假设的提出、方法的验证，到发展规律的总结和趋势预测，相关分析法都得到了广泛而深入的运用。

（1）为网络数据分析研究的科学选题提供依据

正因为网络数据分析是一个新的研究领域，因而在选题中所能借鉴和参考的理论基础和实践研究相对不足。如果选题的依据源于一些表面的和虚假的联系，那么研究结果不会有任何意义，所投入研究的人力、物力和财力都将是巨大的浪费。譬如，近年大气变暖，网络也处于快速发展时期，如果仅从表面看，两者似乎具有某种相关关系，甚至很有可能建立一个方程表示两者之间的关系。但稍有常识的人都知道，两者之间的联系是虚假的，将两者联系起来进行研究不具有任何实际意义。因而，在研究之前，对所选题所涉及的研究对象进行必要的定性和定量相关分析，并以此作为研究和立题的依据，将能有效地确保研究的科学性和实践意义。

（2）揭示影响网络数据运动规律及其影响因素之间的相互关系

在研究初期，对于网络和网络数据运动规律的研究基本上处于零散的、定性描述的阶段，随着研究的深入，系统化程度和精确性不断增强，相关分析等方法已成为研究的主要工具。具体地说，在宏观研究领域，网络数据的分布、传播和利用处于复杂的社会政治经济环境中，受社会经济发展状况、科技发展程度、国民受教育水平、信息资源的丰裕度以

及社会信息组织结构等众多因素的影响，揭示这些因素之间的关系和作用方式是网络数据分析研究的重要内容。在微观研究领域，搜索引擎检索效率影响因素的研究、网站评价指标体系的论证、影响用户网络行为因素的探讨等几乎所有的研究都采用了相关分析法。可以说，离开了相关分析法，将无法明确影响网络数据运动的各种因素，揭示网络数据的运动规律更无从谈起。

（3）检验网络数据分析方法的有效性

网络信息计量学的研究始于1996年，迄今为止，对于网络数据的研究还处于摸索阶段，网络数据研究中采用的各种方法和手段源于其他学科方法的借鉴和改造，远没有形成自身独特的研究方法和方法论。而且现有研究所采用的方法的适用性、有效性和可靠性也引起许多研究者的质疑。譬如，在网站评价研究中常涉及到网站影响因子，它的提出源于文献计量学中引文分析和期刊影响因子的概念。在实际评价研究中，其数据来源一般是利用Alta Vista等搜索引擎，但是，从搜索引擎所获得的数据的有效性和完整性一直存在质疑，因而这种研究方法是否真实可靠就需要进行检验。为此，我们可以将已有的网站评价结果与网站影响因子进行相关性分析，以此作为评价研究方法科学性和有效性的依据。

（4）挖掘推动网络发展变化的内在规定性

历史相关分析是揭示事物发展规律的重要方法，对于网络数据分析研究而言同样如此。通过分析网络发展历程，剖析影响网络发展变化和网络数据运动的因素，进而明确其相关关系，有助于揭示主导网络发展变化的内在规定性。网络是社会科技发展的结果，处于复杂的社会环境和联系中，与其他事物发生着多种多样的关系。这些联系有些是必然的和本质的，有些是偶然的、表面的，甚至是虚假的，通过历史相关分析我们就能从纷繁芜杂的现象中找出促使网络发展变化的内在因素，为加速和确保网络的高速健康发展提供依据。

（5）预测未来发展趋势

科学研究的目的在于指导实践和预测事物未来发展趋势。从前面网络数据相关分析的步骤我们知道，建立的回归方程是相关分析的重要环节，也是相关分析的主要研究成果。利用回归方程，在明确各自变量的情况下，我们将能够准确地对研究对象的未来发展状况进行预测。在这方面，如果我们能够从经验数据中分析出影响网络数据的增长、老化和分布的因素，并建立精确的模型，就能够准确地预测网络信息资源的分布、增长和老化情况，对网络的开发、布局提出合理化建议。

4.5　网络数据对比分析

宇宙间事物千差万别，人们认识事物一般都是从区分事物开始的。人们在比较不同对象的共性和差异的基础上，认识事物内部的特殊矛盾，从而发现事物的本质和规律。因此，对比分析在科学研究中具有重要地位。正像爱因斯坦所说的："知识不能单从经验中得出，而只能从理智的发明同观察到的事实两者的比较中得出[64~69]"。

4.5.1 对比分析法的概念和理论基础

对比分析法是对彼此有某种联系的事物或现象进行对照，揭示相互之间的差异点和共同点的思维方法。从理论上，对比分析法能运用于科学研究是基于以下几点：

（1）客观事物的统一性和差异性。统一性是指客观事物的发展变化遵循着共同的规律。差异性是指客观事物发展变化的多样性，也就是事物之间的区别。客观事物之间的统一性和差异性是辩证统一和普遍存在的，在空间上同时并存的事物之间，以及在时间上先后相继的事物之间，都存在着这种统一性与差异性，这是对比分析法的客观基础。

（2）客观事物之间的普遍联系。客观事物在时间和空间上都是与其他事物相互联系着的，这些联系有本质的和非本质的联系，有内在的和外在的联系，还有必然的和偶然的联系。这些联系就是进行比较分析的科学依据。

（3）客观事物发展的不平衡性。这种不平衡表现在发展速度上有快有慢，在发展程度和联系上有充分与不充分之别，这种不平衡性是进行对比分析的实际前提。

通过对比分析，就是要找出"异中之同，或同中之异"。既要从表面差异极大的事物之间寻找它们本质上的共同之处，又要从极为相似的事物之间发现它们本质上的差异。这样，才能更深刻地把握事物的本质和规律。

4.5.2 对比分析法的类型

根据不同的标准，对比分析法可以分为不同的类型。

（1）根据比较对象具有统一性和差异性分类

根据比较对象具有统一性和差异性，可以将对比分析法分为相同点比较法和相异点比较法。相同点比较法是指比较两种或两种以上的对象，认识其相同点的方法。这种比较可以使我们知道表面相异的对象之间有其共同性，即异中求同。这种比较法的公式是：

对象	被比较的特性
A	a、b、c……
B	a、b、c……

所以，A与B两对象具有相同的特性a、b、c……

相异点比较法就是指比较两个或两个以上研究对象而认识其相异点的方法。这种比较使我们认识到，表面上相似的对象之间有其相异点，即同中有异。这类比较，一般是由共同规律起作用而产生的事物之间的比较。这种比较的公式是：

对象	被比较的特性
A	a、b、c……
A'	a'、b'、c'……

所以，A对象以特性a、b、c……与A'对象相异

（2）根据比较对象的历史发展和相互联系的观点分类

根据比较对象的历史发展和相互联系的观点，可以将比较方法分为异期纵向比较法和同期横向比较法。异期纵向比较法是比较同一对象在不同时期内的发展、变化的方法。这种比较法用于有亲缘关系的事物之间，或者遵循某种共同的规律的事物之间。通过这种比较，可以追溯事物发展的历史渊源和确定事物发展的历史顺序，所以，异期纵向比较法就是历史比较法。同期横向比较法是把同类的不同对象在统一标准下进行的比较，进行这种比较研究时，不同的对象必须是有联系的，或互相有影响的，而且必须处于同一历史时期。

（3）根据比较对象所包含的范畴不同

根据比较对象所包含的范畴不同，可以将对比分析法分为宏观比较法和微观比较法。宏观比较法是对一个大范围内的各种对象进行整体比较研究的方法，微观比较法相对于宏观比较法则着重于局部比较。

在科学研究中，我们对特定对象和课题进行探索时，往往是多层面、多角度地综合运用对比分析法，这样才能最终在整体上全面地认识所研究的对象。

4.5.3 对比分析的原则

对比分析法的运用是基于所比较的对象之间的统一性和差异性、客观事物之间的普遍联系和发展的不均衡性，因而对比分析法的运用是有条件的，必须遵循以下原则：

（1）研究对象的可比性。在运用对比分析法时，首先要确定对象是否可比。我们认为，客观事物之间的差异是绝对的，因此，无论是同类还是异类事物的对比都是有条件的。对于同类事物的比较，主要是注意对象之间在时间、空间和范畴上的一致性，而对于异类事物时间的对比研究，则还需考虑所比较的对象的属性能否用相同的单位或标准去衡量，否则，就不能进行比较。

（2）要有精确、稳定的比较标准。精确、稳定的比较标准是有效地进行比较的前提。譬如，比较网络数据流量我们采用"比特"为单位，比较网站的影响力采取网站影响因子为单位。当然，根据所比较对象的复杂程度不同，所采用的标准也有简单和复杂之分。就像评价网站质量，目前没有一个简单的、可以直接比较的单位和标准，而往往采取由一系列指标共同组成的复合标准来衡量，但无论是简单还是复杂，作为比较对象的中介，标准

必须是精确而稳定的。

（3）比较要深入揭示事物内部的规律性。事物的属性是多方面的，我们要从表面现象入手揭示隐藏在事物内部的、本质的属性和规律。在对比分析中，开始接触的一般是一系列的数据和情况描述，它们是对研究对象直观和表面的反映。我们的目的是从表面上差异巨大的事物中探求它们本质上的共同点，在表面上非常相似的事物中发现本质上的不同，进而揭示造成这些异同的原因，探求隐藏在这些现象背后的内在规律。

（4）要有正确的理论作指导。由于对网络数据的研究还处于起步阶段，目前可供使用和借鉴的理论不多，所以不可能像发展得已经非常成熟的学科那样，有精确、稳定的比较标准和理论体系作指导，但是，为确保研究结果真实可靠，必须保证研究建立在科学的理论基础之上。

4.5.4　对比分析在网络数据研究中的作用

对比分析作为一种基本的思维和研究方法广泛运用于网络数据分析研究的各个方面。根据研究阶段和研究目的的不同，其作用主要体现在以下几个方面：

（1）通过对比分析，发现问题，明确研究方向。通过横向和纵向的对比分析，可以及时发现实践中存在的具体问题，为确定研究方向提供依据。譬如，在对搜索引擎的研究中，研究者在不同时间检索同一主题，会发现搜索引擎检索结果的不稳定性。如果不采用对比分析的方法，是很难发现这一问题的，如何解决更是无从谈起。

（2）对比分析是收集和整理研究数据的重要方法。网络数据分析是在大量相关数据资料的基础上开展的，由于数据获取方式、获取时间、数据来源各不相同，为确保数据的有效性和进一步研究的科学性，必须对数据资料进行鉴别和分类，这都要依靠对比分析方法的运用。

（3）运用对比分析法，对研究成果与观察、实验的事实之间是否一致做出明确判断。我们的研究往往是从个别和局部着手，对所发现的规律进行归纳，因而研究成果往往带有一定程度的或然性。为确保成果的科学性，一般需要利用大量的数据进行验证，将其与研究成果对比。譬如，Ronald Rousseau发现，网站的引用符合洛特卡定律。这一研究成果的取得源于他利用AltaVista搜索引擎对文献计量学、信息计量学和科学计量学网站的研究，为验证这一规律是否符合其他类型网站甚至整个互联网资源的引用情况，就需要利用其他网站引用情况进行比较和检验。

（4）运用对比分析法，揭示研究对象的发展规律，预测其发展趋势。客观事物的发展变化是由其内在规定性决定的，根据事物的过去和现状可以预测其未来发展趋势。譬如，我们可以根据网络用户、网络主机和网络域名的增长情况，揭示网络的增长规律，预测网络的发展趋势。

（5）运用对比分析法，可以明确研究对象之间的差距，明确发展方向。运用对比分析法可以明确同中之异，从表面现象的不同，寻找引起差异的内部原因。我们所开展的网络信息计量学研究中，一个重要的领域就是比较研究。例如，通过比较我国与国外网络的发展历程和现状，总结经验教训，确保我国网络高速、健康地发展。

（6）运用对比分析法，可以明确研究对象之间的异同、优劣。有比较才有鉴别，才能为进一步的判断和选择提供依据，这在对搜索引擎的研究中表现得尤为突出。搜索引擎是网络数据分析研究的重要工具，然而，由于搜索引擎数量众多，覆盖范围、检索机理和功能各异，所以为选择适合研究目标的搜索引擎，必须首先对其进行比较。

可以说，对比分析法在网络数据分析研究中是一种必不可少的逻辑方法，它是发现问题、解决问题的基础，但是，同时我们也应该清楚地认识到，任何方法都不是万能的，都有一定的适用范围和局限性。因此，尽管我们在研究中已经自觉或不自觉地大量运用了这种方法，但进一步明确其类型、作用和使用条件，对我们更有效地发挥其作用，获得更好的研究成果具有重要意义。

4.6　网络数据分析方法及应用

内容分析法、相关分析法、对比分析法、归纳分析法和推理分析法是网络数据分析最常用和最基本的方法。为了加深对上述各种方法的理解，我们以Tanjev Schultz在1998年进行的关于网络报刊交互能力的研究为例，进行分析[70]。

4.6.1　案例节选

（以下案例内容详见：http://www.ascusc.org/jcmc/vol5/issue1/schultz.html）

Interactive Options in Online Journalism:

A Content Analysis of 100 U.S. Newspapers

Tanjev Schultz

Institute for Intercultural and International Studies University of Bremen

关于网络报刊交互能力的研究

——对100种美国网络报纸的内容分析

传统大众媒体的传播方式基本上都是从信息的生产、传播者到受众单向传递的。尽管传媒界普遍认为有必要增强信息的交互程度，但是却缺乏有效的手段。传统的报刊媒介与读者之间的交互多数只能依靠"致编者的信"这种形式实现。网络的出现为双向交流提供了手段。目前，网络报刊可以采用的基本交互形式包括：电子邮件（E-mail）、在线聊天（Live Chats）、网上投票和调查（Online Polls and Surveys）以及网络论坛（Online Forums）。为深入研究网络报刊的交互手段、交互能力以及相关影响因素，特选择100种美国的网络日报采用内容分析法进行研究。

1. 研究目的

这项研究的中心问题是："网络报刊提供多少种交互方式？具体方式如何？(What and how many (different) interactive options do online newspapers offer?)"围绕这个中心制定了10个具体问题，如下所示：

Q1——How many online newspapers offer general e-mail addresses/posting forms that readers can use to contact the newsroom?

Q2——How many online newspapers offer a list of personalized e-mail addresses to contact individual editors and writers?

Q3——How many online newspapers offer direct e-mail links to articles' authors (attached to the stories) ?

Q4——How many online newspapers offer chat rooms?

Q5——How many online newspapers offer polls and surveys?

Q6——How many online newspapers offer discussion forums?

Q7——What is the overall level of interactive options offered by online newspapers?

Q8——Is there a difference in offered interactive options between online newspapers that use photos and multimedia applications compared to those not using photos/ multimedia?

Q9——Is there a difference in offered interactive options between chain-owned and entrepreneurial online newspapers?

Q10——Is there a difference in offered interactive options between online newspapers of different size?

2. 研究方法

（1）抽样

从"American Journalism Review"所列的517种网络日报中采用分层随机抽样法选择100种。样本分层以"Editor & Pubiisher International Yearbook 1997"中所列印刷版日报的发行量为标准分为4类，即发行量小于25,000、25,001～50,000、50,001～100,000，以及大于100,000，在每一个区域随机抽取25种构成研究所采用样本。

样本获取和内容分析的时间为1998年夏季。

（2）编码

随机抽取20个样本做预试验，在此基础上制定编码指南。

本研究的分析单元为网络报纸的交互方式，因而在进行内容分析时无需通读所有的文本，只需关注电子邮件链接、网上聊天、网络调查、网络论坛等信息。预试验样本以日为单位，连续观察3周，结果表明，除非网站进行了全面调整，否则本研究所关注的特征非常稳定。在最终研究时，大多数样本只分析一次。对于部分网站，特别采用网络调查作为交互的方式进行了二次分析，以确保网络调查和本研究的可靠性。

编码由研究者本人和一个新闻专业的硕士研究生承担。对于样本接触的时间、分析的内容栏目进行了统一，并且随即抽取了10%的样本进行了内容分析的可靠性检验，结果表明，分析结果的一致性达到了92%，足以保证研究的进行。

（3）统计分析工具

在研究变量之间的关系时使用了交叉数据分析表、T检验和F检验。根据交互形式的重要程度和复杂程度，编制了交互方式指标表，对不同的形式赋予不同的值，如表4.2所示。

表4.2　Index of Feedback Options (points per option offered by online newspapers)

General e-mail address(es) to contact newsroom	1 pt
List of at least some editors'/writers' e-mail (limited) or: List of editors'/writers' e-mail addresses (general pattern)	1 pt 2 pts
E-mail links to at least some articles' authors (limited) or: E-mail links to articles' authors(general pattern)	1 pt 2 pts
E-mail links to politicians/officials	1 pt
Discussion forum(s) or: Discussion forum(s) obviously hosted/journalists participate	2 pts 3 pts
Chat room(s) provided or: Chat room(s) obviously hosted/journalists participate	1 pt 3 pts
Quick poll/user survey or: "Sophisticated" poll/survey (open questions/linked to forum/background info)	1 pt 3 pts
Letters to the editor displayed online	1 pt
MAXIMUM (MINIMUM)	15 pts 0 pt

根据此表，样本的得分在0～15分之间。分值越高，表明该网络报纸所提供的交互方式种类和复杂程度越大，具有更好的交互能力。

3. 研究结果

（1）E-mail

在100个样本中，绝大多数至少提供了一个编辑部的E-mail地址，只有6个没有提供（Q1）。这6个没有提供编辑部E-mail的网络报纸都位于发行量最小的两个组中。

有29个样本除了提供普通的E-mail地址，还以通讯录的形式列出了编辑和记者的个人

E-mail链接（Q2）。其中，只有2个位于发行量最低的组，11个位于发行量最大的组。另外，有25个提供了部分编辑和作者的E-mail地址，主要是评论员、网络编辑和高级编辑（如表4.2所示）。大部分样本（67%）没有提供直接与作者联系的E-mail（Q3）。只有10个样本将此作为常规提供内容，23个样本只部分提供了与作者的E-mail联系方式，其中大多数是专栏作家（如表4.3所示）。

表4.3　U.S. online newspapers with personalized e-mail addresses of journalists

	E-mail directories	E-mail links attached to stories
Not offered	46	67
Limited	25	23
Offered	29	10
Total	100	100

用交叉数据分析表分析提供E-mail通讯录的报纸是否更倾向于提供个人E-mail链接，结果表明不存在这种关系。

（2）网上聊天

100个样本中有92个没有提供同步聊天的交流方式（Q4）。3个依靠其他网络服务提供商的服务提供了该功能，只有5个样本提供的是自己的网络聊天室。其中，没有一个位于发行量最小的组。在5个提供自己聊天室的样本中，有3个没有明确的主题和时间表，报刊从业人员既不主持，也不参与其中的对话。相反，Florida Times-Union（Jacksonville）邀请官方人员参与其中，而且只要通过注册，读者就能获取聊天的历史记录。Salt Lake Tribune同样提供历史记录和注册要求。它按照每周的时间表主持聊天室，其中两个晚上不指定主题，其余时间按娱乐、政治、网络和体育等专题组织，报刊从业人员和相关专家会参与聊天，而且还将其中部分内容与报刊中的内容进行了链接。

（3）网上投票和调查

有24个样本提供了网上投票和调查功能（Q5）。其中，只有2例位于发行量最小的组，10例位于发行量最大的组。通常，调查局限于简单的投票（11个样本）和用户调查（7个样本），以了解读者对报纸的态度。

网上投票多数以周为周期，内容包括2~5个选项，不能发表未包含的观点。并且，多次投票情况显然会影响调查的可靠性，但只有5个站点采取了防范措施。多数调查集中在娱乐和体育方面。在这些样本中，有7个样本的调查较为复杂。例如，允许进行深度评论、提供编辑背景。Mobile Register（AL）和Grand Rapids Press（MI）甚至还将调查链接到讨论组。

（4）讨论组

表4.4显示，有33个样本提供了讨论组的功能（Q6）。其中，15个要求进行注册，另

外 18 个可以自由进入。每个样本中论坛的数量不同（如表 4.4 所示），关于烹饪、电影、体育、公共事务、政治和经济问题的论坛较多。只有少数论坛（7 个）和报刊文章以及提供背景信息的网站进行了链接。对于网络报纸，网上讨论组被视为"读者的空间"，从业人员很少参与其中。但是，也有 7 个网络报纸的论坛有新闻报纸从业人员或专家的参与和控制。

表4.4. U.S. online newspapers with discussion forums

Discussion forums	Online newspapers(n = 100)
No forum	67
1 forum	8
2~15 forums	10
16~30	2
31 or more	13

（5）数值分布

根据表4.1对样本赋值，大多数样本的值都比较低（Q7）。平均得分为4.1分，中值为3.5分（标准差=2.51），得分最高的样本是Florida Times-Union，为12分。

（6）相关因素研究

网络报纸中，图像和多媒体的使用与交互能力相关（Q8）如表4.5、表4.6所示。

表4.5　Use of multimedia applications
and availability of discussion forums at U.S. online newspapers

	No forum offered	Forum(s) offered	Total (n = 100)
No multimedia	62 74 %	22 26 %	84 100%
Multimedia	5 31 %	11 69 %	16 100 %
Total	67 67 %	33 33 %	100 100 %

$X^2 = 11.01$，$p = .001$，Kendall's tau-b = .33

表4.6　Use of photos and availability of discussion forums at U.S. online newspapers

	No forum offered	Forum(s) offered	Total (n = 100)
No photos	21 91 %	2 9 %	23 100%
Photos	46 60 %	31 40 %	77 100 %
Total	67 67 %	33 33 %	100 100 %

$X^2 = 7.98$，$p = .005$，Kendall's tau-b = .28

而且，使用多媒体的样本平均得分为5.88，其他样本的平均分为3.74分，此差异经T检验表明，具有显著统计学意义（p=.001）。

类似地，具有图像的样本平均得分为4.57分，其他样本平均得分为2.43，根据T检验，差异具有显著的统计学意义（p<.000）。

网络版报纸对于图像和多媒体的运用与印刷版的发行规模相关。在印刷版发行量小于25,000的25个样本中，有12个在网络版中无图像，0个运用了多媒体技术。而在25个印刷版发行量大于100,000的样本中，有11个采用了多媒体方式。统计学研究表明，报刊发行规模与网络版采用图像或多媒体的情况呈显著正相关。

统计学研究表明，报纸的所有权结构与使用图像和多媒体的情况无相关关系（Q9）。

总的来说，规模小的报纸采用交互方式的可能性小（Q10）。这在报纸规模和讨论组的相关性研究上表现得十分明显（如表4.7所示）。同时，不同规模报纸网络交互能力平均值的差异也表明了这一点（如表4.8所示）。

表4.7 Organization size (circulation of print edition) predicting availability of discussion forums at U.S. online newspapers

Circulation	No forum offered	Forum(s) offered	Total (n = 100)
25,000 or less	20 80%	5 20%	25 100%
25,001～50,000	21 84%	4 16 %	25 100%
50,001～100,000	18 72%	7 28%	25 100%
100,001～or more	8 32%	17 68%	25 100%
Total	67 67%	33 33%	100 100%

$X^2 = 19.31$，$p < .000$，Kendall's tau-c = .39

表4.8 Mean scores on "index of interactive options" by circulation categories

Circulation	N	Mean score on index	Std. deviation
25,000 or less	25	2.56	1.69
25,001～50,000	25	3.28	1.90
50,001～100,000	25	4.08	2.08
100,001 or more	25	6.40	2.53
Total	100	4.08	2.51

F-ratio = 16.13，$p < .000$

The index ranges from 0 to 15 points. The higher the score, the more diverse interactive options are offered.

而且，在表4.8中我们可以看到，规模大的组不仅平均分高，而且标准差也大。这表明，许多规模大的站点在网络版交互能力的提高上做出了很大努力。并且规模大的组平均分高并不是因为极个别站点的高分造成的。我们去掉5个得分最高的样本,剩下20个样本的平均值为5.45,仍然比其他任何组的平均值都高(p<.000)。

(7)结论

通过对100个美国网络报纸的内容分析表明,网络报纸很少或仅仅是象征性地使用网络所能提供的交互方式。这一结论与Tankard和Ban在1998年的研究结果相似。Tankard和Ban的研究认为:"许多网络报纸仅仅是将网站作为印刷版报纸的映像。"

4.6.2 案例分析

上述研究从总体来说采用的是内容分析法。按照内容分析法的研究步骤,我们可以将此研究的每一步具体为:

(1)明确研究意图是分析网络报纸的交互类型和交互能力。

(2)采用分层随机抽取法确定本研究所用样本。

(3)确定E-mail、在线聊天、网上投票调查和网络论坛作为分析单元。

(4)明确分析框架。在本研究中,研究者根据所分析的中心问题,制定了10个要分析的问题,并在预实验的基础上编订交互编码表和编码指南。

(5)对所抽取的100个样本中的分析单元进行统计,并按表4.1中各种不同交互方式所赋予的值和编码指南确定各样本的值。

(6)对所得样本数据采用各种统计分析方法进行分析,明确各因素之间的关系,并在此基础上,对整体研究做出结论。

在确定分析单元的过程中,集中体现了归纳和抽象分析法的作用。分析单元是内容分析的基本单位,是进行统计分析的基础和前提。研究者利用抽象思维和归纳方法将纷繁芜杂的网络报刊交互方式归纳为4种,并对每一种进行了界定。另外,在明确分析框架的过程中,归纳分析法和抽象分析法也起着主导作用。例如,在对网络报纸中E-mail出现形式的研究中,又细化成3种类型,这也是在对大量事实进行抽象和归纳的成果。同样,在结论部分也体现了归纳和对比分析法的运用。基于前面所进行的研究,研究者进行了归纳,认为目前网络报刊的交互状况并不理想,并将此结论与已有研究进行了对比,验证了本研究的结果。

至于相关分析和对比分析,在这个案例中表现得就更为突出,在研究结果部分,研究者对样本从以下多种角度进行了比较:提供了E-mail和没有提供E-mail的网络报纸的数量的比较,提供了不同类型的E-mail的网络报纸的数量的比较,提供了网上聊天、网上投票和调查、网络论坛的网络报纸的数量和没有提供相应类型交互方式的网络报纸的数量的比较,不同发行规模的报纸其网络版图像和多媒体运用状况的比较,网络论坛数量的比较和交互能力平均值的比较，这些比较都体现了对比分析法的作用。本研究对报纸的规模和其网络版中图像和多媒体的运用状况、网络论坛的数量、网络交互能力的平均值进行了相关性分析，表明其在统计学上具有相关性，而报刊所有权类型与图像和多媒体运用情况则不具备在统计学上的相关性。

　　这里所举的例子只是网络数据分析领域的一项具体研究，通过这个例子我们能够清楚地感受到上述各种方法在网络数据分析研究中的重要性。当然，网络数据分析所采用的方法远不止这几种，但这些方法是最基本的，离开了这些方法，网络数据分析只能是空谈，不可能建立在科学的基础之上。因此，掌握这些方法对于开展网络数据分析研究至关重要。

第5章　网络数据的多维分析

5.1　多维分析概述

5.1.1　多维分析的定义

多维联机分析处理是信息技术领域近年来兴起的一种决策支持手段。多维分析也叫联机分析处理（On-Line Analytical Processing，简称OLAP），是一种数据分析技术，能够完成基于某种数据存储的数据分析功能。多维分析最早是由关系数据库之父E.F.Codd于1993年提出的。当时Codd认为联机事务处理已不能满足用户对数据库查询分析的需要，对数据库进行的简单查询也不能满足用户分析的需求，因此Codd提出了多维数据和多维分析的概念[71]。

在众多的决策支持技术中，OLAP技术具有直观的数据操作、灵活的分析功能、可视化的结果表达等特点。

OLAP是一系列软件工具的集合，这些软件技术能够从不同的角度对从原始的营运数据转换过来的、以用户所能理解的方式表达企业真实维结构的信息进行快速、一致、交互的访问，并且通过访问实现对数据本质内容的分析、管理及运作。简单地说，OLAP就是进行多维分析的一系列工具的集合。

OLAP的第1个显著特征是能提供数据的多维概念视图。数据的多维视图使最终用户能多角度、多侧面、多层次地考察数据库中的数据，从而深入地理解包含在数据中的信息及其内涵（维是人们观察数据的特定角度）。

OLAP的第2个特征是能快速响应用户的分析请求。

OLAP的第3个特征是其分析功能，指OLAP系统可以提供给用户强大的统计、分析（包括时间序列分析、成本分配、货币兑换、非过程化建模、多维结构的随机变化等）、报表处理功能。此外OLAP系统还具有回答"假设—分析"问题的功能及进行趋势预测的能力。

5.1.2　多维分析的发展

过去几十年中，数据库技术特别是联机事务处理（OLTP）发展得比较成熟，它的根本任务就是及时地、安全地将当前事务所产生的记录保存下来。随着时间的推移，历史数据不断堆积，总量不断变大，人们已经不满足于仅仅处理当前数据；怎样将日益堆积的数据进行有效的管理，挖掘其中埋藏的信息宝库成了新的问题。数据仓库、OLAP及数据挖掘技术相继诞生。

自20世纪90年代初E.F.Codd提出OLAP的概念以来，OLAP技术得到了广泛应用，许多大的开发商纷纷推出自己的OLAP产品，从而推动OLAP技术的发展。当前OLAP技术与网络技术以及数据挖掘技术相结合，产生OLAP的两个新的发展方向：

（1）随着互联网技术的发展和网络的普及，人们对网络的应用有了新的认识，将网络技术与OLAP结合，扩展了OLAP的应用范围，这成为OLAP发展的一个新方向。

（2）OLAP与数据挖掘结合是一种决策支持过程，它从大量的数据中提取隐含的、潜在的、以前未知的有用信息或模式。数据挖掘主要基于人工智能、机器学习、统计学、数据库等技术。数据挖掘通过分析大量的原始数据，做出归纳性的推理，挖掘出潜在的模式并预测客户的行为，帮助决策者调整市场策略，减少风险，做出正确决策。OLAP和数据挖掘是相辅相成的，但它们的侧重点不同。OLAP侧重于与用户的交互、快速的响应速度及提供数据的多维视图，而数据挖掘则注重自动发现隐藏在数据中的模式和有用信息。OLAP的分析结果可以给数据挖掘提供分析信息作为挖掘的依据，数据挖掘可以拓展OLAP分析的深度，可以发现OLAP所不能发现的更为复杂、细致的信息。将OLAP与数据挖掘相结合将会发挥更好的效用，这是OLAP发展的又一个新方向。

5.1.3　多维分析的特点

多维分析首先是联机（On-Line）分析，体现为对用户请求的快速响应和交互式操作，它的实现是由客户机/服务器这种体系结构来完成的；其次是多维分析（Multi-Analysis），这也是OLAP技术的核心所在。多维分析主要特点有：

（1）快速性。用户对OLAP的快速反应能力有很高的要求。OLAP能够快速查找数据，在很短的时间内对用户的大部分分析要求做出反应，对于大量的数据分析，要达到这个速度并不容易，因此就更需要一些技术上的支持，如专门的数据存储格式、大量的事先运算、特别的硬件设计等。

（2）可分析性。OLAP系统应能处理与应用有关的任何逻辑分析和统计分析。用户无需编程就可以定义新的专门计算，将其作为分析的一部分，并以用户理想的方式给出报告。用户可以在OLAP平台上进行数据分析，也可以连接到其他外部分析工具上，如时间序列分析工具、成本分配工具、意外报警、数据开采等。

（3）多维性。多维性是OLAP的关键属性。系统必须提供对数据分析的多维视图和分析，包括对层次维和多重层次维的完全支持。事实上，多维分析是分析企业数据最有效的方法，是OLAP的灵魂。

（4）交互性。OLAP由许多假设性的"What-if"和"Why"数据模型组成，是一种交互性分析方法。采用面向目标方式，揭开层层数据，信息与分析并重，直接提供解决问题的答案，具有很高的实用性和可操作性。

（5）信息性。不论数据量有多大，也不管数据存储在何处，OLAP系统应能及时获得信息，并且管理大容量信息。这里有许多因素需要考虑，如数据的可复制性、可利用的磁盘空间、OLAP产品的性能及与数据仓库的结合度等。

（6）共享性。在大量的用户群中，能够共享潜在的数据，并且实现安全的需要。

5.1.4 OLTP与OLAP之间的比较

OLAP是以数据库或数据仓库为基础的，其最终数据来源与OLTP一样均来自底层数据库系统，但由于二者面向的用户不同，OLTP面向的是操作人员和低层管理人员，OLAP面对的是决策人员和高层管理人员，因而数据的特点与处理也明显不同。OLTP是传统的关系型数据库的主要应用，主要是基本的、日常的事务处理，例如银行交易。OLAP是数据仓库系统的主要应用，支持复杂的分析操作，侧重决策支持，并且提供直观易懂的查询结果。

OLAP分析是建立一系列的假设，然后通过OLAP来证实或推翻这些假设来最终得到自己的结论。OLAP分析过程在本质上是一个演绎推理的过程，但是如果分析的变量达到几十或上百个，那么再用OLAP手动分析验证这些假设将是一件非常困难和痛苦的事情。

OLTP与OLAP的比较如表5.1所示。

表5.1 OLTP与OLAP的比较

	OLTP	OLAP
用户	操作人员，低层管理人员	决策人员，高级管理人员
功能	日常操作处理	分析决策
DB设计	面向应用	面向主题
数据	当前的，最新的细节的，二维的分立的	历史的，聚集的，多维的集成的，统一的
存取	读/写数十条记录	读上百万条记录
工作单位	简单的事务	复杂的查询
用户数	上千个	上百个
DB大小	100MB～100GB	100GB～100TB

5.2 OLAP 的结构

OLAP是一种多用户的三层客户机/服务器结构。这种结构的优点在于将应用逻辑（或业务逻辑)、GUI及DBMS严格区分开。复杂的应用逻辑不是分布于网络上的众多PC机上，而是集中存放在OLAP Server上，由服务器提供高效的数据存取，安排后台处理以及报表预处理。它由数据源(数据仓库或OLTP数据库)、OLAP Server、OLAP客户机及客户端应用软件组成。可根据OLAP Server端的数据组织方法将OLAP分成以下几种结构，为了保证信息处理所需的数据以合适的粒度、合理的抽象程度和标准化程度存储，数据在物理上分为3种存储结构：基于多维数据库的OLAP存储结构(MOLAP)、基于关系数据库的OLAP存储结构(ROLAP)和混合型的OLAP存储结构(HOLAP)[72]。

5.2.1　OLAP数据的实现方式

(1) Relational OLAP (ROLAP)

ROLAP表示基于关系数据库的OLAP实现，以关系数据库为核心，以关系型结构进行多维数据的表示和存储。ROLAP将多维数据库的多维结构划分为两类表：一类是事实表，用来存储数据和维关键字；另一类是维表，即对每个维至少使用一个表来存放维的层次、成员类别等维的描述信息。维表和事实表通过主关键字和外关键字联系在一起，形成了"星型模式"。对于层次复杂的维，为避免冗余数据占用过大的存储空间，可以使用多个表来描述，这种星型模式的扩展称为"雪花模式"。ROLAP建立在技术已经相当成熟的关系数据库管理系统上，灵活性和处理大规模数据的能力比较突出，但数据库中存放了大量的细节数据和相对较少的综合数据，OLAP的效率较低。用户通过客户端工具提交多维分析请求给OLAP Server，后者动态地将这些请求转换成SQL语句执行，分析的结果经多维处理转化为多维视图返回给用户。在ROLAP结构中，数据的预处理程度一般较低(如果预处理程度太高，数据冗余量大，将使管理和维护更加复杂)。ROLAP的主要特点是灵活性强，用户可以动态地定义统计或计算方式。ROLAP的缺点是它对用户的分析请求处理时间比MOLAP长。

(2) Multidimensional OLAP (MOLAP)

MOLAP表示基于多维数据组织的OLAP实现，以多维数据组织方式为核心，也就是说，MOLAP使用多维数组存储数据。多维数据在存储中将形成立方体(Cube)的结构，在MOLAP中对立方体的旋转、切块、切片是产生多维数据报表的主要技术。

MOLAP以多维数据库为核心，存储预处理的多维立方体数据，对多维概念表达清楚，占用的存储空间较小，而且数据的综合速度高，MOLAP使用多维数据库管理系统来管理所需的多维数据，数据以多维方式存储，并以多维视图方式显示。由于ROLAP是用关系表来模拟多维数据的，因此其存取较MOLAP复杂，而MOLAP可以利用多维查询语言直接将用户查询转为多维数据库可以处理的形式。在元数据的管理上，OLAP存储方式缺乏一致性的标准。

在MOLAP的结构中，分散在企业内部各OLTP数据库中的数据经过提取、清洁、转换等步骤后提交给多维数据库。这些数据在被存入多维数据库时，将根据它们所属的维进行一系列的预处理操作（如计算和合并），并把结果按一定的层次结构存入多维数据库中。用户通过客户端的应用软件的界面递交分析需求给OLAP Server，再由OLAP Server检索多维数据库以得到结果并返回给用户。

MOLAP结构的主要优点是：它能迅速地响应决策分析人员的分析请求，并快速地将分析结果返回给用户，这得益于它独特的多维数据库结构以及存储在其中的预处理程度很高的数据。但是在MOLAP结构中，OLAP Server主要是通过读预处理过的数据来完成分析操作，而这些预处理操作是预先定义好的，这就限制了MOLAP结构的灵活性。

（3）Hybrid OLAP（HOLAP）

HOLAP表示基于混合数据组织的OLAP实现。如低层是关系型的，高层是多维矩阵型的，这种方式具有更好的灵活性。还有其他的一些实现OLAP的方法，如提供一个专用的SQL Server，对某些存储模式（如星型、雪片型）提供对SQL查询的特殊支持。

HOLAP集成了ROLAP和MOLAP的优点，使ROLAP和MOLAP在一个集成的环境中相互辅助、共同工作。

HOLAP既有处理大规模数据的能力，又可以提供快的响应速度，并且还可以配合多种优化策略，调节ROLAP和MOLAP的比重等一系列参数，实现OLAP应用的最优化。

HOLAP结构不应该是MOLAP与ROLAP结构的简单组合，而是这两种结构技术优点的有机结合，能满足用户各种复杂的分析请求。实现HOLAP的方法一般有以下几种：

① 同时提供多维数据库和关系数据库，让开发人员选择。

② 在运行时把对关系型数据库的查询结果存入多维数据库。在这种方法中，HOLAP系统按一定的先后顺序使用多维数据库和关系数据库。HOLAP系统利用开发人员定义一个静态结构的多维模型来暂存运行时检索出的数据。

③ 利用一个多维数据库存储高级别的综合数据，同时用关系数据库存储细节数据。这种方法是如今被认为实现HOLAP结构较理想的方法，它结合了MOLAP和ROLAP的优点。

（4）OLAP数据模型

在一个OLAP数据模型中，信息被抽象地视为一个立方体，它包括维和度量。这个多维的数据模型使终端用户提交的复杂查询、报表数据的分类排列、概要数据向详细数据的转化和过滤、数据的切片等工作变得简单。多维结构是决策支持的支柱，也是OLAP的核心。OLAP展现在用户面前的是一幅幅多维视图。维和度量维是相同类数据的集合，也可以理解为变量。假定某个百货零售商，有一些因素会影响其销售业务，如商品、时间、商店或流通渠道，更具体一点，如品牌、月份、地区等。对某一给定的商品，也许这个零售商想知道该商品在各商店和各段时间的销售情况；对某一商店，也许他想知道各商品在各段时间的销售情况；在某一时间，也许他想知道各商店各产品的销售情况。因此，他需要决策支持来帮助制定销售政策。这里商店、时间和产品都是维。各个商店的集合是一维，时间的集合是一维，商品的集合是一维。维有自己固有的属性，如层次结构（对数据进行聚合分析时要用到）、排序（定义变量时要用到）和计算逻辑（是基于矩阵的算法，可有效地指定规则），这些属性对进行决策支持是非常有用的。度量是一个定量值。假定在一个含有销售信息的立方体中，典型的度量应该包含销售总额、商品单价、商品库存、支出、收入等数值。

（5）活动数据的存储

用户对某个应用所提取的数据称为活动数据，它的存储有以下3种形式：

① 关系数据库。如果数据来源于关系数据库，则活动数据被存储在关系数据库中。在大部分情况下，数据以星型结构或雪花结构进行存储。

② 多维数据库。在这种情况下，活动数据被存储在服务器上的多维数据库中，包括来自关系数据库和终端用户的数据。通常数据库存储在硬盘上，但为了获得更高的性能，某些产品允许多维数据结构存储在RAM上。有些数据被提前计算，计算结果以数组形式进行存储。

③ 基于客户的文件。在这种情况下，可以提取相对少的数据放在客户机的文件上，这些数据可预先建立，如网络文件。与服务器上的多维数据库一样，活动数据可放在磁盘或RAM上。这3种存储形式有不同的性能，其中关系数据库的处理速度大大低于其他两种。

（6）数据的建模

开放的OLAP体系结构一定要有包容性、灵活性，以适应迅速建立新的数据集市或重定义原有集市的需要。OLAP的建模是一个持续的、交互的、循环的过程，在建模的开始就知道所有可能需要的分析模式是不可能的，所以必须提供快速调整分析模式以适应多变的商务需要的能力。

不论ROLAP和MOLAP的物理模式有多大的差别，它们的逻辑模式都可以用星形图或雪花图来描述，并且现有的雪花图和星形图的相互转换的技术、工具都比较成熟，加上许多多维数据库模型的逻辑模式的设计也都是用雪花图来描述的，所以在OLAP Server的体系结构中采用了基于雪花图的OLAP建模。管理员使用OLAP建模模块来定义雪花图模型，生成一系列维表、实体表的定义集。用户可以通过选择维表和实体表中的所有维和度量的不同组合来实现不同的分析模式。不过在数据建模模块中，并不把雪花图模型转换成ER图，进而生成关系表，或者直接转换生成多维数据库中的数据立方体，而只是停留在逻辑模式。物理模式的生成要等到经过HOLAP优化器的优化和智能代理（Agent）的加载之后才根据相应的OLAP模式分别以关系表或多维立方体的形式实现。

HOLAP的优越性就在于它能将ROLAP和MOLAP相互取长补短，充分利用ROLAP的灵活性和数据存储能力以及MOLAP的多维性和高效率。不同OLAP应用的优化目标不同，有的应用优先考虑效率和相应时间，那么MOLAP的比重就应该加大，常用汇总数据都应该采用多维数据库来存储；有的应用对存储容量的要求较高，那么应该充分利用关系数据库的存储能力，把大部分统计数据用ROLAP的模式来存储。这部分功能通过HOLAP策略优化器来实现，主要有两个优化范畴，即不同存储方式的比例和预处理数据的比例。大多数HOLAP产品，如微软的OLAP Server都采用了最简单的也比较合理的一种策略，就是把所有的细节数据包括维表都存储在关系数据库中，而把所有统计汇总数据都存到多维数据库中，这是因为汇总数据的被访问频率高而细节数据的存储容量大，这样做可以显著地提高综合性能。但是并不是所有的细节数据都不常被访问，也不是所有的汇总数据都经常访问，要想取得性能的进一步优化，必须提供更灵活的措施。在HOLAP优化器中，管理员可以分别选择用ROLAP或MOLAP实现的维和量度，并且提供策略性能评估。

5.2.2 ROLAP与MOLAP的比较

ROLAP与MOLAP的比较如下：

（1）ROLAP一般比MOLAP响应速度慢，但数据装载速度比MOLAP快。ROLAP维数一般没有限制，可以沿用现有的关系数据库的技术，可以通过SQL实现详细数据与概要数据的储存，支持数据的动态链接和通用数据的更新处理。现有关系型数据库已经对OLAP做了很多优化，包括并行存储、并行查询、并行数据管理、基于成本的查询优化、位图索引、SQL的OLAP扩展等，大大提高了ROLAP的速度，并可以针对SMP或MPP的结构进行查询优化。ROLAP维护复杂、只读、不支持有关预算的读写操作，SQL无法完成多行和维之间的计算。

（2）MOLAP性能好、响应速度快，数据装载速度比ROLAP慢，专为OLAP所设计，维护简单，如果已知数据的访问模式，则数据的结构可以优化；它支持复杂的跨维计算、多用户的读写操作、行级的计算；信息是以数组形式存放的，可以在不影响索引的情况下更新数据，较适合于读写应用。不足之处在于系统复杂度、培训与维护费用增加；受操作系统平台中文件大小的限制，难以达到TB级；维数有限，需要进行预计算，可能导致数据爆炸；无法支持维的动态变化，缺乏数据模型和数据访问的标准，不支持通用的更新处理；对数据的动态连接的支持是有问题的，如果对路径的访问不被数据设计所支持的话，这种结构就显得不灵活。

对这两种技术的选择，应视具体情况取决于实际应用范畴。因此，建立大型的、功能交错的企业级数据库，选择ROLAP为宜；而建立具有明确定义的、单一的分析型数据集市，维数相对较少，也不太需要详细的、原子级的数据，那么选择MOLAP较合适。

5.2.3　OLAP数据库设计

多维OLAP利用一个专有的多维数据库来存储OLAP分析所需的数据，多维数据库简而言之就是以多维方式组织数据，以多维方式存储数据。在MOLAP结构中分散在内部各OLTP数据库中的经过提取、清洁、转换等步骤后提交给多维数据库。尽管MOLAP具有占用存储空间较小、数据综合、访问速度快的优点，但是数据组织、操作起来比较复杂，所以该系统采用ROLAP方式组织数据，即采用流行的星型模式。

星型模式是基于关系型数据库，面向OLAP的一种多维化的数据组织方式。关系数据库将多维结构划分为两类表：一类是事实表，用来存储事实的度量值和各维的码值；另一类是维表，对于每一维来说，至少有一个表用来保存该维的元数据，即维的描述信息。在相关事实表中，这些值会衍生出该维的列。事实表是通过每一维的码值同维表联系在一起的，这种结构称之为"星型模式"。有时，对于内部层次复杂的维，可以用多张表来描述一个维。比如，产品维可以进一步划分为类型表、颜色表、商标表等，这样，在"星"的角上又出现了分支。这种变种的星型模式被称为"雪片模式"。对于层次复杂、成员较多的维采用多张表来描述，而对于较为简单的维可以用一张表来描述。对立方体进行存储，即在OLAP Server上存储事实表基本数据和汇总，这样可以提高系统响应速度。OLAP Server可以进行预汇总，在数据库中存储永久的汇总数据，而不是在创建缓冲立方体时任意产生汇总数据，这样可以提高性能效益。创建的多维立方体只反映当时的数据结构，当用户向OLAP数据库中添加新采集的数据后需要进行更新，仅仅添加事实表数据时采用增量更新以节省时间，当维表增加成员时采用刷新处理；当对维结构进行改变时需进行完全处理[73]。

5.2.4　多维分析的基本操作

OLAP作为一种新的分析决策工具，它专门用于支持复杂的分析操作，侧重于对决策人员和高级管理人员的决策支持。它通过对信息进行快速、稳定、一致和交互性的存取，允许管理决策人员对数据进行深入观察。

（1）基本概念

① 变量。变量是数据的实际意义，即描述数据是什么。变量总是一个数值度量指标，例如储户数、利率、日期、地区等。

② 维。维是人们观察数据的特定角度，例如，商业银行常常关心存款额随时变化的情况，时间就是一个维，同时商业银行也会关心存款额在不同地区的分布情况，所以地区也是一个维。

③ 维的层次。一个维往往具有多个层次，例如，描述时间维中，可以从年、季度、月、日等不同层次来描述，年、季度、月、日就是时间维的层次。

④ 维的成员。维的一个取值称为该维的一个成员。如果维是多层次的，则成员是不同维层次取值的组合。

⑤ 多维数组。一个多维数组可以表示为：维1，维2，……，维n，变量。例如，商业银行的例子就是以地区、时间、银行、储蓄余额组成的一个多维数组。

⑥ 数据单元。多维数组的取值称为数据单元。当多维数组的各个维都选中一个维成员，这些维成员的组合就惟一确定了一个变量的值。

（2）多维分析的基本操作

① 切片。在多维数组的某一维上选定一维成员的动作叫作切片。

② 切块。在多维数组的某一维上选定某一区间维成员的动作称为切块，即限制多维数组的某一维的取值区间。显然，切块是切片的叠合，当这一区间只取一个维成员时，即得到一个切片。

③ 钻取。一个维往往具有多个层次，取定某一维，观察其上下层状况的动作称为钻取。钻取可以分向上和向下钻取。向下钻取，把年分为季度，则其表示各个季度的储蓄情况，再钻取，可以分为月、星期、天。

④ 旋转。旋转是改变一个报告或页面显示的维方向，例如，交换行和列，或把一个行维移到列维中。

5.3　OLAP的功能

OLAP作为一种数据分析技术，主要通过对现有的数据进行计算、转换产生新的信息，并提供给用户。它有如下主要的功能。

5.3.1　对数据的多维观察

多维观察是实际业务模型固有的要求，OLAP应用能够从一种自然的、合乎人的思维的角度来灵活地观察、访问多维数据，为对事情的分析处理提供良好的基础。产生多维数据报表的主要技术就是"旋转"、"切块"、"切片"、"上钻"和"下钻"等。

（1）旋转（Pivoting）。即将表格的横、纵坐标交换（x,y）→（y,x），通过旋转可以得到不同视角的数据。

（2）切片和切块（Slice and Dice）。主要根据维的限定做投影、选择等数据库操作，从而获取数据。

（3）上钻和下钻（Roll up or Drill down）。钻取是用户获得详细数据的手段，它一般能回答为什么的问题。一层一层地钻取能快速而准确地定位到问题所在。

5.3.2　复杂的计算能力

对分析过程来说，常需要对数据进行深入的加工，把数据简单陈列给管理人员是不够的。OLAP系统能够提供丰富多样、功能强大的计算工具，但同时方法又简单明了，并且是非过程（Non-Procedural）的，从而可以及时完成系统的改变访问到即时信息。

5.3.3　时间智能

对任何分析应用程序来说，时间都是不可缺少的一个因素。时间只有一维，因为它只能从前往后延伸。OLAP系统能够很好地理解时间的这种序列特性。由于OLAP系统中对时间的智能管理，从而使得不同年份的同期比较和同一年份的期间比较等成为很容易定义的事情。

5.3.4　管理功能

OLAP并不像一般的业务操作系统，用户要求其具有较强大的处理功能，并能便捷利用，OLAP应能提供有力的管理工具，包括如下一些功能：

（1）能够生成并维护元数据存储。

（2）具有访问和使用控制的权限，能控制用户对模型和数据的访问。

（3）协调用户对多维数据的访问级别，保证用户在分析时互不干扰。

（4）能修改维模型或为修改数据而重新组织数据库。

5.4　网络数据多维分析工具

最早的OLAP产品可以追溯到20世纪70年代，但真正形成一个大的OLAP市场则是在20世纪90年代以后。目前还大约有30多家OLAP供应商。现在用户常用的OLAP产品是Informix公司、DB2公司、Oracle公司、Microsoft公司等几家。OLAP方案大体上分为两类：一是利用诸如Informix的MetaCube、Oracle的Discover及Express等OLAP工具创建；二是利用开发工具简单地将分析需求多维化处理。这两种方案各有特色：

（1）第一种方案由于采用著名数据库厂商的从数据库到数据仓库管理，从一般分析到OLAP成熟产品，所以能够创建完善的基于数据仓库的DSS系统，特别适用于大型数据仓库；

缺点是不灵活，对用户要求较高，其英文界面不适合国内用户操作，另外投资也大。

（2）第二种方案功能有限，只能进行小型应用，但可根据用户的实际情况定制，比较灵活。

OLAP产品可以依据数据存储的数据库管理系统分为：MOLAP、ROLAP、HOLAP。MOLAP产品计算速度快，但支持的数据容量小。

① MOLAP是指OLAP数据存储在多维数据库上，从概念上讲是将数据存储在多维数组的单元中。例如，可以把一个销售系统中的数据视为一个三维数组，分别对应于产品、顾客和时期。各单元中的值表示在相应的时期内出售的相应产品的数量。MOLAP的物理存储方式和其逻辑组织是十分相似的，而且此类产品中还会提供大量的统计和数学函数、可视化工具和报表生成工具。不过此类产品尚在发展中，目前还没有多维查询语言的标准，同时多维数据库也没有类似规范化的科学理论基础。

② ROLAP产品支持更成熟的可缩放性、并发控制和管理控制。ROLAP是指OLAP数据存储在传统的SQL数据库，即关系数据库中。目前此类产品是3种中最成熟的，因为它本身有一套完备的关系数据库理论作为基础，使它可以通过二维的关系表来创建多维视图，而且提供强大的SQL查询工具来支持复杂的多维分析。

③ HOLAP产品是最近发展起来的一种解决方案。它将MOLAP和ROLAP的优点融合在一起。它在关系数据库上维护大量的详细的记录，具有优越的执行速度和广泛的扩展性。

同基于服务器的立方体结构不同，本地立方体结构仅仅提供两种存储方式：MOLAP和ROLAP。如果创建一个MOLAP本地立方体结构，所有成员和度量数据都被局部地存储在立方体结构中。当这些立方体结构与一个OLAP Server和数据源断开连接时，它们仍然可以被分析。如果选择的是ROLAP存储方式，维成员被存储在立方体结构中，但是度量数据却被存放在数据源中，因此查询本地ROLAP立方体结构要与其数据源建立连接，所以MOLAP的查询性能更强。本地立方体结构和基于服务器的立方体结构的另一个不同之处在于对本地立方体的查询不是多线程的，而且不包含集合设计。其中OLAP是一种自上而下、不断深入的分析工具。用户提出问题或假设，OLAP负责从上到下地提取关于该问题的详细信息，并以可视化的方式呈现给用户。用户通过OLAP可以得到一些总体信息，然后用户用KDD工具进行具体的、详细的预测与决策知识发现，最后，用户再用OLAP工具进行验证，检验KDD工具发现知识的正确性。

5.4.1 Microsoft SQL Server的OLAP Services

对OLAP Services的介绍如下：

（1）OLAP Services是SQL Server 7.0的OLAP模块，可以使用任何关系数据库或平面文件作为数据源，其中的PivotTable Service提供客户端的数据缓存和计算能力、智能的客户机/服务器数据管理，提高响应速度，降低了网络流量，通过OLE DB for OLAP允许不同的客户端访问。

（2）OLAP Services的目的是当用户对数据库里的数据进行查询时，给出一个迅速的应答。对于这些查询操作，尤其是那些为了获得总结性信息的查询，可以采用一些方法提供快速的访问应答。这些方法包括汇总信息的预运算（简称为集合），以及将汇总信息存储在数据结构里供用户使用。

（3）OLAP Services支持立方体结构的多维数据结构以及在该结构中使用的一种简便导航语言，这两种特性与其他支持性服务、向导和对象模型结合构成了OLAP环境。

（4）SQL Server的OLAP Services包括服务端和客户端。

① 服务端具有可以创建和管理OLAP数据，通过透视表向客户端提供数据的能力。它的操作包括从基于关系数据库的数据仓库中创建多维数据立方体和将其存储到多维立方体结构、关系数据库和两者的结合中。多维立方体结构中的元数据被存放在关系数据库的存储单元中。

② 客户端中关键的部分是透视表服务，通过它可以和OLAP Server相连，为用户的客户端应用程序提供一个接口，以便从服务端获取OLAP数据。多维数据结构是将原始数据按维度进行整理后所得的结果，该结构中的数据项的访问需根据定义该项的维度成员来访问。利用Microsoft OLAP Server创建的多维数据结构称为立方体，该多维数据结构具有良好的性能，能够灵活、快速地处理原始数据，并满足对各种查询具有一致的响应速度。

5.4.2　SAS联机分析处理系统

利用SAS提供的OLAP解决方案，用户只需要简单地单击应用界面，就可以方便地从各个角度获取所需要的信息。SAS的OLAP解决方案可以在如下领域中使用：销售和市场分析、财务报表、质量跟踪、人力资源和定价应用。SAS的OLAP解决方案具有如下的特点：

（1）与数据仓库紧密结合。对于已经在数据仓库投入大量资金的企业，从数据仓库中快速、有效地获取信息是非常重要的，SAS的OLAP解决方案将充分保护用户在数据仓库项目中的软件、硬件的投资。IT人员可以通过SAS提供的GUI环境，在数据仓库提供的数据基础上建立多维数据库，以供决策分析人员使用。

（2）对多种结构多维数据库的支持。SAS的OLAP解决方案支持3种不同类型的OLAP方式，即MOLAP、ROLAP和HOLAP。3种方式的结合使用，可以让IT人员根据不同的数据环境，建立相应的数据存储方式。从查询速度考虑，可以使用MOLAP；从存放大量数据角度考虑，使用ROLAP；而HOLAP更是结合前两者的优点，产生一个更加灵活的方式。在

HOLAP方式下存放的数据，可以是SAS的数据集、其他数据库的数据表、多维数据库数据，而且数据可以分布在不同类型的计算机中，可以更方便地组织数据。

（3）开放式的体系。多数大型的企业拥有从主机到UNIX系统，以至PC机。要通过一个OLAP的解决方案，将这些系统集成在一起是一个非常大的挑战，因为这要求解决方案能提供一个开放的系统，在现有的网络系统，结合现有的客户机/服务器的体系，并为将来的系统扩充建立有效的接口。SAS的OLAP解决方案可以完全支持这个要求，SAS的OLAP解决方案无论在客户机端，还是服务器端都可以提供快速通过工业界领先的网络协议、获取远程数据的能力、可以方便地移动压缩的维数据、能根据汇总数据查询到详细数据、提供标准的数据访问接口。

（4）支持基于网络的应用。OLAP解决方案是一个完全支持网络应用的方案。用户可以通过网络浏览器，向一个应用代理服务器发送访问多维数据的请求，代理服务器根据请求，从服务器中将需要的图文结果返回到用户的网络浏览器上。用户的本地计算机可以不运行任何进程，即可查询多维数据库，产生多维报表，基于Java的图形进行旋转、钻取分析等。

5.4.3　DB2多维服务器

联机分析处理（OLAP）在IBM的商务智能中扮演着重要角色，IBM为此提供一个分析工具DB2 OLAP Server，深入最终用户的业务，对桌面上的数据进行实时操作。DB2 OLAP Server是一套独特的商务工具，能够快速地分布传统监视和报告范围之外的应用程序数据。IBM DB2 OLAP Server是一种功能强大的工具，结合了业界领先的Arbor Essbase OLAP功能以及DB2的可靠性、可管理性和访问能力。同其他OLAP相比，它有更多的前端工具和应用程序利用了Essbase API，使其成为事实上的业界标准。由于DB2 OLAP Server包含了完整的Arbor Essbase OLAP引擎，所以所有支持Essbase的应用程序都可以同DB2 OLAP Server协作，而不必加以修改。同大多数基于SQL的应用程序结合时，DB2 OLAP Server和Visual Warehouse将为用户提供更多的前端工具和业务智能应用程序的选择余地。如今，用户可以享受到多种OLAP应用程序的优势，如通过Arbor的OLAP引擎集成预算功能，充分利用机构在相关技术上的投资，管理基本设施和DB2数据。通过集成IBM的Visual Warehouse和DB2 OLAP Server，这套解决方案将具有3方面的重要价值：完全、自动地把OLAP集成到数据仓库；数据抽取和生成自动地由规则和数据源支持；直接进入DB2 OLAP Server的立方体。

（1）Visual Warehouse OLAP的特点：

● OLAP描述数据外部化，存在一个中间数据存储库。虽然从应用程序角度上讲易于分布，但是OLAP系统更倾向于集中地获得和清除数据，经过许多努力，使用Visual Warehouse OLAP版本能够自动地创建和维护多维数据库，大量减少手工维护并确保数据稳定。

- 利用Visual Warehouse OLAP版本还有一项附加收益，就是在可视化数据仓库上创建了一个中间信息仓库。这个中间数据仓库包含干净、抽取的数据，用来在OLAP系统上装载多维数据。一旦OLAP系统装载并上线，或者作为干净数据源来进行OLAP以外的分析（比如查询客户地址等），这些中间数据就可以废弃。

- Visual Warehouse OLAP版本对于分析业务需求来说是一套很好的商务智能解决方案，它利用自动维护仓库工具提供了强大的针对分析型数据的分析能力。这种结合在业界是独一无二的，它巩固了IBM在商务智能上的地位。许多企业使用DB2 OLAP Server、Visual Warehouse和ArborEssbase OLAP Server给其成本会计师提供先进的多角度的分析能力，从而优化信息访问、成本分配和IT信息源的利用。IBM与Hyperion公司合作创建了DB2 OLAP Server。Hyperion Essbase多维存储器可提供优化的OLAP性能。DB2 OLAP Server集Hyperion Essbase和关系数据库于一身，它可以提供高级功能、性能及易用性。

（2）DB2 OLAP Server的特点：

- DB2 OLAP Server和Essbase产品最突出的方面在于它特别的分析能力和简便的分布。依靠DB2 OLAP Server，开发新的应用软件和数据模型将只需要几天而不是几个月，这就可以提高企业对业务变化做出预见和反应的速度。它允许企业用综合的金融、数学及统计函数与计算方法进行快速、直观的分析；将关系数据库的灵活性和多维存储器的性能结合到一起；提供一种可以方便企业数据存取的网络平台；可为预制（What-if）场景提供多用户并行读写功能；支持集成、开放的商务智能解决方案及第三方分析工具。进行全面分析的OLAP用户可能要问一些直观的问题，比如"它将给我的主要产品带来怎样的利润率？"，DB2 OLAP Server可以提供一些供客户提出此类问题并立即获得答案的高级功能和工具。

- 依靠DB2 OLAP Server，能够进行深入的趋势分析，利用100多个内置的金融、统计或数学函数获得答案。

- DB2 OLAP Server可以在保持数据完整性和安全性的同时，支持多用户同时进行数据访问和更新。可以轻而易举地开发复杂的预制场景和那些需要进行交互式数据变更的预测模型。

- 快速应用开发。无需掌握查询语言知识，只要有最起码的编程经验，DB2 OLAP Server就可确保用户快速而轻松地设计和管理应用软件。

- 应用管理器是一个直观的数据模型生成器，它能使用户构建准确的商务数据模型，这些模型将存于OLAP Server中。

- 依靠Essbase应用编程接口，用户能够开发面向DB2 OLAP Server的客户应用软件，满足复杂的分析要求。

- 灵活的数据存储。DB2 OLAP Server提供在关系数据库中存储数据的选项，例如，DB2通用数据库或者Hyperion Essbase多维存储器。
- 当用户选择关系数据库进行存储时，按照被称为星型模式的真实表格和维数表格对多维数据进行组织。
- 自动生成星型模式。这可以为用户节省时间，并可不必定义和填充真实表格。
- 使用关系数据库作为数据库存储器，用户就可以利用现有的系统管理技能，也可以让现有的关系数据库恢复、备份及管理功能支持OLAP应用程序。
- 适用于网络。通过将DB2 OLAP Server与Hyperion Wired for OLAP或者DB2 OLAP Server的网关功能结合到一起，用户能够获得一个既提供管理报表功能又提供特定多维分析功能的全面的、适用于网络的解决方案。Hyperion Wired for OLAP是领先的企业级OLAP分析、描述及报表方案软件，它能方便最终用户创建交互式界面，进而以图形方式突出重要的性能指标。OLAP应用程序可从电子表格和网络浏览器等普通前端设施进行访问。
- 网关能实现在互联网上对DB2 OLAP Server进行高速、交互及个性化访问。
- 用户能从多个数据源获取数据，并自动进行数据转换，然后装入星型模式或多维立方体模式中。这有助于最优化数据转换、计算和装载效率。自动安排日常任务，实现对OLAP仓库的操作监测。用户可以从OLAP Server查询其所需的技术及业务数据，并存储于一个信息目录中，作为有价值的参考资源，它可以提供数据关系图示，用户可以通过网络浏览器或Windows客户机对其进行访问。

5.4.4　Hyperion Essbase OLAP Server

Hyperion Enterprise，是为跨国公司提供的财务整合、报告和分析的解决方案。有3000多家组织在使用此套系统。Hyperion Essbase OLAP Server上面有超过100个的应用程序，有300多个用Essbase作为平台的开发商。这个系统具有几百个计算公式，支持过程的脚本语言、统计和基于维的计算。

Hyperion Essbase OLAP Server的特点如下：

（1）强大的OLAP查询能力，利用Essbase Query Designer，商业用户可以不用IT人员的帮助，自己构建复杂的查询。广泛的应用支持，可以扩展数据仓库和ERP系统的价值，建立对电子商务、CRM、金融、制造业、零售等应用的分析程序。

（2）快速的响应时间，支持多用户同时读写Web-Enabled的、以服务器为中心的体系结构，支持SMP强大的合作伙伴，提供完整的解决方案，60多个包装好的解决方案，300多个咨询和实施公司。

（3）功能丰富。支持多种财务标准（如国际会计标准）；分公司间交易的自动平账、货币转换、易用（可通过Excel、Lotus 1-2-3和各种浏览器访问系统）；支持公司结构的调整；跨国公司的支持（同时支持6种语言及各个不同国家的法律和税收要求）；完整的过程控制和审计跟踪及安全等级的设置；能与ERP或其他数据源集成；Hyperion Pillar，预算和计划工具；提供基于活动的预算、基于项目的计划、集中式计划、销售预测和综合计划；分布式体系结构；详细计划的制定（允许一线经理制定详细的计划）；复杂的建模和分析能力。

5.4.5 Crystal Analysis Professional

Crystal Analysis Professional为企业提供了用于OLAP的交互式的、简单易用的分析报表功能，专为用于网络而设计，为企业的决策人员提供了无与伦比的决策支持功能。其特点是：强大的分析功能，带有向导的报表分析，丰富的可视化对象，网络上的交互式分析，灵活、简单易用，快速、轻松创建交互式报表，对OLAP数据展现的完全控制，充分利用Microsoft SQL Server Analysis（OLAP）Services的强大功能，功能强大、高度可扩展的网络交付，零客户端（DHTML）的网络交付，可定制的网络桌面。

5.4.6 Oracle

Oracle及其解决方案合作伙伴提供的预置OLAP应用，在财务合并和预算编制领域，以及在电信这样的行业，都能带来立竿见影的效果。无论公司自行开发还是购买用于企业或者工作组的OLAP应用，Oracle的Express工具和应用都提供当前最全面和最具伸缩性的解决方案[74]。

5.5 网络数据多维分析方法的应用

OLAP可以称为共享多维信息的快速分析（Fast Analysis of Shared Multidimensional Information）。在众多的应用中方法是相互关联的，这里描述它们的一些特征。一般性的OLAP工具通常应用在各个领域，但是更多的应用需要独立开发，尽管全部软件成本会降低，且技能是延续的，但执行成本或许要提高，因为如果引用更高的技术产品，则最终用户可能得到较少的灵活性，因此，应用通用产品也许更好。然而，像制作财务报表这样复杂的应用，利用已有的解决方案则会更好，有几个方案可供选择。OLAP应用通常运用在财务和市场方面，可有些应用超出了它们本身的功能。数据丰富的行业已拥有大量的用户，其原因非常明显，即这些行业都有大量的质量较高的行业数据，他们需要增加数据的价值。OLAP技术也应用在其他行业。根据数据量的大小，应用的规模不尽相同，挑选产品的余地也不一样，因为有些产品不能处理大数据量。OLAP可以应用在如下一些方面[75]。

5.5.1　市场和销售分析

几乎每个商业公司都需要市场和销售分析软件，但大规模的市场分析主要集中在以下行业：

（1）生活消费品行业，如各种化妆品、食品的生厂商。通常每月或每周分析一次。由于竞争激烈，此类行业通常需要复杂的分析和统计功能。HOLAP（Hybrid OLAP）较适合此类需求。

（2）零售业，如各大超市、连锁店。EPOS的使用和会员卡（Loyalty Card）的引入给此行业产生了大量的数据，一般每周或每天分析一次，且经常要求察看具体每一个顾客的数据，需要的复杂分析不多，关键是数据量巨大，因此采用ROLAP较好。

（3）金融服务业，如银行、保险公司，主要用于销售分析。

分析时要具体到每个客户，一般是维的层数较少，但可能有很多的维（变量），某些维（如客户）会有上百万的成员。数据预处理分析可能不仅要用到自己公司内部的数据，还要用到竞争对手的数据；或由于公司兼并、历史问题等原因，整个公司内部的数据结构并不一致，这都需要对数据进行预处理。通过处理不同的历史数据，用数据挖掘或统计的方法，找到针对某项服务或商品的销售对象，这传统上不属于OLAP的范围，但通过多维数据分析的引入，会取得更好的效果，其典型应用为：通过历史购买记录，得到对此项产品或服务感兴趣的用户；通过向有购买欲望的客户及时提供他想要得到的商品或服务，来提高客户忠诚度；找到好顾客的特点，将顾客分片，利用这些特点寻找有价值的顾客。许多商业公司需要这方面的应用，在某种程度上大部分产品都能够满足他们的需要。

然而，属于上述3个行业的商业公司的应用规模较大，且各有自身的特点，比如：

● 消费品行业有大量的产品和出口，变化也很大，他们通常需要分析月数据，有时需要分析周数据，偶尔还要分析日数据；分析时维度多，但数据量不大，数据比较稀疏；鉴于行业竞争的原因，数据用于分析时比其他行业要做更复杂的计算。通常这些应用最合适的技术是混合OLAP，这是分析功能与大数据量的有效结合。数据在时间维度上可追踪到周和日级，在客户维度上可追踪到单个客户，这里的数据并不稀疏，除非追踪在单个客户级上，这样相对而言，分析功能要求就较低。当数据量大到一定的程度，就需要ROLAP解决方案。

- 金融服务业用OLAP技术做销售分析是一个相对较新的用户。随着产品与客户利润分析不断深入的需要，这些行业的公司有时分析数据追踪到单个客户级，这意味最大维度里有百万个成员。由于需要监控各种风险因子，因此存在大量的属性和维度，其层次平坦。为了与季末管理上的突发事件相适应，市场分析人员不得不花几分钟时间分析新产品的市场接受情况，其中大部分数据来源于销售账目，但也可能是客户数据库和合并后的外部数据。

- 在一些行业里（如医药），大量的市场数据以及竞争对手的数据都是可用的，它们有时需要合并，所以得到正确的数据不太容易，例如，许多公司在处理数据时有许多问题，在公司的发展过程中，以不同的要求处理系统的代码；一个公司与一个客户可能发生若干个合同，但同一公司可能又以若干不同的形式处理合同，所以要去分析公司总的商务情况就不容易。另一复杂性来自于按产品计算公司收入。在许多情况下，客户的折扣是在一段时间内的，这些折扣对账目而言是为了吸引回头客的，它应该作为一个因素引入事务处理，这项工作在事务系统或数据仓库里处理，如果这件事没做的话，那么必须用OLAP工具完成。

因为根据维度会有若干个分析结果，故关于市场与销售有许多问题需要分析：

（1）按产品和区域，月销售目标是什么？

（2）下个月的订单该是多少？公司有足够的能力应付预想的需求吗？

（3）新产品在各个区域的销售合情合理吗？

（4）有些新产品会遇到意想不到的失败吗？它们是不受欢迎的产品吗？

（5）各个区域的产品销售不尽相同，有些地区相对畅销的产品在其他地区会成为滞销产品吗？

（6）广告的预算合理吗？

（7）不同的销售组或不同的渠道给定的平均折扣是多少？委托组织应该变化吗？

（8）促销与销售间有关系吗？销售组利用过多的折扣取得了月季销售目标吗？

（9）新产品介绍给老顾客了吗？

（10）每个部分的收入是相同的吗？为什么？

（11）基于历史和已定产品计划，每个产品、每个周期和每个销售渠道的可行目标是什么？

5.5.2　用户行为分析

用户行为分析是OLAP最新应用之一。商业网站每天产生大量数据，这些数据是站点访问者的信息。不留痕迹的访问者也有详细可用的信息，即他们访问过的内容与没去访问过的内容是哪些？大型网站有大量数据需要分析，多维数据结构是实现这一想法的最好方法。电子商务不同于传统的商业模式，它有能力和需求去分析网站的访问者来研究其商业目标是否完成，但是网站不应该孤立地来研究，它只是商业组织的一个方面，其统计分析要与产品利润、客户历史以及财务信息结合起来。OLAP是将传统数据与新数据相结合的理想工具，例如，网站并不是简单地盯着最大的事务，而是产生有利可图的商业行为并吸引更多的客户产生更大的利益。OLAP也用来帮助建立个人网站。一个典型的商业网站每天都产生大量的数据，简单的手工分析显然难以胜任，用多维、分层OLAP可以很好地把这些数据组织起来。很多企业在急于把企业搬上网的同时，忽略了对数据的分析，若把网站的访问数据和其他数据结合起来则会取得更好的效果。

5.5.3　数据库交易分析

数据库交易分析是多维分析与统计、数据挖掘技术结合的最佳应用。这一应用的目的是针对不同系统确定特定产品与特定服务的最潜在的客户是谁。数据库交易的特殊目标是：

（1）确定基于产品的有利的首选客户。这可以用强大的数据挖掘技术或有经验的商业用户运用OLAP数据立方体来完成。一般通过恰当的回赠对潜在客户建立忠诚包，一旦确定潜在客户，就立即查看产品混合和购买特征，并研究特定的时期有无产品购买群体。在多维环境里这是非常容易的事，为了增加有利可图的客户的忠诚度，公司对特殊的出价形成基价，以确定客户特征并用它"克隆"最具潜在的客户。寻找已有的客户，并不是寻找潜在客户的所有特征，而是寻找合适的优惠策略赢得他们，如果达到这个目标，那么双方有利，即客户有一个知道其需求并能为之服务的群体，这个群体将有忠诚的客户，他们能带来巨大收入和利益，且促使商业发展。数据库市场专家用统计方法或数据挖掘技术努力去做这样的分析，决定未来购买产品可能性的相关信息。一个完善的公司应该了解关于客户各方面的信息，加上多年的事务数据，因此多维结构是快速研究关联关系的最好方法。

（2）一旦上述工作被做，用加权方法为客户记分，同时构造模型。确定分析指标，创建数据立方体，在多维结构上分析客户购买产品的情况。分析人员可以从产品积分、分析维度和事务处理数据确定针对客户的最好产品销售方式。

（3）以更简单的方式，分析人员将整体划分为相对目标而言的各个部分，他们能够在此基础上计算投资回报率，分析哪些部分过去是有利的、哪些是无利的。

5.5.4　预算分析

资产平衡表的制作不但困难和烦琐，而且大部分制作者收到的反馈信息较少，也很少有令人满意的。销售管理者尽可能降低销售目标，而成本管理者则极力隐藏未分配的资源。

组织自上而下的目标调节，意味着大的企业财务预算要经常反复，并持续几个月时间，甚至会遇到年预算超过一年的情况，即本年度的预算仍在进行，接着就开始下一年的预算了。若采取自上而下的方法，则虽然预算是快速而容易的，但却经常导致不成功，不久预算失信，进而被人忽略。在制定战略计划并将成本与收入达到平衡时，要经过好几个循环。复杂的多电子表单系统是一系列过程，通常大型的数据系统不够灵活。因此，预算需要将组织严密预算程序与自底而上的过程结合起来，重复过程尽可能少。由于OLAP工具能够提供分析功能，所以与现有数据库结合，它还可提供好的现实的基点。实际操作时应注意以下几点：

（1）考虑可调性，第一次预算涉及许多方面，这些建议性的预算也为底层的管理人员提供了调节余地。

（2）预算调节应当合情合理，它来自于市场（如产品的销售）情况与来自于销售（如区域销售情况）的收入比较，结合生产与成果，还需要适应意外的变化要求。

（3）OLAP方法允许从各个角度去思考所有数据，其差异可以尽早明确。如果成本预算在虚假收入基础上审定通过，那么预想的销售就难以达到，还可能趋于低点。因此，应该利用OLAP系统使得数据不必只能以最底层进入，例如，成本数据按月计算，但也允许按季度或年度录入。许多收入账目时间较为固定，还有许多数据是没有经过整合的。利用OLAP进行预算仍然是一件比较复杂的事情，但它处理过程要更快一些，其修改细目的能力将使得精明的管理者隐藏成本或抛弃低收入预算更加困难，可靠性越大，使得重新预算的可能性就越小。如果情况变化的确需要重新预算，那么基于OLAP应用系统的修改也更快和更方便。

5.5.5　财务报表与整合

任何企业都有一个制作内部应用财务报表的任务。会计与财务分析是多维软件应用的先驱。最简单的财务数据汇总也需要 3 个维度，它必须有一个会计图表，一般 OLAP 工具通常对应因子或指标，而面对会计师的则是账目，至少是组织结构与时间两个维度。另外，还要比较各种数据，例如实际数据、预算数据和预测数据等，这就使得模型变为四维了；若加上商业分割线或产品线，分析模型变为五维或六维。回想在 20 世纪 70 年代，整合系统运行在主机上，汇总结果则在四维以上。如今 OLAP 工具可直接追踪到系统之初，从结果了解设计思想。为了跟踪市场，某些商人研发了专业软件。虽然它们不是通用的 OLAP工具，但是它们有特别的维度，这一领域内的领导者是 Hyperion 解决方案。除了这些特殊的软件，还有一些是在 OLAP 工具之上针对特殊应用开发的软件包。

有几个因素来区分 OLAP 领域里的产品模块：

（1）特殊维度。在财务汇总中，某些维度含有特殊的属性，例如，会计图表含有细目和汇总科目；某段时间里对某一项科目总计为零，前者因为单位数据表示结算平衡由于计算机出现之前为了账目平衡而从总账抽取平衡数据；后者是因为会计账目事务处理包含资产负债，通常是针对一段时间里的一个实体，所有会计科目的数据总和为零。

这些对非财务人员似乎是不重要的，但对财务人员来说，这方面对确保数据平衡极其重要。

（2）另一个重要的维度是实体维度。某些维度拥有的已知属性就是一些特殊的聚合规则，在财务管理中知道哪些是借方、哪些贷方是十分有用的。资产、负债、收入、收支以及其他一些特殊科目，比如汇率增益或遗失账目都要了解清楚，它们通常要被追溯到企业内部的细目。对于实体维度成本核算中心或企业，要知道企业的收支报告，报告的提交结果反映企业的运营状况是正常还是恶化。为了明白需要捕获的信息，事先定义维度，让最终用户建立维度和做重复的操作则是困难的，例如，现金周转、企业内部的不良状况应自动得到反应。报告误差能够由借贷细目的整个体系加以简化。

5.5.6　管理报告分析

在许多机构组织中，管理报告不同于财务报表，它更多的是月度报告而不是年度、季度报告；注意的更多是分析而不是细节，多数用户关注的是浏览与分析报告。基于系统的OLAP用户制作报告更快捷灵活，分析优于可选择的解决方案。人们常说"有衡量标准就有管理"，因此高级管理者通常用此类报告来衡量下属员工的业绩。管理报告包含大量商业计算，从历史、预算方面比较运营状况，从产品类别、销售渠道、市场方面相互比较，都可以得到好处。复杂的意外探索是重要的，管理的宗旨是以决策管理商务。Microsoft OLAP Services的新产品、新客户端工具以及相应的应用软件，将使得通用的管理报表软件价位降低，这样对许多用户来说比开发一个新工具要经济核算，网络也使得管理更容易。

5.5.7　利润分析

无论在制定价格、选择投资领域和预测竞争压力等方面都要用到利润率分析。企业需要知道在哪里赢利、哪里亏损。对于企业来说准确地计算自己的每一件产品的成本非常重要，这样他才能知道如何灵活地面对不同的竞争。OLAP在现代商务，特别是与网络计算机系统辅助的大规模、超大规模现代商务中得以广泛应用。可以用以分析包括衡量收益率、预测客户行为、分析损耗等在内的客户信息，并辅助制作定制的客户行销计划；让用户高效率地访问相关商务信息是有效的商务智能解决方案的基础，以改善企业形象；可以让企业从文本数据源，如网络界面、传真、电子邮件、数据库、协定和专利库等文本信息中获取有价值的客户信息，对企业客户提供完整的商务视角商务智能系统，支持不同的数据资源；用户可以通过熟识的网络浏览器轻松地访问到包括数据格式、流通、所有人及地点在内的数据描述，这种强大的功能，还包括多用户读写访问、大规模数据容量、分析计算、灵活的数据航行，以及在网络计算机环境下的协调和快速的响应时间。

传统的OLAP应用是基于客户机/服务器两层结构体系。随着互联网技术的发展，它的更多应用向三层客户机/服务器方向发展。其中由一个OLAP分析服务器构成，负责处理交互的分析过程，并根据用户指定的维设计自动建立一个最优的星型模式。此外，新型的OLAP不仅采用统计方式，还提供了机器学习或神经网络技术。改进了传统的统计法结果难以理解、一些信息不能发现或得不到正确结果的缺点。利润分析在价格的制定，如折扣的制定、促销活动、选择投资与撤资区域、参与竞争方面是十分重要的。在大的企业机构中，区域决策由许多个体每天的行为决定，如果他们不能很好地了解不同利润水平的企业产品和客户，那么这些意义不大，利润值可能偏离行为，由报酬衡量利润目标，而不是以收入和数量。许多行业不够规范，贸易障碍大幅减少，新竞争对手也许比过去更易产生。伴随新技术和虚拟组织的出现，投资较少的一些新的小竞争对手完全可以与大集团挑战。在每一种情况下，精明的后来者都会在有利可图的领域毫无顾忌地拼杀一番，因为新的竞争者能够提供更低的价格或更高质量产品。如果不知道哪些顾客和产品更有利可图，那么大的供货商可能意识不到新的竞争对手正制定价格保护伞。然而，在越来越多的行业里，生产产品的直接劳动和原材料成本只占实际总成本的一小部分，与产品相关的还有研发、市场、销售、管理和配送成本，很难精确地知道哪部分成本对产品和顾客影响最大。大部分成本是相对固定的，将它们分解到产生行为的恰当收入是更难的。分摊产品或服务的成本的一个常规方法是基于成本的行为方法，该方法要计算行为所消费的资源，比按收入或营业面积分摊营业间接成本的方法更科学；特别地，根据成本驱动原则，成本被分为应用到产品或顾客的归集成本，这些都必须计算出来。而有些成本的消耗很清楚地是某些行为所致，但有些则非常不明显，例如，这些成本可能与一些新产品或新供货商相关，其余的则与顾客、产品、供货商、生产设备以及市场等因素有关，还有些基础成本不能归于行为成本，即使忽略这些，提供给获取最低利润顾客或产品所消耗的成本也超过了他们的收入。假如知道这些，公司可以采取价格策略或其他补救措施，可能从某些市场退出、削减某些产品以及重新考虑一些合同的利益。

5.5.8　质量分析

尽管质量提高的方案要求比以前更清晰，但是对产品和服务的一致性与可靠性要求与以前一样重要。这些计算应该是很客观的，针对的是顾客而不是产品。这些系统恰恰与服务组织和公共部门相关，的确，许多服务组织和公共部门有许多特殊的服务目标，这些不仅被用来监控一个部门的产量，而且监控供货商的供货量。它要求统一的服务水准，这对合同的开展和完成有一定影响。如果质量系统通过不同的生产设备、产品和服务、时间、地区和客户来监控一些度量值，那么该系统常常就要涉及多维数据，可多度量值又是非财务数据，从一个企业组织的收支平衡考察它们可能同传统的财务数据一样重要。作为财务数据，它们可能需要从时间和企业组织的功能方面进行分析，许多组织在不停地完善，这些都要求正式的度量值在长时间里是可计算和追踪的。OLAP工具为此提供了非常好的方法：OLAP通常将三维立方体的数据进行切片，显示三维的某一平面；OLAP的多维分析视图冲破了物理的三维概念，采用了旋转、嵌套、切片、钻取和高维可视化技术，在屏幕上展示多维视图的结构，使用户直观地理解、分析数据，进行决策支持，在关系型数据库结构中，直接采用在关系数据库上完成复杂的多维计算并不是较好的选择，仅通过以往的OLTP分析、报表工具操纵销售总部OLTP数据库大量的历史数据已显得力不从心，通过建立OLAP应用能够使决策人员充分利用这些数据做出科学的决策。

5.6　联机分析的发展趋势——联机数据挖掘

5.6.1　数据挖掘与 OLAP 的区别

　　OLAP与数据挖掘是信息系统领域内的研究重点。OLAP作为一种多维分析工具，可提供数据多层面、多角度的逻辑视图。用户提出问题或假设，OLAP负责提取关于该问题的详细信息，并将结果呈现给用户。数据挖掘是在数据集合中寻找模式的决策支持过程，它能从大量数据中发现潜在数据模式并做出预测性分析，是现有的人工智能、统计学等成熟技术在特定系统中具体的应用。数据挖掘不是用于验证某个假定的模式的正确性，而是在数据库中自己寻找模型，本质上是一个归纳的过程。例如，一个用数据挖掘工具的分析师想找到引起贷款拖欠的风险因素，数据挖掘工具可能帮他找到高负债和低收入是引起这个问题的因素，甚至还可能发现一些从来没有想过或试过的其他因素。

　　数据挖掘与OLAP都属于分析型工具，但二者之间有着明显的区别：

　　数据挖掘的分析过程是自动的，用户不必提出确切的问题，只需要工具去挖掘隐藏的模式并预测未来的趋势，这样有利于发现未知的事实；而OLAP更多地依靠用户输入问题和假设，由于用户先入为主的局限性限制了问题和假设的范围，所以会影响最终的结论。

　　从对数据分析的深度的角度来讲，OLAP位于较浅的层次，数据挖掘可以发现OLAP所不能发现的更为复杂而细致的信息。在大型数据库和数据仓库的应用中，数据挖掘存在的主要问题是实现相当困难。数据库或数据仓库中存有大量数据和成百上千个属性，由于挖掘分析过程是自动的，所以用户仅指定挖掘任务，而不提供搜索线索，这样导致搜索空间太大，从而生成相当多的模式，其中绝大部分可能属于常识或无意义的模式，是用户不感兴趣的。OLAP分析虽然可给用户提供在不同角度、不同抽象级别的视图，但是由于事先对用户需求的了解可能不十分全面深入，所以视图中缺乏所应包含的维度，从不同的视图得到的结果可能并不相同，容易产生错误引导，用户需做大量的"数据打捞"工作并参照具体数据才能够猜出正确的结果，而且仍然可能遗漏数据间重要的模式和联系。数据挖掘的各个方法之间，数据挖掘和OLAP之间，都有着密不可分的关系。分类分析实质上是在某种前提下的因素分析，相关规则提供横向和纵向的关系，聚类分析则可以为广义关联规则的概念抽象提供基础，而所有这一切都可以由OLAP来展现或分析，数据挖掘的结果又可以指导OLAP多维模型。

从上述分析可以看出，OLAP与数据挖掘工具由于内在技术以及适用范围的不同，在决策分析中必须协调使用才能发挥最佳的作用。针对这一特点，OLAP和数据挖掘统一的理论框架允许用户介入知识发现处理过程，即采用半自动的知识发现方式，从而有效地限制搜索空间，加速搜索过程，并发现相关的信息和知识[76]。

加拿大Simon大学教授J.W.Han等在数据立方体的基础上提出多维数据挖掘的概念，其基本操作是将挖掘功能（关联、分类、预测等）与OLAP的钻取（Drilling）结合。它的不足之处是没有建立起一个统一的模型，只是将数据立方体作为数据挖掘中数据的存储结构和计算基础，没有涵盖问题的全部搜索空间，无法将OLAP与数据挖掘真正有机地结合在一起。应该注意，OLAP和数据挖掘必须在相同理论的框架下协同工作，该框架无论是在存储结构上，还是在计算模型上，应既不同于OLAP，又不同于数据挖掘。

5.6.2 联机数据挖掘

OLAP和数据挖掘虽然都是数据库（数据仓库）的分析工具，但其应用范围和侧重点是不同的。OLAP的联机性体现在与用户的交互和快速响应，多维性则体现在它建立在多维视图的基础上。而且用户积极参与分析过程，动态地提出分析要求、选择分析算法，对数据进行由浅及深的分析。数据挖掘与OLAP不同，主要体现在它分析数据的深入和分析过程的自动化，自动化的意思是，其分析过程不需要用户的参与，这是它的优点，也是它的不足，因为，在实际中，用户也希望参与到挖掘中来，如只想对数据的某一子集进行挖掘，以及对不同抽取、集成水平的数据进行挖掘，还有想根据自己的需要动态选择挖掘算法等。由此可见，OLAP与数据挖掘各有所长，如果能将二者结合起来，发展一种建立在OLAP和数据仓库基础上的新的挖掘技术，将更能适应实际的需要。OLAM（On-Line Analytical Mining或OLAP Mining）正是这种结合的产物。发展OLAM的原始驱动力有以下几点：

（1）数据挖掘工具需要的数据是一些经过净化、集成处理的数据，通常这种处理过程也是昂贵的；而数据仓库作为OLAP的数据源，存储的就是这样的数据，它能为OLAP提供数据，当然也可以为数据挖掘提供数据。

（2）数据仓库是一项崭新的技术，很多人在研究它，围绕着它有许多工具或是体系结构。而数据挖掘作为数据分析工具的一种，不是孤立的，必然要与其他的工具发生联系。因此，考虑到如何最大限度地利用这些现成的工具，也是OLAM发展之初所关心的问题。

（3）成功的数据挖掘需要对数据进行钻探性（Exporatory）分析，比如，挖掘所需的数据可能只是一部分、一定范围的数据，因此，对多维数据模型的切片、切块、下钻等操作，同样可以应用于数据挖掘的过程中。也就是说，可以将数据挖掘建立在多维模型（或者超级立方体）的基础之上。

（4）用户的参与对数据挖掘具有重要性。用户参与可以动态地提出挖掘要求、选择挖掘算法，故可以将OLAP的客户机/服务器结构应用于数据挖掘中来。

5.6.3　联机数据挖掘模型

OLAM模型对OLAP中数据立方体和星型模式的概念分别进行了拓展，涵盖问题的整个搜索空间，能够比较全面地反映多维数据挖掘的实质。下面描述相应的理论方法、基本权标和数据结构。

影响域（Influence Domain）是OLAM模型中应用的一个基本权标。影响域与多维空间的数据立方体在逻辑上是等价的。但立方体上计算的是聚合（Aggregation），而影响域上计算的是蕴涵（Implication），即数据中隐藏的模式。影响域同立方体一样具有属性和值，不同点在于它具有置信度（Confidence）。立方体将维映射至度量，而影响域将维和度量映射至置信而影响域将度。一个影响域可视为一个函数，其映射关系从维和度量映射至一置信度级别。影响域可视为是广义概念上的数据立方体空间，因为影响域的大小通常比数据立方体要大得多，OLAM分析常常在更细的粒度上分析更多的维，或对多个特性之间的关系进行探索。由于每次重新计算的代价太昂贵，所以需要在比星型模式存储有更多的聚合的模式上进行，即采用旋转模式。为了"遍历"整个影响域，需要将OLAP运算与影响性分析交叉。可以看出，影响域的操作可在多维和多层次的抽象空间中进行，有利于灵活地挖掘知识。影响域的操作是基于数据立方体的多维数据挖掘，包含在基于影响域的操作之内，是其中的特例。

影响域概念可用面向对象的思想描述，这样有助于生成一个较好的结构化的框架。影响域包含6个主要特性：基本维、属性、对象或实例、层次、度量和蕴涵。其中，基本维是一种高层次的类型划分，如产品、客户等。每个类/维具有一属性集合，如产品维具有属性价格、颜色等。每个类/维有对象或要素作为实例，对象的每个属性具有一个值。在类和属性内存在层次，例如，对类来讲，商标类是产品的父类；对属性来讲，属性集合{地区，城市，省}是一个层次。度量是在维形成的空间上的计算。蕴涵是在维和度量形成的立方体空间上的计算。

从星型模式到旋转模式以面向对象的角度来看，数据立方体与影响域的特性不尽相同，包含基本维、属性、对象或实例、层次及度量这5个特性，OLAP的星型模式通常直接映射在该对象结构中。星型模式的每个维表都可看成一个对象，对象的属性代表在维表中的列，度量在各个维构成的空间上进行计算。星型模式是用来处理聚合运算的，该模式能很好地用于OLAP，但它本身不带数据挖掘功能，不能用于OLAM，因此需要将星型模式作相应扩展。在对影响域进行分析的过程中，通常将分析焦点聚焦在星型模式中的维表上，由于在分析中要用附加的聚合或选择的数据项以丰富维表内容，因此对于每个库表来说，需要比星型模式存储更多的数据。分析的焦点在各个维表之间不断转换，例如从客户维转换至商店维再到产品维等，这可以看作是焦点在绕着星型模式旋转。将OLAM的分析结构命名为旋转模式。旋转模式的中心存储的是影响域的蕴涵，外围是各个维表的码值以及聚焦度量和其他度量，四周呈辐射状的是各个维表。在执行影响域分析时，焦点沿着不同的基本维（或类）旋转，在维和度量形成的广义数据立方体空间上执行蕴涵运算。旋转模式中的库表具有5个主要部分：聚焦维、聚焦度量、内部属性、外部属性和非聚焦度量。聚焦维代表当前分析焦点所在的基本维，如客户维；聚焦度量代表用户关心的度量，如利润；内部属性是聚焦维中的属性，如客户年龄等；外部属性是非聚焦维中的属性，如某客户最喜爱的产品颜色等；非聚焦度量是用于辅助决策的度量，如某客户平均一次购买的商品的数目。由此可以看出影响域中的存储模式与OLAP是不同的。

5.6.4 实现OLAM的机制

在大型数据库或数据仓库中实现OLAM机制的关键是解决快速响应和有效实现的问题，必须考虑如下因素：

（1）快速响应和高性能挖掘

OLAM若想获得快速响应和高的性能，会比OLAP困难，因为数据挖掘的计算代价通常比OLAP昂贵。快速响应对于交互式挖掘是至关重要的，有时为了得到快速响应甚至可以牺牲精度，因为交互式挖掘能一步步引导挖掘者聚焦在搜索空间并查找越来越多重要的模式。一旦用户能限定小的搜索空间，就可调用更高级的而速度较慢的挖掘算法进行细致分析。可考虑采用逐步精化数据挖掘质量的OLAM方法，首先在大数据集上用快速挖掘算法标识出感兴趣的模式，然后用代价较高，但较精确的算法进行详细分析。

（2）基于数据立方体的挖掘方法

基于数据立方体的挖掘方法应该是OLAM机制的核心。基于立方体的数据挖掘已经有很多研究，包括概念描述、分类、关联、预测、聚类等。基于立方体的挖掘继承了关系型或事务型数据挖掘方法的思想，并具有许多特性。在基于立方体的有效挖掘算法领域需要更多的研究。高性能数据立方体技术对 OLAM 很重要。由于一个挖掘系统需要计算大量维之间的关系或细节，这样的数据不可能都预先实体化，有必要联机动态计算数据立方体的一部分；另外，多特性数据立方体的有效计算，以及支持具有复杂维和度量的非传统的数据立方体，对有效地数据挖掘都很重要，因此，需进一步开发数据立方体技术。

（3）选择或添加数据挖掘算法关系型查询处理

能用不同的处理途径对同一查询生成相同的答案，但是采用不同的数据挖掘算法可能会生成显著不同的挖掘结果。因此，提供多种可选的数据挖掘算法很重要。另外，用户也许想自己开发一个算法，如果提供标准开放的API，而且OLAM系统经过很好的模块化，用户就有可能增加或修改数据挖掘算法。用户定义的数据挖掘算法可以较好地利用一些开发良好的系统构件以及知识可视化工具，并与已有的数据挖掘功能合成。因存在有多个数据挖掘功能，如何在某一具体应用中选定合适的数据挖掘功能是一个问题，必须熟悉应用问题、数据特征及数据挖掘功能的作用，有时需要执行交互探索式分析来选择合适的功能。因此，建造探索式分析工具以及构建面向应用的语义层是两个重要的解决方案。OLAM提供探索式分析工具，进一步的研究应该放在为具体应用自动选择数据挖掘功能上。

（4）在多个数据挖掘功能之间交互

OLAM的优势不仅仅在于选择一系列的数据挖掘功能，也在于在多个数据挖掘和OLAP功能之间交互。例如，首先切割立方体的一部分，基于一指定的类属性将该部分分类并查找关联规则，然后下挖，在更细的粒度上发现关联规则。这样就能够在选定的数据空间任意漫游，用多个挖掘工具挖掘知识。

（5）可视化工具

为了有效地显示OLAP挖掘结果并与挖掘处理交互，开发多种知识和数据可视化工具很重要。图表、曲线、决策树、规则图、立方体视图等是描述数据挖掘结果的有效工具，帮助用户监测数据挖掘的过程并与挖掘过程交互。

（6）可扩展性

OLAM系统与用户及知识可视化软件包在顶端通讯，与数据立方体在底端通讯。它应该高度模块化，并具有可扩展性，因为它可能会与多个子系统合成并以多种方式扩展。应该扩展OLAP挖掘技术至高级的或特殊用途的数据库系统，包括扩展的关系型，面向对象的文本、空间、时间、多媒体和异种数据库，以及互联网信息系统。对复杂类型的数据，包括结构化、半结构化和非结构化数据的OLAP挖掘也是一重要的研究方向。

（7）做书签和回溯技术

OLAM借助于数据立方体导航，提供给用户充分的自由，运用任一数据挖掘算法序列来探索和发现知识。当从一个数据挖掘状态转换至另一状态时常常可有很多选择，这时可做个书签，如果发现一个路径无意义，就回到原先的状态并探索其他的方法。这种做标记和回溯机制防止用户迷失在OLAM空间中。

利用OLAM模型沿着多个维进行挖掘，观察沿着这些维的模式进行合并，并以智能的方式与用户进行交互，可以在多维数据库的不同的部位和不同的抽象级别交互地执行挖掘。它有如下优点：

（1）便于交互式探索性的数据分析。有效的数据挖掘需要探索性的数据分析功能。用户常希望灵活地遍历数据库，选择任一部分的相关数据，在不同的抽象级别上分析，并以不同的形式表示知识结果。OLAM便于对不同的数据子集在不同抽象级别上进行数据挖掘，这连同数据知识可视化工具将大大加强探索性数据挖掘的能力和灵活性。

（2）联机选择数据挖掘功能。事先预测挖掘何种类型的知识是困难的，对于用户来讲，常常不知道想挖掘什么样的知识。通过OLAM模型将OLAP与多个数据挖掘功能结合，用户可以灵活选择所需的数据挖掘功能，并动态交换数据挖掘任务。OLAM模型的理论方法、基本权标和数据结构将数据挖掘和OLAP技术结合在一个统一的框架之中，大大加强了决策分析的功能和灵活性，有助于在大型数据库和数据仓库中交互式地挖掘多层次的知识，是一个具有广阔发展前景的方向。

第 6 章　网络数据的挖掘分析

6.1　数据挖掘概述

数据挖掘是从大量的、不完全的、模糊的、随机的数据中提取人们感兴趣的知识的过程。通过数据挖掘，才能把有价值的知识、规则从数据库的相关数据集合中抽取出来，为决策提供依据。数据挖掘和知识发现有密切的联系。知识发现是指从数据中发现有用知识的整个过程，数据挖掘是这一过程中的一个特定步骤。知识发现包括数据选择、数据预处理、数据转换、数据挖掘、模式解释和知识评价等多个步骤，是应用特定数据的挖掘算法和评价解释模式的一个循环反复过程，并要对发现的知识不断求精深化，使其易于理解；数据挖掘是知识发现过程中的一个关键步骤，它利用特定的数据挖掘算法从数据中抽取模式，数据挖掘算法是数据挖掘与知识发现整个过程的核心。知识发现强调知识是数据挖掘的最终产品，利用相应的数据挖掘算法，按指定方式和阈值提取有价值的知识，因此，知识发现包括数据挖掘前对数据的预处理、抽样及转换和数据挖掘后对知识的评价解释等方面，而数据挖掘只是整个过程中的一个步骤。

数据挖掘是一个逐渐演变的过程。计算机的应用发展大致可归结为3个阶段：数值计算—数据处理—知识处理。数值计算偏重于算法研究，数据处理面对的是大量数据，典型的语言有数据库语言。以数据库为基础，出现了管理信息系统，可以方便地对数据库进行查询、修改、汇总，及时提供所需要的计算结果，提高管理效率。对于复杂系统，光靠人工提出一些计算指标来进行管理有时还不够，还需要建立数学模型，通过计算机对模型进行优化求解来寻找最佳方案，这就是所谓的决策支持系统。机器学习始于20世纪70年代、20世纪80年代，是将一些已知的并已被成功解决的问题作为范例输入计算机，机器通过学习这些范例总结并生成相应的规则，这些规则具有通用性，使用它们可以解决某一类的问题。数据挖掘与知识发现的研究始于科学发现的计算机建模。随着各种信息急剧增加，数据库规模日益扩大，形成"数据爆炸但知识贫乏"的现象，因此，从大型数据中发掘有价值的潜在信息变得越来越重要，数据挖掘与知识发现便应运而生。再加上近年来机器学习、模式识别、人工智能、数据库等技术的日趋成熟及数据量的迅速增长，基于数据库发现知识的理论与技术逐步形成。

　　数据挖掘与知识发现作为一门新兴的研究领域，一经出现立即受到广泛的关注。目前这方面的研究发展比较快，国际上该领域的研究相当活跃。数据挖掘的学术期刊不断增加；第一本关于数据挖掘与知识发现的国际学术杂志《Data Mining and Knowledge Discovery》已于1997年3月创刊；大量的期刊也为此领域开辟专栏；在互联网上还有不少数据挖掘与知识发现的电子出版物；此外，在网上还有许多自由论坛。

　　近年来，数据挖掘与知识发现无论在理论上，还是实用技术上都取得了许多成果，同时也开发出了各种专用或通用的商业数据挖掘软件。国际上比较有影响的典型数据挖掘系统有：SAS公司的Enterprise Miner；IBM公司的Intelligent Miner；SGI公司的SetMiner；SPSS公司的Clementine；Sybase公司的Warehouse Studio；加拿大Simon Fraser大学开发的DBMinner等。

　　目前数据挖掘与知识发现已经成为国际上数据库和信息决策领域最前沿的研究方向之一，学术界和产业界给予了高度的关注。世界上许多公司（如IBM、Informix、Oracle等）都投入巨资对其进行研究。不同领域的研究学者都对数据挖掘有极大的兴趣；一些高级别的工业研究实验室（如IBM的Almaden）和众多的学术研究单位如伯克利加州大学等都在这个领域开展了各种各样的研究规划。到目前为止，数据挖掘已经在很多领域取得了一定的成果。

　　随着数据挖掘与知识发现在国外的兴起，我国也很快跟上了国际步伐，一大批数据库、人工智能、机器学习等领域的学者投入到数据挖掘与知识发现的研究中，并在各种刊物和会议论文集中开辟数据挖掘与知识发现专题。与国外相比，国内对数据挖掘与知识发现的研究稍晚，没有形成整体力量，但数据挖掘技术的研究也引起了学术界的高度重视，国家自然科学基金曾资助有关研究项目。许多科研单位和高等院校竞相开展知识发现的基础理论及其应用研究，数据挖掘技术的研究已经取得了一些成果。总之，数据挖掘与知识发现已成为信息科学等领域的热点研究课题。

　　近年来，随着数据库和网络技术的广泛应用，加上使用先进的自动数据生成和采集工具，人们所拥有的数据量急剧增加，为数据挖掘技术的应用创造了必要条件。目前国际上数据挖掘技术在科学研究、金融投资、市场营销、保险、医疗卫生、产品制造业、通信网络管理等行业已得到应用，国内在数据挖掘方面也有成功的应用。数据挖掘技术的应用领域正不断扩大。目前国内外的数据挖掘与知识发现的研究主要是以数据挖掘与知识发现的任务描述、知识评价和知识表示为主线，以有效的发现算法为中心，开发各种原型与实用系统。数据挖掘与知识发现研究的主要目标是探索有关的理论、方法和开发工具，以支持从大量数据中提取有价值的知识和模式。研究重点也逐渐从发现方法转向系统应用，注重多种发现策略和技术的集成及多种学科之间的相互渗透。研究焦点主要集中在以下几个方面：研究专门用于数据挖掘与知识发现的数据挖掘语言，也许会像SQL语言一样走向形式化和标准化；寻求数据挖掘过程中的可视化方法，使得数据挖掘与知识发现的过程能够被用户理解，也便于在数据挖掘与知识发现过程中的人机交互；研究在网络环境下的数据挖掘技术，特别是在互联网上的数据挖掘；加强对各种非结构化数据的挖掘，如文本数据、图形图像数据、多媒体数据。从国内外目前的研究进展来看，各学科的研究自成一派，没有突破各个领域的技术界限；没有融合各领域的不同方法；尤其是未将有关的方法集成用于数据挖掘。近年来，有些技术已开始定位于大型数据库上的挖掘，从而出现了除关系数据库的数据挖掘外，还有面向对象数据库的数据挖掘、面向非结构化数据库的数据挖掘等。由于互联网的广泛应用，出现了基于异构数据源的数据挖掘，如文档数据挖掘、时间序列数据挖掘、电子商务系统中的数据挖掘。伴随数据库技术的发展，多媒体数据库的数据挖掘、时态数据库的数据挖掘、空间数据库的数据挖掘等也引起了许多人的关注。移动计算作为第三代通信手段，移动数据的数据挖掘也在研究之中。数据挖掘在应用中产生了越来越多的研究领域和发展方向。

6.2　数据挖掘过程

6.2.1　数据挖掘过程模型

　　数据挖掘过程模型本质上是为应用数据挖掘技术提供一种系统化的技术实施方法。由于数据挖掘的应用领域极其广泛、应用问题的类型也较多，因此，为了成功地应用数据挖掘技术，数据挖掘过程需要涉及：问题的理解，数据的理解、收集和准备，建立数据挖掘模型，评价所建模型，应用所建模型等一系列问题。数据挖掘系统应该提供支持所有这些问题的必要手段和功能，并最大限度地为用户使用这些功能提供方便的接口、选择和操作。

　　许多数据挖掘系统的开发商为其用户提出了一些应用数据挖掘技术的"过程参考模型"，如SPSS提出的5A（Assess-Access-Analyze-Act-Automate）、SAS提出的SEMMA（Sample-Explore-Modify-Model-Assess）。一些区域组织鉴于数据挖掘技术在商业上的应用前景，也积极支持和推进数据挖掘过程标准的研究，如欧洲委员会和相关行业4个大公司支持的数据挖掘特别兴趣小组提出了"数据挖掘交叉行业标准过程"（CRISP-DM）。同时各种数据挖掘系统（软件或工具）正面向数据挖掘过程所要求的功能和方法而日趋完善。在这些模型中，5A强调的是支持数据挖掘过程的工具应具有的功能和能力，SEMMA强调的是结合其工具的应用方法，CRISP-DM则从方法学的角度强调实施数据挖掘项目的方法和步骤，并独立于每种具体数据挖掘算法和数据挖掘系统，Two Crows则是从其自身理解的角度借鉴前述方法，并在其上加以改进而提出的模型。比较而言，由于5A和CRISP-DM

分别从支持功能和方法学角度描述了数据挖掘过程，因此对介绍数据挖掘过程较为合适。目前，国内一些机构和企业正在应用数据挖掘技术，或者正在开发面向某一应用领域或通用的数据挖掘系统。数据挖掘是一个过程，它从大量数据中抽取出有价值的信息或知识。由于每一种数据挖掘技术方法都有其自身的特点和实现步骤（例如对输入/输出数据形式的要求、结构、参数设置、训练、测试和模型评价方式各自有不同的要求，算法应用/适用领域的含义和能力存在差异），数据挖掘与具体应用问题有密切相关性（应用数据挖掘所要达到的目标、数据收集完整程度、问题领域专家支持程度、算法选择等），因此，成功应用数据挖掘技术，以达到目标的过程本身就是一件很复杂的事情。数据挖掘过程的系统化、工程化和支持系统（软件或工具）对解决应用问题起着至关重要的作用。

6.2.2 网络数据挖掘与知识发现的实现过程

数据挖掘与知识发现处理过程共分为8个处理阶段，分别是准备数据、定义问题、选择方法、挖掘数据、选择模式、评估模式、更新知识和运用知识。

1. 准备数据

数据准备是数据挖掘与知识发现的第一个步骤，也是重要的一个步骤。数据准备是否做好将影响到数据挖掘的效率和准确度，以及最终模式的有效性。数据准备大致分为：数据集成、数据选择、数据缩减和数据转换。

（1）数据集成。从多个异质操作性数据库、文件提取并集成数据，解决语义二义性，统一不同格式的数据，消除冗余、重复存放数据的现象。同时还要清洗数据，包括对噪声数据、缺失数据及异常数据等的处理。

（2）数据选择。根据用户的要求从数据库中提取与数据挖掘和知识发现相关的数据，知识发现将主要从这些数据中进行知识提取，在此过程中，会利用一些数据库操作对数据进行处理。在相关领域和专家知识的指导下，辨别出需要进行分析的数据集合，缩小挖掘范围，避免盲目搜索，提高数据挖掘的效率和质量。数据选取就是确定操作对象，即根据用户需要从原始数据中抽取相应的数据。数据预处理主要用来消除噪声、推导计算缺值数据、消除重复记录、完成数据类型转换等。

（3）数据缩减。选定的数据在经过挖掘前，必须加以精炼处理，如通过缩减高维复杂数据的维数，减少有效变量的个数等。另外，在数据准备阶段中，通过用户交互引入领域专家知识也很重要，可帮助定义具体问题和用户需求，使模型更直观；限制搜索空间，以便高效率地发现更精确的知识；对发现的结果进行处理，从中过滤出有意义、有价值的知识和信息。

（4）数据转换。在选择了合适的数据库和数据子集之后，用户往往希望对数据进行一定的降维和转换。所谓降维指在考虑了数据的不变表示或发现了数据的不变表示的情况下，减少变量的实际数目，并设法将数据转换到一个更易找到解的空间上。用哪种转换应考虑任务、数据挖掘操作及数据挖掘技术3个方面的因素。转换的方法包括以期望的方式组织数据，把一种类型的数据转换为另一种类型，或者是对数据的属性用数学算子或逻辑算子进行转换。

2. 定义问题

理解和定义问题是解决任何事情的必经步骤，这个过程往往容易被人们简单化。但在数据挖掘过程中，它却要花费很多时间。数据挖掘不同于一般意义的分析过程，不是简单地把数据挖掘算法应用到数据库上，然后得到一些结果，因此，如果没有很好地理解问题，得到的结果将没有任何用处。一个问题有多种解决办法，但有些行得通，有些则行不通；即使是行得通的办法，也要考虑其执行效率等方面的问题。

3. 选择方法

根据阶段所确定的任务，选择合适的数据挖掘与知识发现算法，这包括选取合适的模型和参数，并使得数据挖掘与知识发现算法与整个知识发现的评判标准相一致。选择挖掘算法要考虑两个因素：

（1）不同性质的数据要用与之特征相关的算法。

（2）用户对发现结果的要求，一些用户希望获得容易理解的描述型知识，而另一些用户则希望获得准确度尽可能高的预测型知识。要根据数据挖掘的目的确定适当的数据挖掘方法，如综合、分类、回归、聚类等。选择数据挖掘的算法是根据所要挖掘的模式类型选择适当的数据。数据挖掘算法的选择数据挖掘有两类算法，一种是数据集中搜索模型，另一种是使已有的模型与所搜索到的数据相匹配。在数据挖掘与知识发现实现时，要根据需要从上述算法中选择。当然，所选的算法必须与系统目标一致，但往往用户更关注模型的可理解性而不是模型的预测能力。

4. 挖掘数据

运用选定的数据挖掘与知识发现算法，从数据中提取出用户所需要的知识，这些知识可以用一种特定的方式表示或使用一些常用的表示方式，如产生式规则等。模式解释及评价模式仅仅说明数据中存在某种规律、规则或特征，它们的含义需要解释，作用需要评价。将发现的知识以用户能了解的方式呈现给用户。这期间也包含对知识的一致性的检查，以确信本次发现的知识不与以前发现的知识相矛盾。

数据挖掘阶段第一步是要确定挖掘的任务，如进行数据总结、分类、聚类、关联规则发现或序列模式发现等，然后才能决定使用何种挖掘算法。

第二步是数据挖掘，这是数据挖掘与知识发现最关键的步骤，也是技术难点所在。研究知识发现的人员中大部分都在研究数据挖掘技术，采用较多的技术有决策树、分类、聚类、粗糙集、关联规则、神经网络、遗传算法等。数据挖掘根据数据挖掘与知识发现的目标，选取相应算法的参数，分析数据，得到可能形成知识的模式模型。

5. 选择模式

在此过程中，领域专家的参与非常重要，因为评价一个知识的价值，既有客观因素，也有主观因素，而主观因素也许更为重要。在上述的每个处理阶段，数据挖掘与知识发现系统会提供处理工具以完成相应的工作。在对挖掘的知识进行评测后，根据结果可以决定是否重新进行某些处理过程，在处理的任意阶段都可以返回以前的阶段进行再处理。这种模型由数据挖掘人员和领域专家共同参与数据挖掘与知识发现的全过程。领域专家对该领域内需要解决的问题非常清楚，在问题的定义阶段由领域专家向数据挖掘人员解释，数据挖掘人员将数据挖掘采用的技术及能解决问题的种类介绍给领域专家。双方经过互相了解，对要解决的问题有一致的处理意见，包括问题的定义及数据的处理方式。在数据挖掘人员得到准确的问题定义和分析后，开始收集需要使用的数据，进行再加工以使得数据更适合后面的挖掘算法使用。根据解决问题的需要选择合适的挖掘算法。提取出来的知识需要向领域专家进行解释，以对知识及整个过程进行评价。

6. 评估模式

它是对结果的解释评估。上面得到的模式模型，可能是没有实际意义或没有实用价值的，也有可能是其不能准确反映数据的真实意义，甚至在某些情况下是与事实相反的，因此需要评估，确定哪些是有效的、有用的模式。评估可以根据用户多年的经验，有些模式也可以直接用数据来检验其准确性。这个步骤还包括把模式以易于理解的方式呈现给用户。对数据挖掘结果的评价是知识发现必不可少的一步，如何评价是一个相当困难的问题。用户必须按照他的决策支持任务和系统目标来评价。

7. 更新知识

知识是由用户理解的、并被认为是符合实际和有价值的模式模型形成的。要注意对知识做一致性检查，解决与以前得到的知识互相冲突、矛盾的地方，使知识得到巩固。要根据发展变化情况不断完善和更新知识。

8. 运用知识

发现知识是为了运用，如何运用知识也是数据挖掘与知识发现的步骤之一。运用知识有两种方法：一种是只需看知识本身所描述的关系或结果，就可以对决策提供支持；另一种是要求对新的数据运用知识，由此可能产生新的问题，而需要对知识做进一步的优化。

数据挖掘与知识发现过程可能需要多次的循环反复，每一个步骤一旦与预期目标不符，都要回到前面的步骤，重新调整、重新执行。这个过程是一个多步骤的处理过程，各步骤之间相互影响、反复调整，形成一种螺旋式上升过程。

6.3 数据挖掘方法

6.3.1 统计分析方法

统计分析方法是利用统计学、概率论的原理对关系中各属性进行统计分析，从而找出它们之间的关系和规律。统计分析方法是最基本的数据挖掘技术方法之一。常用的统计分析方法有：判别分析、因子分析、相关分析、回归分析和偏最小二乘回归方法等。

（1）判别分析。建立一个或多个判别函数，并确定一个判别标准，然后对未知属性的对象，根据测定的观察值，将其划归为已知类别中的一类。

（2）因子分析。它是用较少的综合变量来表达多个观察变量。根据相关性大小把变量分组，使得各组内的变量之间相关较高，不同组变量间的相关较低。

（3）相关分析和回归分析。相关分析是用相关系数来度量变量间的相关程度。回归分析是用数学方程来表示变量间的数量关系，方法有线性回归和非线性回归。

（4）偏最小二乘回归。是一种新型的多元统计数据分析方法，它主要研究的是多因变量对多自变量的回归建模，特别当各变量内部高度线性相关时，用偏最小二乘回归更加有效。另外，偏最小二乘回归比较好地解决了样本个数少于变量个数等问题。在数据挖掘领域，统计分析方法可用于分类挖掘和聚类挖掘。

6.3.2 遗传算法

遗传算法是一种优化技术，它利用生物进化的一系列概念进行问题的搜索，最终达到优化的目的。在遗传算法的实施中，首先要对求解的问题进行编码，产生初始群体；然后计算个体的适应度，再进行染色体的复制、交换、突变等操作，便产生新的个体；重复以上操作，直到求得最佳或较佳个体。遗传算子主要有繁殖（选择）算子、交叉（重组）算子和变异（突变）算子3种。遗传算法可起到产生优良后代的作用，经过若干代遗传，将会得到满足要求的后代（问题的解）。在数据挖掘中，为了适应遗传算法，往往把数据挖掘任务表达为一种搜索问题，发挥遗传算法的优化搜索能力。遗传算法是一种应用遗传学原理和自然选择机制来搜索最优解的方法，它具有计算简单、优化效果好的特点，它在处理组合优化问题方面也有一定的优势，可用于聚类分析等。在数据挖掘中，它用来寻找实现分类、估计和预测功能的最优参数集。这种方法先产生一组解法，然后用重组、突变和选择等进化过程来得到下一代解法。随着进化过程的继续，较差解法被抛弃，从而逐步得到最优解法。

6.3.3　粗集方法

　　粗集方法是模拟人类的抽象逻辑思维，它以各种更接近人们对事物的描述方式的定性、定量或者混合信息为输入，输入空间与输出空间的映射关系是通过简单的决策表简化得到的，它通过考察知识表达中不同属性的重要性，来确定哪些知识是冗余的，哪些知识是有用的。进行简化知识表达空间是基于不可分辨关系的思想和知识简化的方法，从数据中推理逻辑规则作为知识系统的模型。它是基于一个机构关于一些现实的大量数据信息，以对观察和测量所得数据进行分类的能力为基础，从中发现、推理知识和分辨系统的某些特点、过程、对象等。它特别适合于数据简化、数据相关性的发现、发现数据的相似或差别、发现数据模式、数据的近似分类等，近年来已被成功地应用在数据挖掘与知识发现研究领域中。在数据挖掘领域，粗集方法被广泛应用于不精确、不确定、不完全的信息的分类和知识获取。对数据进行分析和推理，从中发现隐含的知识，揭示潜在的规律。

6.3.4　决策树方法

　　利用树形结构来表示决策集合，这些决策集合通过对数据集的分类产生规则。利用训练集生成一个测试函数，根据不同取值建立树的分支；在每个分支子集中重复建立下层结点和分支，这样便生成一棵决策树；然后对决策树进行剪枝处理，最后把决策树转化为规则，利用这些规则可以对新事例进行分类。这种方法实际上是根据信息论原理，对数据库中存在的大量数据进行信息量分析，在计算数据特征信息的基础上提取出反映类别的重要特征。

　　典型的决策树方法有分类回归树等。在信息缺乏完整时，决策树方法可能漏掉有价值的规则。决策树方法主要用于分类挖掘。决策树的每个节点的子节点的个数与决策树在用的算法有关。若CART算法得到的决策树每个节点有两个分支，这种树称为二叉树。允许节点含有多于两个子节点的树称为多叉树。每个分支要么是一个新的决策节点，要么是树的结尾，称为叶子。在沿着决策树从上到下遍历的过程中，在每个节点都会遇到一个问题，对每个节点上问题的不同回答导致不同的分支，最后会到达一个叶子节点，这个过程就是利用决策树进行分类的过程。利用几个变量，每个变量对应一个问题来判断所属的类别，最后每个叶子会对应一个类别。数据挖掘中决策树是一种经常要用到的技术，可以用于分析数据，同样也可以用作预测。建立决策树的过程，即树的生长过程是不断地把数据进行切分的过程，每次切分对应一个问题，也对应着一个节点。对每个切分都要求分类的组之间的"差异"最大。各种决策树算法之间的主要区别就是对这个差异衡量方式的区别。

6.3.5 神经网络方法

人工神经网络是模拟人类的形象直觉思维，在生物神经网络研究的基础上，根据生物神经元和神经网络的特点，通过简化、归纳、提炼总结出来的一类并行处理网络。利用其非线性映射的思想和并行处理的方法，用神经网络本身结构可以表达输入与输出的关联知识。它完成输入空间与输出空间的映射关系，是通过网络结构不断学习、调整，最后以网络的特定结构来表达的，它没有显式函数表达，这是最常见的一种数据挖掘方法。它是在计算机上模拟神经元及其连接的方法。神经网络实际上完成从已知数据项到目标数据项的一种复杂的非线性映射，它获取的知识就存在于网络结构中。神经网络主要用来进行分类、估计和预测等有向数据挖掘，也可用于聚集等无向数据挖掘。神经网络具有对非线性数据快速拟合的能力，可用于分类、聚类、特征挖掘等多种数据挖掘任务，在事务数据库的分析建模方面有广泛的应用。神经网络为解决大复杂度问题提供了一种相对来说比较有效的简单方法。神经网络可以很容易地解决具有上百个参数的问题。

6.3.6 模糊逻辑方法

模糊数学是继经典数学、统计数学之后，在数学上的又一新发展。模糊数学研究的是亦此亦彼的模糊性。针对一个问题，复杂性越高，有意义的精确化能力就越低。模糊性是客观存在的，当数据量越大而且复杂性越大时，对它进行精确描述的能力越低，也就是说模糊性越强。在数据挖掘领域，模糊逻辑可以进行模糊综合判别、模糊聚类分析等。

6.3.7 聚类算法

聚类算法是通过对变量的比较，把具有相似特征的数据归于一类。因此，通过聚类以后，数据集就转化为类集，在类集中同一类数据具有相似的变量值，不同类之间数据的变量值不具有相似性。区分不同的类是属于数据挖掘过程的一部分，这些类不是事先定义好的，而是通过聚类算法采用全自动方式获得的。聚类算法是按数据的相似性和差异性，将数据划分为若干子集，子集还可以再分为若干子子集。聚类与分类不同，分类的类别是按应用的要求事先给定的，根据表示的事物特征的数据，可以识别其类别；而聚类的类型不是指定的，而是分析数据的结果。通过比较数据的相似性和差异性，发现其特征及分布，从而抽象出聚类的规律。例如对产品进行聚类分析，可以找出影响产品质量的主要原因及应采取的政策。聚类法大致上可分为两种类型：

（1）分层聚类。分层聚类是基于数学的标准，对数据进行细分或聚合。这种类型适用于数值数据。

（2）概念聚类。概念聚类是基于数据的非数值属性，对数据进行细分或聚合。这种类型适用于非数值数据。聚类增强了人们对客观现实的认识，是概念描述和偏差分析的先决条件。

6.3.8 可视化技术

可视化技术采用直观的图形方式来将信息模式、数据的关联或趋势呈现给决策者，这样决策者就可以交互地分析数据关系。可视化技术主要包括数据、模型和过程3方面的可视化，其中，数据可视化主要有直方图、散点图等；模型可视化的具体方法则与数据挖掘采用的算法有关，例如，决策树算法采用树形表示；而过程可视化则采用数据流图来描述知识的发现过程，它采用比较直观的图形图表方式将挖掘出来的模式表现出来。数据可视化大大扩展了数据的表达和理解力。可视化数据分析技术拓宽了传统的图表功能，使用户对数据的剖析更清楚。

6.3.9 分类方法

分类方法是最普通的数据挖掘方法之一。它试图按照事先定义的标准对数据进行归类。分类方法大致可分为如下几种类型：

（1）决策树归纳法。决策树归纳法根据数据的值把数据分层组织成树型结构。在决策树中每一个分支代表一个子类，树的每一层代表一个概念。

（2）规则归纳法。规则归纳法是由一系列的if...then规则来对数据进行归类。

（3）神经网络法。神经网络法主要是通过训练神经网络使其识别不同的类，再利用神经网络对数据进行归类[77]。

6.4 数据挖掘的功能

数据挖掘与知识发现系统主要发现以下方面的知识：

（1）广义知识。广义知识指类别特征的概括性描述。根据数据的微观特性发现其表征的、带有普遍性的、较高层次概念的知识。概括性描述是对某类对象的内涵的描述，并概括这类对象的共同特征。广义知识反映同类事物的共同性质，是对数据的概括、提炼和抽象。数据总结是对数据进行浓缩，给出精炼的描述。广义知识的发现方法和实现技术有很多，如数据立方体、面向属性的归约等。

（2）关联知识。关联反映了一个事件和其他事件之间依赖的关系。两个或多个变量的取值之间存在某种规律性称为关联。如果两项或多项属性之间存在关联，那么其中一项的属性值就可以依据其他属性值进行预测。关联可分为简单关联、时序关联、因果关联。关联分析的目的是找出数据中隐藏的关系。有时并不知道数据库中数据的关联函数，即使知道也是不确定的，因此关联分析生成的规则具有一定的可信度。关联分析是在给定一组项目类别和一些记录集合的条件下，通过分析记录集合，计算最小置信度，从而推导出各项目之间的相关性。

（3）分类知识。分类是运用分类器把数据项映射到给定类别中的某一个，用于对未来数据进行预测。分类知识反映同类事物共同性质和不同事物之间的差异型特征知识。分类用于预测事件所属的类别，区别其中样本数据中包含标识样本事件所属类别的数据项，类别是已知的，由数据挖掘根据样本数据构建对这些类别的模式的描述，再利用所发现的模式，参照新的数据的特征变量，将其映射入已知类别中。分类增强了人们对客观世界的认识。

（4）预测型知识。根据时间序列型数据，由历史的和当前的数据去推测未来的数据，也可以认为是以时间为关键属性的关联知识。目前，时间序列预测方法有经典的统计方法、神经网络和机器学习等。由于大量的时间序列是非平稳的，其特征参数和数据分布随着时间的推移而发生变化。

（5）偏差型知识。偏差型知识是对差异和极端特例的描述，揭示事物偏离常规的异常现象。偏差包括很多潜在的知识，如标准类外的特例、数据聚类外的离群值等，不满足规则的特例、观测结果与模型预测值的偏差、量值随时间的变化等。偏差检测的基本方法是寻找观测结果与参照值之间有意义的差别，它是对差异和极端特例的描述，揭示事物偏离常规的异常现象，如标准类外的特例、数据聚类外的离群值等。所有这些知识都可以在不同的概念层次上被发现，并随着概念层次的提升，从微观发展到中观、再到宏观，以满足不同用户不同层次决策的需要。

6.5 网络数据挖掘

随着网上信息资源的急剧增加，用户对使用自动化工具来查找所期望的信息资源的要求越来越迫切。同时随着网络成为电子商务的主要工具，要求那些已投资于互联网的企业跟踪和分析用户的访问模式提供个性化的服务。这些都要求建立服务器端和客户端的智能系统能够挖掘站点上的数据，虽然网络拥有大量的网站访问者及其访问内容的信息，但是拥有这些信息却不见得能够充分利用。借助联机分析处理系统，只能报告可直接观察到的和简单相关的信息，不能报告网站信息模式及怎样对其进行处理，并且它很难深刻分析复杂信息，需要网站加工与处理。网络上信息的多样性决定了网络挖掘任务的多样性。网络挖掘在网络上存在许多潜在应用，其中主要有：

（1）在搜索引擎上对文档进行自动分类，从而降低在搜索引擎上为组织整理网络文档所需消耗的人力资源。

（2）帮助寻找用户感兴趣的新闻或其他信息，以提供个性化接口。

（3）通过网络结构挖掘发现重要页面对网页排序，从而改进搜索引擎。

（4）网络日志挖掘在电子商务领域有很广阔的应用前景，如发现顾客的购买模式和访问者的浏览模式、电子商务网站上顾客之间的联系等。

6.5.1 网络数据挖掘的内容

（1）网络挖掘的定义

关于网络挖掘的名称多种多样，有网络数据挖掘、网络数据的知识发现等，这些都是指使用数据挖掘技术自动发现和获取网络上的信息[77]。网络数据挖掘是数据挖掘技术在网络信息处理中的应用，是从网站的数据中发掘关系和规则。网络上的每一个站点就是一个数据源，每一站点之间的信息和组织都不一样，这就构成了一个巨大的异构数据库环境。网络数据挖掘不仅要利用一般和标准数据库里数据挖掘的全部技术，还要针对网络数据的特点，采用更加特殊的方法。网络数据挖掘技术综合运用归纳学习、机器学习、统计分析等方法和人工智能、模式识别、神经网络领域的各种技术。网络数据挖掘系统与网络信息检索的最大差异在于它能够根据用户定义的要求，根据目标特征信息在网络上或者信息库中进行有目的的信息搜寻。网络挖掘是数据挖掘在网络上的应用，它是一项综合技术，不同的领域有不同的定义。网络挖掘可以定义为：针对包括网页内容、页面之间的结构、用户访问信息、电子商务信息等在内的各种网络数据，应用数据挖掘方法以发现有用的知识来帮助人们从WWW中提取知识、改进站点设计，更好地开展电子商务。网络挖掘是指从与WWW相关的资源和行为中抽取用户感兴趣的、有用的模式和隐含信息。

（2）网络信息内容的数据挖掘

网络内容挖掘即从网络的内容、数据、文档中发现有用信息的过程，这是搜索引擎在网络搜索时的访问对象。网络信息资源类型众多，从网络信息源的角度来看，包括Gopher、FTP、Usenet等已经融合到WWW形式之后的资源、WWW信息资源，数据库管理信息系统中的数据；从网络资源的形式来看，包括文本、图像、音频、视频等形式的数据。

网络内容挖掘的重点是页面分类和聚类：网页的分类是根据页面的不同特征，将其划归为事先建立起来的不同的类；网页的聚类是指在没有给定主题类别的情况下，将网页集合聚成若干个簇,并且同一簇的页面内容相似性尽可能大,而簇间相似度尽可能小。

网络内容挖掘是指对网页内容进行挖掘,从网络文档的内容信息中抽取知识,它分为网络文本挖掘和网络多媒体挖掘,针对的对象分别是网络文本信息和网络多媒体信息。网络文本挖掘可以对网络上大量文档的集合的内容进行总结、分类、聚类、关联分析,以及利用网络文档进行趋势预测。无论文本挖掘的目的是什么,都可以把文本挖掘的一般处理过程用图来概括。首先对挖掘对象建立其特征表示,在网上的文本数据挖掘对象通常是一组HTML格式的文档集,这样的挖掘对象缺乏像关系数据库中数据的组织规整性,要将这些文档转化成一种类似关系数据库中记录的较规整且能反映文档内容特征的表示,一般采用一个文档特征向量,但在目前所采用的文档表示方法中,存在一个共同的不尽人意的地方是文档特征向量具有较多的维数,使得特征子集的选取成为互联网上文本数据挖掘过程中必不可少的一个环节。在完成文档特征向量维数的缩减后,便可利用数据挖掘的各种方法,如分类、聚类、关联分析等来提取面向特定应用的知识模式。最后对挖掘结果进行评价,若评价结果满足一定的要求则输出,否则返回到以前的某个环节。分析改进后进行新一轮的挖掘工作,在网络文本挖掘中,文本的特征表示是挖掘工作的基础,而文本分类是网络文本挖掘研究的一个重点内容。

(3)网络信息结构的数据挖掘

挖掘网络潜在的链接结构模式的思想源于引文分析,即通过分析一个网页链接和被链接数量及对象来建立网络自身的链接结构模式。这种模式可以用于网页归类,并且可以由此获得有关不同网页间相似度及关联度的信息。网络结构挖掘有助于用户找到相关主题的权威站点,并且可以找到指向相关主题的站点。网络结构挖掘是指对网页之间的超链结构,网页内部结构和URL中的目录路径结构进行挖掘,从中抽取知识。网络在逻辑上可以用有向图表示出来,页面对应图中的点,超级链接对应图中的边。通过把网络表示为有向图,可以得到从一个站点的主页到它的任意一个顶点的最短路径,Robot沿最短路径浏览网站,就可以较小的代价发现较多的文档,超链接也体现了网页之间的某种关系。PageRank方法是通过分析页面的引用次数和引用关系来发现重要页面的。Spertus对网页的内部结构和URL做了研究并提出一些启发式规则,用于搜索新页面和自动索引。整个网络空间里,有用知识不仅包含在网页内容中,也包含在网页间超链结构与网页内结构之中。挖掘网络结构的目的是发现页面的结构和网络间的结构,在此基础上对页面进行分类和聚类,从而找到权威页面。发现的这种知识可以被用来改进搜索引擎。Spertus在Parasite系统中提出一种比较简单的网络结构知识挖掘方法,把超级链接按方向分成向上链接、向下链接、交叉链接和向外链接,并利用如下启发式规则:

- 在一个层次索引中,从一个页面开始,由向下或交叉链接得到的页面,其主题和原始页面的主题相关。

- 从一个索引开始，任何由本页面的向外链接得到的页面，其主题可能是相同的。
- 从一个索引p开始，沿着向外链接指向索引p'，通过p'的向外链接得到的页面很可能和p的主题相关。
- 如果p是个人主页，而文件p'在下面的目录中，那么p'的作者很可能就是个人主页p所标识的人。
- 如果页面p是在p'的上层目录中，而存在从p'到p和p到p'的超级链接，那么p就有可能是个人主页。
- 如果URL U1和U2在同一个页面中距离很近，那么它们就有可能具有类似的主题或特征。利用这些规则，Parasite系统中的搜索蜘蛛就可以得到页面之间的结构关系，从而实现发现个人主页、搜索新页面和自动索引等目的。

网页的主题抽取和分类在网络Spider抓取大量页面后，如果按照页面之间的链接构造关系图，那么将是一个十分复杂的网状图，在没有分类之前，程序无法合理地生成门户的信息结构说明，而且后面的数据挖掘和分析也会增加难度，而分类之前的主题提取的效率又决定了分类的效果，为此，主要工作在于最初的页面主题抽取和分类过程。目前自动分类方法主要有词典分词法、切分标记分词法、单汉字标引、智能分词法等。其中词典分词法简单、易于实现，它是实际工程中应用最广泛的一种分词方法。当然这种方法也存在着匹配速度慢，词典的功能越强、词典中词条的数目就越大等缺点。

（4）网络信息使用记录的数据挖掘

网络信息使用记录的数据挖掘也叫网络用法挖掘，主要用来了解用户利用网络的行为。网络内容挖掘与网络结构挖掘的对象是网上的原始数据，而网络用法挖掘面对的是在用户和网络交互的过程中抽取出来的第二手数据，包括网络服务器访问日志记录、代理服务器日志记录、浏览器日志记录、用户简介、注册信息、用户对话或交易信息、用户提问式等。个人浏览网络服务器时，服务器才会产生日志文件：记录了关于用户访问和交互的信息。网络日志挖掘正是对网络服务器访问日志记录、代理服务器日志记录、浏览器日志记录这3种日志文件进行挖掘，从而发现用户的访问模式、相似用户群体、频繁路径等知识。网络日志挖掘方法可分为基于网络事物的方法和基于多维数据的方法。网络服务器日志记录了网络服务器接收请求以及运行状态的各种原始信息。通过对这些信息的统计、分析与综合，就能有效地掌握服务器的运行状况，诊断差错事故、了解访问分布等，加强系统的维护和管理。日志文件记录了客户端的IP地址、访问发生的时间、访问请求的页面、状态信息等12项信息。通过对访问时间进行统计，可以得到服务器在某些时段的访问情况。从日志文件提供的信息中对访问时间段、访问请求URL、状态代码、访问者的浏览器类型等信息进行统计和分析，就可以对整个网站有一个数字化的、精确的认识，从而对网站的设计和内容进行改善和调整，使之更好地提供服务。一般来说，网络服务器的日志文件和网络服务器放在同一台主机上，对其日志文件的分析有两种方法：

① 在服务器端写一个对日志文件进行分析的程序，每次分析日志文件时，都调用这个程序，分析过程在服务器端完成。分析完成后，将统计结果通过网页返回给客户端。这样做的好处是由于不必在网上传送大量的数据，所以分析过程不占用网络带宽，而且对客户端没有要求。

② 在客户端将网络服务器的日志文件通过FTP取到本地，在本地用日志分析程序进行分析。这样做的好处是分析过程不会占用过多的服务器资源，但是由于网络日志文件动辄几百兆大，它的传输会极大地占用网络带宽，所以在客户端与服务器相距遥远的情况下，这几乎是不可行的。网络日志分析的各个模块的功能和作用分别是：网络服务器负责接收客户端的分析请求，并将分析结果最终形成的网页发送给客户端；CGI程序把从网络服务器传送过来的请求传送给日志分析程序，接收日志分析程序分析的结果并以页面的形式发送给网络服务器；日志分析程序接收CGI程序传送来的分析请求，从日志文件里读数据，分析后把结果传给CGI程序。整个流程基本上是这样的：网络服务器接收到客户端发来的分析请求，经CGI程序处理后，调用日志分析程序按照分析请求对日志文件进行分析，日志分析的结果传回给CGI程序，CGI程序对结果进行处理，使之变成HTML页面并经网络服务器把结果返回给客户端。CGI程序和日志分析程序可以用C语言来开发，这样做的好处是运行效率比较高，由于日志文件往往很大，运行效率是一个值得重视的问题。另外，也可以用PERL来开发，这样做的好处一是开发好的程序可以跨平台运行，二是CGI程序和日志分析程序可以做在一起，三是PERL的字符串处理能力较强。网络数据挖掘的类型可归纳为表6.1。

表6.1 网络数据挖掘类型比较

	网络数据挖掘			
	网络内容挖掘		网络结构挖掘	网络用法挖掘
	信息检索观点	数据库观点		
数据形式	非结构化、半结构化	半结构化、数据库形式的网站	链接结构	交互形式
主要数据	文本文档、超文本文档	超文本文档	链接结构	服务器日志记录 浏览器日志记录
表示	Bag of words、n-grams、词、短语、概念或实体、关系型数据	边界标志图（OEM）、关系型数据	图形	关系型表、图形
方法	TFIDF和变体、机器学习、统计学（包括自然语言处理）	Proprietary 算法、修改后的关联规则	Proprietary 算法	机器学习、统计学、（修改后）的关联规则
应用	归类、聚类、发掘抽取规则、发掘文本模式、建立模式	发掘高频的子结构、挖掘网站体系结构	归类、聚类	站点建设、改进与管理、营销、建立用户模式

6.5.2 网络数据挖掘的步骤

网络数据挖掘大体可以分为以下几个过程：资源的发现、预处理、使用机器学习或数据挖掘技术自动发现访问的一般模式，以及通过分析来证实解释挖掘模型。这里将网络挖掘视为从网络上发现具有潜在价值的或事先未知的信息的全过程，它与知识发现处理过程相似，我们可以简单地认为网络挖掘是知识发现在网络数据中的一个应用，它涉及的相关领域有数据库、信息检索、人工智能等。

网络数据挖掘的第一步是确立目标样本，由用户选择目标文本作为提取用户的特征信息。这是用户的个性要求，根据用户的需要进行数据挖掘。

第二步是建立统计词典，主要是建立用于特征提取和词频统计的主词典和同义词词典、蕴含词词典，然后根据目标样本的词频分布，从统计词典中提取出挖掘目标的特征向量并计算出相应的权值。特征项权值和匹配阈值往往与样本的反馈特征项权值和匹配阈值关系密切，所以要根据这些样本数据调整特征向量。有了这些目标样本的特征向量后，就可以利用传统的搜索引擎技术进行信息采集了。

最后将采集信息的特征向量与目标样本的特征向量进行匹配，将符合阈值条件的信息提交给用户。

6.5.3 网络数据挖掘的新技术

网络数据挖掘技术首先要解决半结构化数据源模型和半结构化数据的查询与集成问题，这就要有一个模型来清晰地描述网络上的数据；除此之外，还需要一种半结构化模型抽取技术，即自动地从现有数据中抽取半结构化模型的技术。XML可看作一种半结构化的数据模型，可以很容易地将XML的文档描述与关系数据库中的属性对应起来，实施精确地查询与模型抽取。利用XML语言，设计人员不仅能创建文字和图形，而且还能创构建文档类型定义的多层次、相互依存的系统、数据树、元数据、超链接结构和样式表。网络数据可被XML惟一地标识。搜索软件必须了解每个数据库是如何创建的，因为每个数据库描述数据的格式几乎都是不同的。由于不同来源数据的集成问题的存在，现在搜索多样的不兼容的数据库实际上是不可能的。XML能够使不同来源的结构化的数据很容易地结合在一起。软件代理商可以在中间层的服务器上对从后端数据库和其他应用处来的数据进行集成。然后，数据就能被发送到客户或其他服务器做进一步的集合、处理和分发。由于基于XML的数据是自我描述的，所以数据不需要有内部描述就能被交换和处理。利用XML，用户可以方便地进行本地计算和处理，XML格式的数据发送给客户后，客户可以用应用软件解析数据并对数据进行编辑和处理。XML应用于将大量运算负荷分布在客户端，客户可根据自己的需求选择和制作不同的应用程序以处理数据，而服务器只需发出同一个XML文件。处理数据的主动权交给了客户，服务器所做的只是尽可能完善、准确地将数据封装进XML文件中。XML的自解释性使客户端在收到数据的同时也理解数据的逻辑结构与含义，从而使广泛、通用的分布式计算成为可能，这也更有利于满足网络信息数据挖掘所强调的用户个性化需求问题的解决。网络数据挖掘是数据挖掘技术中的一个新的分支，它涉及网络技术、数据挖掘技术、文本处理技术、人工智能技术等多个领域，网络数据挖掘系统能为用户的信息搜集提供一个有力工具，而新一代的网络描述数据语言XML将为网络数据挖掘的实现提供极大的便利。

6.5.4 网络数据挖掘的应用

数据挖掘技术已经广泛地应用于金融业、零售业、远程通讯业、政府管理、制造业、医疗服务以及体育事业中，而它在网络中的应用也正在成为一个热点。网络信息挖掘的应用涉及到电子商务、网站设计和搜索引擎服务等众多方面。下面主要从这几个方面介绍其应用。

（1）电子商务。运用网络用法挖掘技术能够从服务器以及浏览器端的日志记录中自动发现隐藏在数据中的模式信息，了解系统的访问模式以及用户的行为模式，从而做出预测性分析。例如通过评价用户对某一信息资源浏览所花的时间，可以判断出用户对资源兴趣如何；对日志文件所收集到的域名数据，可以根据国家或类型（如.com、.edu、.gov）进行分类分析；应用聚类分析来识别用户的访问动机和访问趋势等。

（2）网站设计。通过对网站内容的挖掘，主要是对文本内容的挖掘，可以有效地组织网站信息，例如采用自动归类技术实现网站信息的层次性组织；同时，可以结合对用户访问日志记录信息的挖掘，把握用户的兴趣，从而有助于开展网站信息推送服务以及个人信息的定制服务。目前PDA（Personal Digital Assistant，个人数字助理）以及移动电话都已经可以直接接受网络信息服务。这些设备的显示界面较小，因而网站面向这些设备的设计就应当突出精品化、个性化的特点，而这类特色推送服务就必须采用网络信息挖掘技术。

（3）搜索引擎。网络信息挖掘是目前网络信息检索发展的一个关键。Google搜索引擎的最大特色就体现在它所采用的对网页连接信息的挖掘技术上。如通过对网页内容挖掘，可以实现对网页的聚类、分类，实现网络信息的分类浏览与检索；同时，通过用户所使用的提问式的历史记录的分析，可以有效地进行提问扩展，提高用户的检索效果（如查全率、查准率等）；另外，运用网络内容挖掘技术改进关键词加权算法，提高网络信息的标引准确度，从而改善检索效果。

（4）知识管理。随着信息时代的到来，企业面临的问题也越来越多。网络信息挖掘分析和其他一些信息技术的结合使用，可以使企业避免信息过载的问题，从外部及时获得准确的信息。企业信息门户就是为了改变这种情况应运而生的。企业信息门户的知识有两个来源，一是企业内部积累的知识，二是企业外部的信息。在采集外部信息时，首先利用网络信息挖掘分析确定情报源，然后从外部获取新闻等信息，同时对原有的内部信息进行组织。再根据内容把外部与内部的信息进行整合，发现有规律的认识，为决策提供依据。

6.5.5　基于网络挖掘的推荐系统

通过对网络的内容挖掘和使用记录挖掘，可以构建相关的推荐系统，其主要的功能如下：

（1）发现用户使用偏好。用户虽然在兴趣上存在一定差别，但是在一定程度上通过浏览历史可以反映出他们的一些共同兴趣，所以可以通过描述用户的总体偏好反映用户的交叉兴趣，把这些代表用户会话的页面矢量描绘成一个多维空间。通过标准的聚类算法，根据距离或者相似性将彼此靠得很近的会话聚集在一起，从而将这个多维空间分成许多的子空间，这种聚类的结果为一个集合。

（2）发现用户需求内容偏好。与使用偏好相比较，内容偏好将分布在不同地方的具有相似内容的页面组合在一起，从这些页面中可以反映出用户的共同兴趣。利用内容预处理阶段获得的特征—页面文件，每一个特征可以视为浏览页面空间的n维的矢量，这个矢量的每一维是在相应页面的特征权重。可以看到内容偏好的描述形式与使用偏好的相同，这种统一的表示方法有利于将这两种偏好进行集成，提供给推荐引擎使用。

（3）实现个性化服务。推荐引擎是网络个性化系统的在线部分，任务是为正在进行的用户会话计算出一个推荐集，计算的过程实质上就是将顾客的交互信息与使用偏好相匹配，将推荐页面传送到客户端。由于大多数用户访问的路径越多，浏览的信息间的联系就越少，所以必须确定用于匹配的正在进行的用户会话的长度。最后可以使用站点的结构特点或已有知识，来辅助确定用户正在进行的会话中每一个浏览页面的权重。

综上所述，内容和使用偏好描述都表示为页面—权重的集合，可根据个性化的目的和站点的需求，使用不同的方法来对这两种类型的推荐进行整合。在这里可以选取每个页面的推荐值为两种情况下的最大值，这样就可以在没有匹配的使用偏好的情况下，将内容偏好加入推荐集中，反之亦然。这种基于网络内容挖掘和网络使用挖掘的推荐系统基本上能向用户提供一些个性化的内容，但是要使用户很满意，其中的一些处理方法还有待改进，如权重的确定。总之，基于用户总体偏好描述基础上进行的推荐系统，要能做到真正意义上的个性服务，关键在于能够正确地识别用户。

第 7 章 网络复杂数据的挖掘分析

7.1 文本数据挖掘

7.1.1 文本挖掘的意义

目前网络数据主要是以文本形式为主。文本挖掘（Text Mining）是从非结构化的文本中发现潜在的知识。

文本挖掘处理的对象主要是大量的、无结构的文本信息。文本挖掘的目的是从不同格式的文本中发现有用的知识，它是分析文本并从中抽取特定信息的过程。与数据库数据相比，文本数据结构隐含、松散，难以处理。互联网上大多数的信息表现形式为文本，随着网络上文本资源的增多，从中发现有价值的信息已成为迫切的需求，对文本挖掘这一领域的研究也越来越重要。

文本挖掘可以从来自异构数据源的大规模的文本信息资源中提取符合需要的简洁、精炼、可理解的知识。

目前在国外比较重视文本挖掘研究，一些机构开始尝试开发从非结构化的文本中进行挖掘的工具；一些情报部门已经在利用文本挖掘系统来搜集特定方面的情报；一些公司已在吸收文本挖掘的技术成果，以此作为基础来构造提供情报检索服务的系统，文本挖掘的作用比较广泛，如搜索引擎中对文档的自动分类、帮助用户查找相关的信息、对有关的信息进行聚类等。推动文本挖掘技术发展的原动力主要有两方面：一是互联网的迅速发展，互联网上有大量的网页数据，这些数据大多以文本的形式出现；另一个原动力是客户关系管理系统，而客户的相关信息绝大多数是文字性质的。这些文本信息是非结构化的数据，其包含的重要内容不是显示的而是隐含在文档内部。文本挖掘的目的是从不同格式的文本中发现有意义的知识。

7.1.2 文本挖掘特点

网络上文本数据挖掘的对象是HTML或XML的文档集。与关系数据库中的结构化数据相比，这种网络文本没有结构，或者具有有限的结构，缺乏数据的组织规律性。因此，首先要将这些文档转化为一种类似关系数据库中记录的比较规则、且能反映文档内容特征的中间表示形式，一般采用文本特征向量表示法，然后可以利用文本分类和文本聚类等机器学习方法来提取知识模式。文本挖掘与数据挖掘具有一定的区别，从发现数据间的相互关系这一点来看，文本挖掘和数据挖掘有很大的相似性，但数据挖掘面对的是结构化数据，采用的方法大多是非常明确的定量方法，而文本挖掘由于它处理的是非结构化的文本，因此它采用的方法与数据挖掘不同。文本挖掘经常使用于自然语言理解和文本处理领域，如使用于文本摘要、文本分类、文本检索等技术方面。文本挖掘发现的知识往往不是精确的数据，而是定性的规则。数据挖掘所处理的数据是结构化的，其特征量通常比较少，而文本数据是非结构或半结构的，转换为特征矢量后特征数比较大。所以，文本挖掘面临的首要问题是如何在计算机中合理地表示文本。这种表示法既要包含足够的信息以反映文本的特征，又不至于太过庞大而使学习算法无法处理，因而就涉及文本特征的抽取和筛选。文本挖掘的一个核心环节是文本分类。中文的文本挖掘难度较大，体现在汉语分词问题、建立完整的汉语概念体系的困难和汉语的语法、语义和语用分析的困难上。

7.1.3　文本挖掘内容和方法

网络文本挖掘可以对网上大量文本集合的内容进行表示、特征提取、内容总结、分类、聚类、关联分析、语义分析以及利用网络文本进行趋势预测等[78]。

（1）文本的特征表示

网络文档具有有限的结构，或者根本就没有结构，即使具有一些结构，也是着重于格式，而非文档内容。不同类型文档的结构也不一致。此外文档的内容是人类所使用的自然语言，计算机很难处理其语义。文本信息的这些特点使得现有的数据挖掘技术难以直接应用，因此，要对文本进行预处理，抽取代表其特征的元数据。这些特征可以用结构化的形式保存，作为文档的中间表示形式。文本特征指的是关于文本的元数据，分为描述性特征，例如文本的名称、日期、大小、类型等；以及语义性特征，例如文本的作者、机构、标题、内容等，描述性特征易于获得，而语义性特征则较难得到。W3C近来制定的XML、RDF等规范提供了对网络文档资源进行描述的语言和框架。在此基础上，可以从半结构化的网络文档中抽取作者、机构等特征。

文档表示是指以一定的规则和描述来表示文档或文档集，是文本挖掘的基础。近年来常用的文档表示方法是TFIDF向量表示法，它是一种文档的词集（Bag-of-Word）表示法，所有的词从文档中抽取出来，而不考虑词间的顺序和文本的结构，从而构成一个二维数据表，其中列集为特征集，每一列是一个特征；行集为所有的文档集合，每一行为一个文档的特征集合。设D为一个包含m个文档的文档集合。d_i为第i个文档的特征向量，则有

D= {d1,d2,…,dm}

Di=（di1,di2,…, dij,…, din）, I=1,2,…, m;

其中dij（I=1,2,…,m；j=1,2,…,n）为文档di中第j个词条tj的权值，它一般被定义为tj在di中出现的频率tij的函数，常用的有布尔函数、平方根函数、对数函数、TFIDF函数等。这里采用TFIDF函数，即

dij=tij×log（N／nj）

其中，N是文档数据库中文档总数，nj是文档数据库含有词条tj的文档数目。假设用户给定的文档向量为di，未知的文档向量为dj，则两者的相似程度可用两向量的夹角余弦来度量，夹角越小说明相似度越高。此外，许多采用词集文档表示的系统，要么用一个布尔逻辑作为文档向量的分量表示特定的单字在文档中是否出现，要么用词在特定文档中出现的频率作为文档向量的分量。采用什么样的文本表示与挖掘系统的目的有关。

（2）文本特征抽取法

特征是概念的外在表现形式，特征的抽取是识别潜在概念结构的重要基础，文本特征分为一般特征和数字特征，其中一般特征主要包括名词和名词短语；数字特征主要包括日期、时间、货币以及单纯数字信息等。要从文本数据中得到任何有用的信息，首先需要从中获得清晰的结构。面对海量数字化文本，传统的信息处理机制显然无能为力，因为文本是非结构的，可直接利用的信息十分有限，也不是仅仅通过分词和词频统计就能解决大量潜在的有价值信息的提取的，因此，应根据特征项之间潜在的联系，首先确定是否能够代表文本的特征项。特征抽取是文本挖掘的必要基础，特征词是表达文章中心内容的词。在文本挖掘模型过程中，采用统计方法有着较强的适应性和良好的反映能力，不依赖于具体领域知识。但是随着需求的深入，引入基于自然语言理解的语法分析、语义分析和语用分析势在必行。一种以统计方法为主的网页中文文本主题的自动提取方法，能在较短的时间对普通网页进行处理，得到基本反映网页主题的字串，利用这些主题字串来分析这个网页，能帮助用户在较短时间内了解这个页面的主题内容，缺点是不能提取只出现一次的主题字串。基于因子分析的特征抽取机制的文本特征抽取有许多方法，多数方法是基于词频和位置的，即考虑到特征发生的频率和所处的位置，赋予一定的权重，选择较大。有一些方法通过改进特征项的表示，如采用词串或词序列等方式，利用贝叶斯分类器，通过训练集来寻找比较重要的文本特征。特征间存在很大的相关关系，既存在潜在的概念结构，如词汇之间的共现关系、同义关系等，分析这种相关关系会给特征抽取提供有用的线索。由于概念结构很少显式给出，所以分析比较困难。许多方法都忽略了对于特征间相互关系的分析和利用。因子分析的基本思想是寻求基本结构和简化系统，即寻找一个加权的子集，这样就将原系统的因子表示为新因子的组合，进而再现其内部联系，解释整个系统。采用基于因子分析的方法，寻找文本中潜在的概念结构，用相应的概念子集作为文本特征，可以用

少数的概念来再现整个概念集的内在联系，化简表达方式，同时，可以从另外的角度来看待特征抽取的意义。在传统的向量空间模型中，最基本的假设是各个分量间正交，而实际上在真实文本中，作为分量的词汇往往具有很大的相关性。消除这些相关性，就是用相对联系较少的子集来代替原有空间，使得既能最大限度地包含文本所表述的主题思想，能化简空间维数，便于文本的分类和索引等操作。加权因子包括：

① 词频因子，反映词在全文中出现的频率。

② 集合频率因子，即反数据频率IDF（Inverse Document Frequence）。IDF基于这样一个假设，即稀有词比常用词包含更新的信息。IDF因子的值随包含某个词的数据数量反向变化，在极端情况下，只在一篇文章中出现的词有最高的IDF值，它忽略了词之间暗含的意思，或者说它忽略了同义多形词。

③ 词长因子。汉语中，特征词一般是词长较长的名词，词长也是一个加权因子。

④ 位置因子。一般出现在标题中的名词和动词表达文章主题的能力比出现在正文中的其他词要强。因此，将出现在标题中的名词和动词赋予最大权值。

（3）文本总结

文本总结是指从文档中抽取关键信息，用简洁的形式对文档内容进行摘要或解释，这样，用户不需要浏览全文就可以了解文档或文档集合的总体内容。文本总结具有较大的意义，例如，搜索引擎在向用户返回查询结果时，通常需要给出文档的摘要。目前，绝大部分搜索引擎采用的方法是简单地截取文档的前几行，有时并不能反映文档的基本含义；或采用自动摘录将文本视为句子的线性序列，将句子视为词的线性序列，它通常分4步进行：

第1步，计算词的权值。

第2步，计算句子的权值。

第3步，对原文中的所有句子按权值高低降序排列，权值最高的若干句子被确定为文摘句。

第4步，将所有文摘句按照它们在原文中的出现顺序输出。

在自动摘录中，计算词权、句权、选择文摘句的依据是文本的6种形式特征，即词频、标题、位置、句法结构、线索词和指示性短语，以及多种形式特征的综合利用。文摘自动化方法必须考虑数据正文的句法特征和语义特征，而不能简单地依赖粗糙的统计数据。文本总结是基于理解的自动文摘，是以人工智能，特别是自然语言理解技术为基础而发展起来的文摘方法，这种方法与自动摘录的明显区别在于对知识的利用，它不仅利用语言学知识获取语言结构，更重要的是利用领域知识进行判断、推理，得到文摘的意义表示，最后从意义表示中生成摘要。基于理解的自动文摘通常有以下步骤：

第1步，语法分析。借助词典中的语言学知识对原文中的句子进行语法分析，获得语法结构树。

第2步，语义分析。运用知识库中的语义知识将语法结构描述转换成以逻辑和意义为基础的语义表示。

第3步，语用分析和信息提取。根据知识库中预先存放的领域知识在上下文中进行推理，并将提取出来的关键内容存入一张信息表。

第4步，文本生成。将信息表中的内容转换为一段完整连贯的文字输出。

使用中心文档来代表文档集合，用中心词汇来表示文档的方法，并给出了求取中心文档和中心词汇的算法。运用向量空间模型来确定文本段落之间内容的相关性，从而实现文本主题的自动分析，找出构成文本大主题的各个小主题，从这些小主题入手来实现自动文摘，可为自动文摘技术探索一条新途径。通过文本结构的自动分析，可确定文本结构的类型，也为全文检索等信息处理技术提供一些有用的信息。基于文本结构分析的汉语自动文摘系统应用文本结构或内容的自动分析来提高自动摘要的质量。

（4）文本分类

文本自动分类是利用对文本集按照一定的分类体系或标准进行自动分类标记，属于同一类别的文本被标上相同的类别标记，为文本信息的处理提供系统化的解决方案。

自动文本分类就是对大量的自然语言文本按照一定的主题类别进行自动分类。文本分类的一个关键问题是特征词的选择问题及其权重分配。文本分类在已有数据的基础上建立一个分类函数或构造出一个分类模型，即通常所说的分类器。分类器一般分为训练和分类两个阶段。分类往往表现为一棵分类树，根据数据的值从树根开始搜索，沿着满足数据的分支往上走，走到树叶就能确定类别。

文本分类已成为一个日益重要的研究领域。随着文本信息的快速增长，特别是互联网信息的增加，文本分类显得越来越重要。

由于分类可以在较大程度上解决目前网上信息杂乱的现象，方便用户准确地定位所需的信息和分流信息，因此，文本自动分类已成为一项具有较大实用价值的关键技术，是组织和管理数据的有力手段。

文本自动分类的主要类型有：按文本语料的性质和应用需求的不同，文本自动分类可分为基于分类体系的自动分类和基于信息过滤和用户兴趣的自动分类。按照文本表示方法可将自动归类方法分为3类：

① 基于词（Word-based）的归类技术。从理论上讲，文本自动处理是以概念为基本单元，而词是概念的基本组成部分，是信息的载体，因此，这种方法是通过可以代表文章主题内容的词汇对文章进行类别判定的一种方法。

② 基于知识（Knowledge-based）的归类技术。这种基于知识的文本自动分类方法主要依赖于一个明确的知识库。知识的表示方法主要有规则库、语义模型或框架等。基于知识的分类技术的显著特点是需要手工建造的知识库，且建造的知识库领域性极强，移植困难。最近的研究工作表明，在一定的领域内，基于知识的系统能够进行快速准确的分类。

③ 基于信息的归类技术。这是一种介于词的技术和基于知识的技术之间的方法，该方法是一种有选择的概念抽取。用于文本自动分类中，只抽取那些对文本分类有用的信息。它抽取短语及短语周围的文本和潜在的语义信息以进行文本类别的确定。需要指出的是，这种方法可以用来处理没有关键词或关键短语的文章，并且避免了基于词的技术在处理同义词、一词多义、短语、局部文本以至全文文本时的局限性，能够达到较高的正确率。

文本分类系统的任务是在给定的分类体系下，根据文本的内容自动地确定文本关联的类别。文本分类是一个映射的过程，它将未标明类别的文本映射到已有的类别中。该映射可以是一一映射，也可以是一对多的映射，因为通常一篇文本可以同多个类别相关联。文本分类的映射规则是系统根据已经掌握的每类若干样本的数据信息，总结出分类的规律性而建立的判别公式和判别规则；然后在遇到新文本时，根据总结出的判别规则，确定文本相关的类别。

文本分类是指按照预先定义的主题类别，在分析文本内容的基础上为文档集合中的每个文档确定一个类别。这样，用户不但能够方便地浏览文档，而且可以通过限制搜索范围来使文档的查找更容易。利用文本分类技术可以对大量文档进行快速、有效地自动分类。目前，文本分类的算法有很多种，如统计方法、机器学习方法、近邻算法等。常见的文本分类方法主要有：

① k最近邻居分类。所谓k最近邻居分类，是假设有一个任意的输入文档，系统在训练文档中对它的最近邻居排序，并采用排列在最前面的k个文档来预测输入文档的类。每一个邻居文档与待分类的新文档间的相似值被当作类的权重，k个最近邻居的类权重之和被用于类的排序。文本分类的一个关键词问题是特征词的选择及其权重分配。利用统计词频信息和语言信息相结合的方法选择特征，计算特征的权重值时不仅考虑词频，还利用了特征的集中度、分散度。经过训练和统计对每一类文本形成特征的权重向量，利用k最近邻居分类的方法对测试集进行分类，可以提高文本分类的准确率。

② 模糊模式识别法。模式识别是从已知事物的各种类别来判断给定的对象是属于哪一个类别的问题。模式是指标准的模板，实际生活中有些事物的类别模式是确定的，但也有些事物的模式带不确定性，如文本类别的识别，对于这些具有模糊性模式识别问题，可以用模糊方法来处理。它首先对识别对象的特性指标进行抽选，抽选出与模式识别问题有显著关系的诸特性指标，测出对象的各特性指标值，然后计算其特性向量，构造模糊模式的隶属函数组，按照某种隶属原则对对象进行判断，指出它应归属于哪一个模糊模式。

③ 基于特征相关性法。文本自动分类是基于内容将自然语言文本自动分配给预定义类别。在分类过程中，不仅使用基于词的技术，而且在此基础上将分类项特征与关键词综合考虑，有机结合，可以更精确地对文本进行自动分类处理。基于特征相关性的分类方法首先寻求每一项预定义类别及分类文本的特征，将它们作为规范化向量，并通过相应的不同

加权处理，说明分类项与分类文本特征之间的相关性，从而实现自动确定文本的所属类别。

④ 基于概念推理网。这是一种新的分类模型，该模型是对人的分类过程的一种模拟。应用机器学习、数据挖掘等技术进行知识获取并最终形成若干个概念推理网，对分类的文档可以激活相应的网络，同时传播推理以决定其类别的归属。一个词具有多个义项，而一个概念只具有一个惟一确定的意义，所以必须用概念来衡量对类别的影响。同时概念与概念之间是存在各种关联的。如果可以自动地获取关键概念及其他概念与关键概念间的关系，就有可能模拟人的分类过程并达到高的分类准确率。

⑤ 文本学习法。文本学习以文本文档或文本字段为学习对象，通过大量文档集的训练，使学习系统掌握文档的类别特征，获得识别新文档的规则或模型，从而为分类器提供分类的知识。文本学习技术分析文本学习分类器内含的一种机制。分类器被列入一组文档，学习机制根据文档信息内容进行监督学习学成的分类器就可用于识别新文档。文本学习分为如下4个步骤：

第1步，学习系统在进行训练之前，要对文档进行预处理，通常是从全部训练集中编辑一个词典，然后把原始文档转换成一种标准特征模型。

第2步，要进行特征抽取，就是把文本的附加特征信息（如词频、句子结构、词位、相邻词等）抽取出来供学习算法使用，以便提高学习的准确性。

第3步，运用某种学习算法对用标准模式表示的文档集进行处理，进而得到预测模型。

第4步，利用分类器运用这个预测模型识别新文档，并进一步改进预测模型。

⑥ 综合协调分类法。超文本的结构是半结构化的，且多数页面文本内容短小，如果用平常的文本分类器去分类，则效果明显不好。目前对超文本的分类，主要涉及页面的纯文本分类、超文本结构信息分类以及协调分类等。纯文本分类对超文本页面的文本分类，没有用超文本页面中的任何结构信息，只是将此页面当作一个普通文本看待，用一般的文本分类方法进行分类，这主要是早期的超文本分类器的分类方法。超文本页面中含有大量有用的结构信息，这些信息可能包括该页面标题、重要的子标题等重要的内容。如果将这些结构信息用于分类页面，一方面可以有效地提高分类精度，另一方面可以减少计算的复杂度。因此，将有关的文档结构信息提取出来，再用相应的分类器进行分类，将两者结合，从而更有效地提高分类效果。

（5）文本聚类

文本聚类与分类的不同之处在于文本聚类没有预先定义好的主题类别，它的目标是将文档集合分成若干个簇，要求同一簇内文档内容的相似度尽可能大，而不同簇间的相似度尽可能小。聚类是把一组个体按照相似性归成若干类别，即物以类聚，它的目的是使属于同一类别的个体之间的距离尽可能小，而不同类别的个体间的距离尽可能大。研究证明了聚类假设，即与用户查询的相关文档，通常会聚类得比较靠近，而远离与用户查询的不相关文档。因此，可以利用文本聚类技术将搜索引擎的检索结果划分为若干个簇，用户只需要考虑那些相关的簇，这样大大缩小了所需要浏览的结果数量。

文本聚类是一种机器学习方法，现存的聚类算法一般分为分割（分割聚类法）和分层（层次聚类法）两种。分割聚类法通过优化一个评价函数，把文档集分割为k个部分；分层聚类法是由不同层次的分割聚类组成，层次之间的分割具有嵌套关系。采用层次聚类法的步骤如下：

第1步，对于给定的文档集合，计算出每一个文档的特征向量d_i（i=1,2,…,n）。

第2步，将d_i看作是一个具有单个成员的簇$c_i = \{d_i\}$，从而构成了该文档集合的一个聚类$C(n) = \{c_1, c_2, …, c_n\}$。

第3步，计算$C(n)$中每对簇(c_i, c_j)之间的相似度$sim(c_i, c_j)$。

第4步，选取具有最大的相似度的簇对，并将其合并为一个新的簇，从而构成该文档集合的一个新的聚类$C(n-1) = \{c_1, c_2, …, c_{n-1}\}$。

第5步，重复上述的第3步、第4步，直到$C(n)$中剩下一个簇为止，即$C(1)$。上述过程构造出一棵生成树，其中包含了簇的层次信息，以及所有簇内和簇间的相似度。层次聚类法是最常用的聚类方法，它能够生成层次化的嵌套簇，且准确度较高。但是在每次合并时，需要全局地比较所有簇之间的相似度，并选择出最佳的两个簇，因此运行速度较慢，不适合于大量文档的集合。

（6）关联分析法

关联分析是指从文档集合中找出不同词语之间的关系。关键词的关联分析有助于找出复合的关联，即领域相关的词或词组。基于词的关联挖掘称为词级挖掘，词级挖掘可以找出词或关键词的关联，也可以找出一起出现的最大词集。词级挖掘在文本挖掘中的优点是无需人工去标记，算法的执行时间和无意义的结果将极大地减少，例如，Brin提出了一种从大量文档中发现一对词语出现模式的算法，并用来在网络上寻找作者和书名的出现模式，从而发现了数千本在Amazon网站上找不到的新书籍。分布分析与趋势预测是指通过对网络文档的分析，得到特定数据在某个历史时刻的情况或将来的取值趋势，例如，Feldman等人使用多种分布模型对路透社的两万多篇新闻进行了挖掘，得到主题、国家、组织、人、股票交易之间的相对分布，揭示了一些有意义的趋势。需要说明的是，网络上的文本挖掘和通常的平面文本挖掘的功能和方法比较类似，但是，网络文档中的标记，例如<Title>、<Heading>等蕴含了额外的信息，可以利用这些信息来提高网络文本挖掘的性能。

7.1.4　文本挖掘工具

文本挖掘系统的一般结构由特征提取、源信息采集、特征匹配3个部分组成。特征提取负责根据一定的算法和策略，从现有的样本文档中提取出其内在的特征，即进行挖掘对象的特征提取；源信息采集负责从网络上选择下载原始文档；特征匹配是利用挖掘目标特征判断源信息的相似度，即进行相关信息的提取，目前已经出现一些文本挖掘工具。

（1）IBM的文本挖掘工具TextMiner

在文本挖掘工具中，IBM的TextMiner较有代表性，其主要功能是特征抽取、文档聚集、文档分类和检索。

TextMiner的特征抽取器能从文档中抽取人名、组织机构名和地名，以及由多个字组成的复合词。

此外，特征抽取器还能抽取表达数字的词汇，例如，"百分比"、"时间"等。抽取完特征以后，具有相似特征的文档就被自动聚集成一个集合，利用这一功能，可以从大量文档中找到相关文档。

TextMiner还可以对文档进行自动分类。IBM的文本智能挖掘工具包括3个主要成分：高级搜索引擎（Advanced Search Engine）——TextMiner；网络访问工具（Web Access Tools）——包括网络搜索引擎NetQuestion和Web Crawler；文本分析工具（Text Analysis Tools）。文本智能挖掘工具专为分析文本数据而设计，支持文本数据的信息搜索，为文档按主题创建目录及创建索引。TextMiner是IBM文本智能挖掘工具的主要成分之一，帮助创建高质量的信息查询系统；支持16种语言的多种格式文本的数据检索；采用深层次的文本分析与索引方法；支持全文搜索及索引搜索，搜索的条件可以是自然语言和布尔逻辑条件。TextMiner是客户机服务器结构的工具，支持大量的并发用户做检索任务，其中一个重要的功能包括联机更新索引，同时又能完成其他的搜索任务。IBM文本智能挖掘机中提供了网络搜索引擎——NetQuestion。NetQuestion适合互联网或内联网信息搜索，其内核采用了同TextMiner类似的技术，并根据网络的超大数据量的特点做了调整，以支持快速索引和理想的查询响应时间。IBM文本智能挖掘机应用到许多不同的领域，如：客户关系管理系统、电子邮件处理系统、合同管理等。

（2）网络文本挖掘系统原型WebMiner[79]

WebMiner是王继成等人开发的网络文本挖掘系统原型。WebMiner采用了多智能代理（MultiAgent）的体系结构，将多维文本分析与文本挖掘这两种技术有机地结合起来，以帮助用户快速、有效地挖掘网络上的HTML文档。系统组件包括：

① 文本搜集Agent。利用信息访问技术将分布在多个网络服务器上的待挖掘文档集成在WebMiner的本地文本库中。

② 文本预处理Agent。利用启发式规则和自然语言处理技术从文本中抽取出代表其特征的元数据，并存放在文本特征库中，作为文本挖掘的基础。

③ 文本分类Agent。利用其内部知识库，按照预定义的类别层次，对文档集合（或者

其中的部分子集）的内容进行分类。

④ 文本聚类Agent。利用其内部知识库，对文档集合（或者其中的部分子集）的内容进行聚类。

⑤ 多维文本分析引擎。WebMiner引入了文本超立方体模型和多维文本分析技术，为用户提供关于文档的多维视图。多维文本分析引擎还具有统计分析功能，从而能够揭示文档集合的特征分布和趋势。此外，多维文本分析引擎还可以对大量文档的集合进行特征修剪，包括横向文档选择和纵向特征投影两种方式。

⑥ 用户接口Agent。在用户与多维文本分析引擎之间起着桥梁作用。它为用户提供可视化接口，将用户的请求转化为专用语言传递给多维文本分析引擎，并将多维文本分析引擎返回的多维文本视图和文档展示给用户。每个Agent作为系统的一个组件，能够完成相对独立的工作。

上述部件可以位于同一台计算机上，也可以分布在网络中的多台计算机上。此外，由于系统高度模块化，因此易于加入新的部件。同时，各个Agent之间通过相互协作来完成挖掘的全过程。

文本挖掘的一般步骤：

第1步，确立目标样本。由用户选择确定挖掘目标的文本样本，用于特征提取模块进行挖掘目标的提取。

第2步，建立统计词典。建立用于特征提取和词频统计的主词典和同义词词典及蕴含词词典。

第3步，特征提取。根据目标样本的词频分布，从统计词典中提取出挖掘目标的特征项集并计算出相应的权值。特征提取步骤包括词频统计；词频过滤，去除高频词和低频词；滤噪处理，去除在所有类别中频率分布相同的词；计算特征项权值；生成特征矢量表。

第4步，调整特征矢量。生成匹配阈值，并根据测试样本的反馈调整特征项权值和匹配阈值。

第5步，源文档采集。先利用网络资源检索站点进行采集站点的选择，再运行网络机器人程序以根据一定的启发策略进行文档采集。

第6步，特征匹配。提取源文档的特征矢量，并与目标特征矢量进行匹配，将符合阈值条件的文档提交给用户。首先，用户给出搜集策略，例如，起始URL列表、指定主题或者网域等，以指导文本搜集Agent进行网络文档的搜集。然后，文本预处理Agent从搜集到的网络文档中抽取描述性特征和语义性特征，用户有多种方案供选择，包括使用多维分析引擎对文档特征进行多维分析，得到多维文档视图按照预定义的类别层次，对文档集合的内容进行分类；当预定义的类别层次与文档集合的内在层次不符合时，用户可以修改或重新创建文本分类Agent的预定义类别层次和训练文档，或者利用文本聚类Agent对文档集合进行聚类得到文档簇；由于簇也是文档的集合，因此，当用户对某个簇感兴趣，而这个簇中又包含很多文档时，可以再次使用文本聚类Agent将簇进一步划分为子簇，直到每个簇中包含的文档数目适中为止。用户与系统的交互还可以多次反复，直到获得满意的结果为止。

7.2　多媒体数据的挖掘

随着互联网的发展，图形、图像、音频、视频等多媒体信息将成为网上不可缺少的资源。多媒体是基于时间的媒体与基于空间的媒体的结合体。从时间变化的角度来看，基于空间的媒体为静态媒体，基于时间的为动态媒体；从数据格式来看，多媒体有格式化信息和非格式化信息两种。由于网络电子出版物、数字图书馆等的不断增加，网络多媒体数据越来越多，如何对其进行挖掘分析和知识发现是值得关注的问题。

7.2.1　多媒体数据挖掘的特点

多媒体数据挖掘的特点如下：

（1）挖掘对象的复杂性。从非结构化或半结构化的多媒体数据中抽取隐藏的知识或其他非显形储存的模式比较困难，其属性复杂、数据量大、更新变化快。

（2）多媒体信息内容丰富，而且语义互相关联性较强。各自独立的对象内蕴含极为丰富的语义联系，进一步加大挖掘的难度。

（3）时空相关性。多媒体信息，尤其是声音、动画、视频等连续性媒体一般都有时间敏感性、空间相关性等特点，难以在多媒体信息和数据描述之间建立简单的对应关系，其信息特征的提取比较困难。

（4）知识的表示和解释机制比较困难，多媒体挖掘所得出的模式往往比较隐含，有时难以对其进行解释和说明有关问题。

（5）数据的查询和特征提取通常采用基于内容检索法。基于内容的检索有如下特点：

① 基于内容的检索是一种相似度检索。与常规数据库检索中的精确匹配方法不同，基于内容的检索得到的结果通常是不确定的。因此，基于内容的检索采用相似性匹配的方法逐步求精。

② 采用以示例查询的提问方式。对一些很难描述的特征进行查询时，用户一般是通过浏览选择系统提供的实例作为查询条件，然后再通过不断修改实例最终找到匹配目标。

③ 能满足多层次的检索要求。基于内容的检索系统通常由媒体库、特征库和知识库组成。媒体库包含多媒体数据，如图像、视频、音频、文本等；特征库包含用户输入的客观特征和预处理自动提取的内容特征；知识库包含领域知识和通用知识，其中的知识表达可

以更换，以适应不同领域的应用要求。

7.2.2　多媒体数据特征的提取

多媒体特征提取是进行知识挖掘的基本前提。多媒体数据的查询和挖掘需要进行特征提取并分开存放在特征数据库中。在检索过程中，检索子系统使用的是特征数据而不是数据库项目本身。因此，特征的提取质量决定检索的有效性。如果某个特征没有从数据项目中提取出来，那么相应特征的查询就不可能检索到该数据项目。

1. 多媒体数据特征

在传统数据库管理系统中，所有的属性都是给定的并且是完备的，而在多媒体数据库管理系统中，特征是基于所希望的查询类型而提取的，并且通常是不完备的。面向对象的特征库模型和数据类型，包含用户输入的客观特征和预处理自动提取的内容特征，如颜色、纹理、形状、关键字和元数据等，此外，还存储许多描述和特征，如图像文件名、图像和原型结构图视频类型、一组已知与该图像相关的关键字等。特征由一组向量集表示，每个视觉特征均有相应的向量，如颜色、方向、颜色布局和边界布局等向量。因此，一般来说，多媒体数据对象有3个层次的特征：元数据、文字注释和内容特征。

（1）元数据特征

元数据特征指的是多媒体对象在形式上、表面上的属性，如作者姓名、创建时间以及对象名称等。元数据特征不描述或解释对象的内容，这些特征可以用传统的数据库管理系统技术进行处理。

（2）文字注释特征

文字注释特征是对多媒体对象内容的文字描述。文字注释可以是几个关键字，也可以是一长段自由文本描述，例如关键字、媒体尺寸、对象大小、媒体类型等其他特征。对文字注释的索引和检索可以利用传统的检索技术进行处理。文字注释特征具有主观性和不完备性。

（3）内容特征

如何通过内容对对象进行搜寻和检索主要依赖于对象内容的表示法，即选择的特征表示及使用的相似度标准。以图像为例，常用特征有纹理、颜色、形状和空间、运动等特征，可分别用于不同的具体应用。

① 纹理特征。纹理是识别不同图像的最重要的特征之一。可用于不同表面和其他信息，包括形状和运动等的区分，并反映一些抽象概念，纹理包括图像的纹理结构、方向、组合及对称关系等。纹理特征是图像中重要而又难以描述的特征。很多图像在局部区域内呈现不规则性，但在整体上表现出规律性。目前建立了纹理算法以测量纹理特性，这些方法大

体可分为两大类：统计分析方法和结构分析方法。前者从图像有关属性的统计分析出发，后者则着力找出纹理基元。

② 颜色特征。包括图像颜色的分布、相互关系、组成等。颜色是使对象识别变得简单而强有力的特征。颜色模式有多种，如RGB和HIS模式。颜色度量包括色调（Hue）、饱和度（Saturation）和亮度（Value）。对颜色特征的描述，必须满足3个基本条件：评估图像特征的相似性；存储和索引图像特征信息；如何从图像中提取显著的区域特性。颜色的特征描述有直方图和二值向量两种方法。

③ 形状和空间特征。对象形状表述是模式识别的一个重要问题。当一些对象的颜色和纹理极其相似时，形状特征尤为重要。空间特征说明了对象的空间位置和对象之间的空间关系，如形状、图像的轮廓组成、形状的大小等方向关系，相邻、重叠和对两个或多个对象的包含等。空间特征可用符号化的串表示。一般的灰度图像的边缘特征对应了图像中对象的轮廓线或边界线，是视觉感知的重要线索。因此对于图像检索来说，忽略次要的因素而提取图像中的主要内容，常常是实际应用中最关心的。图像的边缘特征提取有许多方法，对边缘特征的进一步处理可以得到对象的轮廓线，利用图形生成工具可以将一个复杂的图像用其所包含的若干标准图形刻画，图像的匹配就转化为标准图形组合的匹配，从而达到快速检索的目的。

④ 运动特征。动态视频图像是由摄像机拍摄的动态场景的画面，可用帧、镜头、场景来表示。视频除了具有一般静态图像的特征外，还具有动态性，例如镜头运动的变化，运动目标的大小变化，视频目标的运动轨迹等。视频中的代表帧就是一幅静态的图像，是组成视频的最小单位，几乎所有静态图像检索中所使用的技术都可以用于动态图像的检索，所以静态图像检索技术是动态图像检索技术的基础。

2. 多媒体特征数据库的多维索引结构

特征被提取出来以后，需要用一种索引结构去组织，以支持基于特征的相似性检索。现有的多维索引结构名目较多，一般可以按两种方式进行分类：一种分类方法是根据索引结构中节点的分裂情况把它们分为数据分割索引结构和空间分割索引结构；另一种分类方法是根据检索的度量标准把它们分为基于特征的索引结构和基于距离的索引结构。多媒体特征数据库要求多维索引结构具备以下特点：

（1）伸缩性强，能达到很高的维数，以支持不同角度的多媒体数据特征。

（2）支持任意相似性距离的查询。由于相同的媒体对不同的人可能意味着不同的东西，因此作为多媒体数据的索引仅用一两个特征是不够的，应该选择多个适应不同环境的特征集和利用新的特征表示方法。现在使用的媒体格式和编码没有考虑到内容，只是针对颜色、像素、样值来编码，因此，从这些数据中抽取内容特征非常困难。另外，由于多媒体数据量大，特征的抽取需要使用自动分析的方法。

7.2.3　多媒体数据挖掘系统的功能模块

　　多媒体数据挖掘系统是用于从多媒体数据库中挖掘出隐含的用户感兴趣的知识。多媒体数据挖掘系统以多媒体数据库为数据平台，根据用户请求，利用基于内容检索和相关数据收集，建立媒体数据特征立方体，挖掘出隐含规则，并以图形界面向用户解释获取的知识，实现多层次多级别的挖掘。基于多媒体数据的挖掘采用人工智能、机器学习、统计学、神经网络、决策树和粗糙集等有关方法，实现知识发现。多媒体数据知识挖掘模块有多种开采函数，主要包括：

　　（1）特征器

　　从基于内容检索/多媒体特征库/多媒体数据立方体的一组相关数据中，发现一组多抽象级的典型特征。它为用户提供了上旋和下钻的能力，使用户看到数据的多层视图。

　　（2）比较器

　　发现基于内容检索/多媒体特征库/多媒体数据立方体中一组相关数据不同类之间相区别的特征，以区分目标类与比较类的一般或特定的特征。概念比较的一种算法是，首先按照用户指令收集相关数据，并分别划分为一个目标类和一个（或一组）比较类；然后对相关维进行分析，删除无关的维向量；最后对多媒体数据集进行分类，并对每一类进行特征描述。其中决策树分类可用于预测，分类步骤如下：

　　第1步，收集相关数据，并划分为训练集和测试集。

　　第2步，分析属性间的相关性。

　　第3步，构建分类决策树。

　　第4步，用测试集测试分类的有效性。

　　（3）聚类器

　　数据聚类将一组数据划分为一组称为簇的类集，使每一簇中的对象具有一些有意义的共同属性，并描述其出现的相应模式。此外，还可用知识库、知识推理改进结果，或者用分类建立的神经网络模型挖掘出这些类的模式。

7.2.4　多媒体数据知识挖掘过程

　　多媒体数据知识挖掘过程实际上是对获取的相关数据进行挖掘，从而发现有用的隐含的知识。有效管理复杂数据类型是解决多媒体数据模型、数据表示和数据存储管理问题，以有效进行媒体数据特征抽取和知识挖掘。面向对象数据模型的特征库也是一种重要的多媒体数据模型，也可存于多媒体数据库。它支持查询检索和联机分析，多媒体数据库的索引机制与多媒体数据的面向对象模型或超媒体模型结合，有效地支持数据查询、检索和联机分析处理的执行，从而提高系统工作的效率。多媒体数据挖掘工作主要分为如下几个阶段：

（1）数据准备

在完成数据集成和特征库建立后，将用户提出的挖掘要求送入挖掘引擎，用相似检索技术，从特征库抽取与用户要求相关的数据；接着用与请求相关的特征建立特征立方体。在建立多媒体数据库后，对已有的多媒体数据库解决数据合并处理、语义模糊、数据遗漏和清晰化等问题，将收集的多媒体数据用多媒体数据库管理系统进行管理。

（2）媒体数据知识挖掘

根据用户请求，对多媒体特征库实施切片、切块、下钻、上旋等处理技术和数据挖掘方法，发现媒体特征间的关系、基于媒体特征的图像和视频的分类等。可实施交互式或自动的知识挖掘，从而发现用户感兴趣的隐含的知识。

（3）知识表示与解释

将结果以图形界面呈现给用户，并加以解释和说明。若用户不满意，则重新执行上述操作。用户也可通过挖掘出的数据再进行相关数据的检索。用户请求与挖掘结果表示用户请求方式，用户通过一个知识发现请求，启动一次多媒体数据挖掘过程。该请求提供挖掘要求和基本信息，如相关数据集、待发现的规则种类、必要的背景知识等。多媒体特征库提供多种相关数据信息的输入方式，可使用多媒体对象查询语言或提供例子，也可使用某些媒体数据的特征描述，如颜色柱形图、关键字的关联或拆分、纹理特征或对象模式等。

（4）挖掘结果表示方式

挖掘的知识必须以可理解的方式呈现给用户，不同的知识用不同规则的表示方式：

① 特征规则。以柱状图形式，每次显示两维，沿着给定的某一维上旋或下钻，以发现更抽象的概念或更具体的数据值。

② 关联规则。以网格为底的立柱群，表示网格横向参数与纵向参数间的关联度。该网格标明特征属性的值域，立柱高度说明关联规则的支持度，立柱颜色表明该规则可信度。

③ 分类规则。以分类树表示。通过单击树中的结点，浏览相应的媒体对象集。

④ 比较规则。用表格或坐标图说明目标集和比较集之间特定或一般属性间的区别[80]。

7.2.5 多媒体数据的挖掘方式

多媒体数据的挖掘包括许多方面，如对有关的媒体数据进行分类、聚类、相关分析和特别的模式识别等。

（1）多媒体数据立方体与多维挖掘机制

多媒体数据立方体是一种用于存储多维数据，并在不同抽象层实现对多维集成查询的抽象数据结构，能很好地支持联机分析处理操作和多层次多种知识的数据挖掘。多媒体数据的复杂性，使得其立方体的构建较一般数值型数据立方体更为复杂。在多媒体数据立方体中，要考虑颜色、纹理、方位、关键词等多维属性，而且其中的许多属性是集合值而不是单值，例如，一幅图像可能对应一组关键字，它可能包含一组对象，每一对象对应一组颜色。在设计多媒体数据立方体时，如果每个关键词作为一维，或以每种颜色作为一维，那么必将导致维数过多；否则，又会导致图像的建模过于粗糙而受到限制。如何设计出既能满足效率的要求，具有表达能力的多媒体数据立方体是值得考虑的问题。多媒体数据立方体有多种维，它由基于内容检索技术的结果及用户要求的知识类型决定，例如：图像的尺寸视频字节大小、帧的宽度和高度、媒体数据的类型、关键字、颜色维、形状维、对象边界定向、对象空间位置、对象大小等。多媒体数据特征立方体为特征库信息的子集，它的维是特征库中定义的属性的子集。多媒体数据立方体使用的概念继承是特征库的概念继承，可以面向应用，可由用户自定义或由系统根据其所包含的信息按某种算法自动生成。例如数值维，可根据基于内容检索技术的结果，对其进行统计，将其值域进行不同次数的均分，以得到该维可使用的一种概念继承。用基于内容的检索技术，从特征库选择知识挖掘的相关数据，其步骤类似于关系数据库的选择操作，然后依据挖掘要求从检索结果中选择需要属性来构造多媒体数据特征立方体的维。

多媒体数据的复杂性使多媒体数据立方体每增加一维，其结构就变得更为复杂，其物理实现则更是个较大的难题。为方便知识挖掘，需要对多媒体数据立方体进行简化。通过对用户请求进行分析，得到与所需知识相关的属性，再根据属性间的相关性及其阈值，删除与挖掘结果关系弱的属性，最后将属性值概括为其相应高层次的属性值。在实际应用中，常使用抽象级较高的概念，而不是精确的颜色值表示知识规则，故可利用概念继承，对原有属性进行概括，以简化多媒体数据立方体结构。此外，对于多值属性，如图像的多种颜色，可选取其中具有该颜色的像素数最多的几种颜色，即用最频繁颜色表示该图像的颜色特征，从而使对应的多媒体数据立方体大大简化，并采用联机分析挖掘的机制，使系统具有多种数据挖掘方式。系统在用户的指导下进行交互式挖掘或系统自动地进行数据挖掘，允许对某部分数据进行挖掘，也允许多抽象级的挖掘。

建立联机分析挖掘机制的原因是：多媒体立方体为联机分析处理和数据挖掘提供了直接有效的数据基础；提供了基于联机分析的启发式数据分析，用户可能要求在不同粒度、不同数据子集下试探式地初步分析数据；提供数据挖掘功能的在线选择。用户可能预先不清楚能发现何种规则或不清楚自己具体所需要的规则，而交互式的数据挖掘可引导用户逐步地了解所能得到或所需要的知识。挖掘技术使用户能交互式地指导数据挖掘过程，提高挖掘效率和所得到知识的质量。

（2）多媒体数据中的关联规则挖掘

在多媒体数据中，图像和视频数据挖掘涉及到多媒体对象的关联规则。如图像内容和图像内容特征的关联、与空间关系无关的图像内容的关联、与空间关系有关的图像内容的关联等规则，例如，"如果照片的上半部分的50%是蓝色，那么它可能就是天空"，把图像的内容和关键词"天空"关联在一起。要挖掘多媒体对象的关联，可以把每个图像看成是一个事务，从中找出频率高的模式。但是多媒体对象的关联规则的挖掘与事务数据库挖掘是有区别的，首先，一个图像可以包含多个对象，每个对象可以有许多的特征，如颜色、纹理、形状、位置、关键词等，这样就存在大量的关联。在很多情况下，两个图像的某个特征在某一分辨率级别下是相同的，但在更细的分辨率级别下是不同的，因此，需要一个分辨率逐步求精的方法。首先可以在一个相对较粗的分辨率下挖掘出现频率高的模式，然后对那些通过最小支持度值的图像进一步做更细的分辨率的挖掘。由于包含多个重复出现对象的图片是图像分析的一个重要特征，所以在关联发现中不应忽视同一对象的重复出现问题，多媒体关联及其度量的定义（如支持度、可信度等）应该根据不同的情况进行调整。多媒体对象通常存在有空间的关系，如上下左右、前后附近等，这些特征对挖掘对象的关联和相关性具有较大的意义。空间的关系和其他的颜色、纹理、形状等一起可以形成有意义的关联。因此，有关空间方面的数据挖掘方法对多媒体的挖掘显得十分重要。

7.3 时序数据挖掘

现实生活中有大量与时间有关的数据，称为时序数据或时态数据。时间序列数据是人们工作和生活中经常遇到的一类重要的数据形式，对时间序列进行分析可以揭示事物运动变化和发展的内在规律，对于人们正确认识事物并据此做出科学的决策具有重要的现实意义。决策者在决策之前通常需要从历史性数据（即时态数据）了解相关对象的规律和趋势，对未来进行预测。从时序数据中发现周期模式的现象具有广泛的应用前景，例如对消费者进行分析，发现哪些人更加可能会对邮件宣传做出反应；预测消费贷款的可能结果，预测呆账、坏账；预测电视台在各种节目方案下的收视率，以更好地编排节目，增加广告收入等。时间序列分析是用随机过程理论和数理统计学的方法，研究随机数据序列所遵从的统计规律，以用于解决实际问题。由于在大多数的问题中，随机数据都是依照时间先后顺序排列的，故称为时间序列，它包括一般统计分析、统计模型的建立与推断，以及关于随机序列的最优预测、控制等。时间序列分析在经济预测、军事科学、空间科学、气象预报和工业自动化等部门的应用十分广泛。

7.3.1 时间序列分析的特点

（1）时间序列分析法是根据过去的变化趋势预测未来的发展

时间序列分析的前提是假定事物的过去会同样延续到未来，如市场预测的时间序列分析法，正是根据客观事物发展的连续规律性，运用过去的历史数据，通过统计分析，进一步推测未来的发展趋势。预测中事物的过去会同样延续到未来这个假设前提，包含着两层含义：

① 市场不会发生突然的跳跃变化，而是以相对小的步伐前进。

② 市场过去和当前的现象可能表明现在和将来的市场活动的发展变化趋势。这就决定了在一般情况下，时间序列分析法对于短、近期预测可以做出有成效的预见，但若延伸到更远的将来，如用于中、长期预测，则有很大的局限性，甚至会由于预测值偏离实际较大而使决策失误。

（2）时间序列数据变动存在着规律性与不规律性

市场的时间序列的每个观察值大小，实际上是影响市场变化的各种不同因素在同一时刻发生作用的综合结果。从这些影响因素发生作用的大小和方向变化的时间特性来看，这些因素造成的时间序列数据的变动分为4种类型：

① 长期趋势变动（T）。它表示时间序列中数据不是意外的冲击因素所引起的，而是随着时间的推移而逐渐发生变动的。它描述了一定时间期间，经济关系或市场活动中持续的潜在稳定性，即它反映预测目标所存在的基本发展趋向的模式。这种逐渐增长趋势模式，如果其过去的社会经济状况在将来仍继续保持不变的假设成立，那么就可以试着延长这个趋势模式，从而得到未来观察时间长期趋势变动的结果。

② 季节性变动（S）。季节性变动归因于一年内的特殊季节、节假日。它反映了在一年过程中，经济活动和市场活动或多或少具有规律性的变化。例如，我国每年春节所在月份里，商品零售额达到最大的数量；冷饮销售最高峰出现在每年夏季。这就是说，季节性变动基本上是每年重复出现的周期性变动。

③ 周期变动（C）。周期变动也称循环变动。它表现为整个市场经济活动水平的不断的周期性的但非定期的变动。市场经济由于竞争，出现一个经济扩张时期，紧接着是一个收缩时期，再接下来又是一个扩张时期等变化，通常在同一时间内影响到大多数经济部门。此外，在时间序列中，影响周期变动的也可能是由于货币政策或政府政策的改变。

④ 不规则变动（I）。不规则变动也称随机变动，它是指时间序列数据在短期内由于随机事件而引起的忽大或忽小的变动。例如，战争、自然灾害、政治的或社会的动乱等导致的不规则变动。在各类影响因素的作用下，使历史的时间序列数据的变化，有的具有规律性，如长期趋势变动和季节性变动；有的就不具有规律性，如不规则变动（偶然变动）

以及循环变动（从较长时间来观察也有一定的规律性，但短期间的变动又是不规律的）。时间序列分析法，就是要运用统计方法和数学方法，把时间序列数据作为随机变量XI（I=1,2,...,n）分解为T、S、C、I四种变动值，也就是说，T、S、C、I四种综合作用构成时间序列X。一般综合作用有两种方式：乘法模型方式，即X=T S C I；加法模型方式，即X=T+S+C+I。一般情况下，按乘法模型方式或按加法模型方式求得的预测值只是过去历史发展规律延伸的结果。迄今为止，人们尚未找到一种可供使用的量的分析方法来精确分析循环变动和不规则变动值，而只能通过质的分析推断其变动情况，对季节变动和长期趋势变动做调整。因此，实际应用中时间序列分析法定期预测的乘法模型方式和加法模型方式分别采用简化形式。

（3）时序数据量大，发现模式比较困难

多维数据立方是解决这些困难的基本数据结构之一。作为联机事务分析的工具，多维数据立方在实现时有两种方案，即基于关系数据库的ROLAP和基于多维数据库的MOLAP。ROLAP中，数据单元为元组，适合于大型的数据集，其优势在于稀疏数据在关系数据库中比在数组中存储得更加紧密；MOLAP直接使用特殊的数据结构（如稀疏数组）来实现多维数据立方，数组的维作为坐标轴。根据一个数据单元在稀疏数组中的位置，可以推导出它在多维数据立方中的准确位置。

7.3.2 时间序列聚类分析

时间序列是指各种指标统计数据按时间先后顺序排列而成的数列。时间序列分析法，就是将同一变数的一组观察值按时间顺序加以排列，构成统计的时间序列，然后运用一定的数学方法使其向外延伸，预计未来的发展变化趋势，确定市场预测值。因此，时间序列分析法也叫历史延伸法或外推法。在对时间序列进行线性化分段处理后获得一组形态各异的线性分段，如果给每一个分段都分配一个标识符，则随着时间序列长度的增加，标识符的数量会急剧增加，必然会加剧后面挖掘算法的计算负担，因而，符号的种类不要太多，每一个符号应尽可能代表某一类变化模式，这就要求对这组线性分段进行聚类。从时间序列数据抽取相似模式的一般方法是，先将其转换为某种高级的数据表示，然后在此符号序列或者特征空间中进行聚类或分类，生成模式或模式集合。在理想状态下，时间序列可看作由若干具有上升、下降和平稳趋势的子序列构成，连接两个不同趋势子序列的点称为拐点。显然，只要能判断当前时刻为拐点，就可认为质变时刻已到，从而实现趋势分析。由于各种干扰，使现实中的时间序列与理想序列差距较大，不易得到正确的拐点，因此引入了支持度和置信度的概念，对现实序列理想化。

7.3.3 时间序列建模基本步骤

用观测、调查、统计、抽样等方法取得被观测系统的时间序列的动态数据。根据动态数据作相关图，进行相关分析，求自相关函数。相关图能显示出变化的趋势和周期，并能发现跳点和拐点。跳点是指与其他数据不一致的观测值。如果跳点是正确的观测值，在建模时应考虑进去，如果是反常现象，则应把跳点调整到期望值。拐点则是指时间序列从上升趋势突然变为下降趋势的点。如果存在拐点，则在建模时必须用不同的模型去分段拟合该时间序列。辨识合适的随机模型，进行曲线拟合，即用通用随机模型去拟合时间序列的观测数据。对于短的或简单的时间序列，可用趋势模型和季节模型加上误差来进行拟合。对于平稳时间序列，可用自回归滑动平均模型及其特殊情况的自回归模型、滑动平均模型或组合模型等来进行拟合。对于非平稳时间序列则要先将观测到的时间序列进行差分运算，化为平稳时间序列，再用适当模型去拟合这个差分序列。

时间序列分析是根据系统观测得到的时间序列数据，通过曲线拟合和参数估计来建立数学模型的理论和方法，它一般采用曲线拟合和参数估计方法进行。

7.3.4 基于时间序列数据的挖掘

时间序列的数据库内某个字段的值是随着时间而不断变化的，例如股票价格每天的涨跌、科学实验、浏览网页的次序等。

运用数据挖掘的方法来对这些数据库进行"趋势分析"、"相似搜索"和"挖掘序列模式"，例如变量Y表示某一支股票每天的收盘价，可以看作是时间t的函数，即$Y=F(t)$，这样的函数可以用一个时间序列的图来表示。

分析时间序列的数据有4个方面值得注意：

（1）长时间的走向。表明在很长一段时间内总的走向趋势，这个可以用一个"趋势曲线"或者"趋势直线"来显示，具体方法将在后面阐述。

（2）周期的走向与周期的变化。直线和曲线的振荡并不是周期的，这个循环并不遵循基于相等时间的规律。

（3）季节性的走向与变化。例如在情人节来之前，巧克力和花的销量突然地增大。换句话说，就是在连续的很多年中，有一段时期总是与这些年中的其他时期大不相同。

（4）不规则的随机走向。不规则的随机走向是由于一些突发的偶然事件而产生。上面这些走向分别可以用变量T、C、S、I来表示，时间序列分析也就可以是将一个时间序列的数据分割成这4个基本的趋势。这样时间序列变量Y就可以模化为这4个变量的乘积或者总和。

序列模式挖掘是基于时间或者其他序列经常发生的模式。序列模式的一个例子就是"一个9个月前买了一台PC的顾客有可能在一个月内买一个新的CPU"。很多数据都是这种时间序列形式的，可以用它来进行市场趋势分析、客户保留和天气预测等。序列模式挖掘的很多参数对于挖掘的结果影响很大：

（1）首先是时间序列T的持续时间，也就是这个时间序列的有效时间或是用户选择的一个时间段，这样，序列模式挖掘就被限定为对某段特定时间内的数据的挖掘。

（2）其次是时间折叠窗口w，在一段时间内发生的几件事件可以被看作是同时发生的，如果w被设置为持续时间T的长度，就可以发现一些关联模式——"在1999年，一个买了PC机的用户又买了数字照相机"这并不考虑先后顺序；如果w被设置为0，那么序列模式就是两个事件发生在不同的时间里——"已经买了PC机和内存的顾客有可能在以后买一个光驱"；如果w被设置为一段时间间隔（例如一个月或是一天），那么在这段时间内的交易在分析中可以被看作是同时发生的。

③ 第三个参数是时间间隔int，这个参数表示发现模式的时间间隔。如果int=0，则要考虑参数w，例如，如果这个参数设置为一星期，那么发生了事件A，事件B就会在一星期内发生；$min\_interval < max\_interval$ 表示发现的事件发生的间隔大于 $min\_interval$ 小于 $max\_interval$，例如，"如果一个人租了影片A，那么他一定会在一个月内租影片B"，这儿隐含着int<30；如果int=c而c不为0，那么意味着两件事的间隔在固定的时间内。

7.3.5　时间序列分析的应用

时间序列分析主要用于：

（1）系统描述

根据对系统进行观测得到的时间序列数据，用曲线拟合方法对系统进行客观的描述。

（2）系统分析

当观测值取自两个以上变量时，可用一个时间序列中的变化去说明另一个时间序列中的变化，从而深入了解给定时间序列产生的机理。

（3）预测未来

用模型拟合时间序列，预测该时间序列的未来值。

（4）决策和控制

根据时间序列模型可调整输入变量使系统发展过程保持在目标值上，即预测到过程要偏离目标值时便可进行必要的控制。时间序列挖掘常应用在国民经济宏观控制、区域综合发展规划、企业经营管理、市场潜量预测、气象预报、水文预报、地震前兆预报、环境污染控制、生态平衡、天文学和海洋学等方面。

7.4 空间数据的挖掘

7.4.1 空间数据挖掘的含义

空间数据挖掘（Spatial Data Mining，简称SDM），或称从空间数据库中发现知识，作为数据挖掘的一个新的研究分支，是指从空间数据库中提取隐含的、用户感兴趣的空间和非空间的模式和普遍特征的过程。

由于SDM的对象主要是空间数据库，而空间数据库中不仅存储了空间事物或对象的几何数据、属性数据，而且存储了空间事物或对象之间的图形空间关系，因此其处理方法有别于一般的数据挖掘。

SDM与传统的数据分析方法的本质区别在于，SDM是在没有明确假设的前提下去挖掘信息、发现知识，挖掘出的知识应具有事先未知、有效和可实用3个特征。在空间数据库的基础上，综合利用统计学方法、模式识别技术、人工智能方法、神经网络技术、粗集、模糊数学、机器学习、专家系统和相关信息技术等，从大量的空间生产数据、管理数据、经营数据或遥感数据中析出人们可信的、新颖的、感兴趣的、隐藏的、事先未知的、潜在有用的和最终可理解的知识，从而揭示出蕴含在数据背后的客观世界的本质规律、内在联系和发展趋势，实现知识的自动获取，提供决策的依据。

空间数据挖掘的类型包括：多种类型的数据挖掘、并行数据挖掘、多媒体空间数据库的数据挖掘、知识的可视化表达、便于数据挖掘过程中进行人机交互的可视化技术、分布式空间数据的知识发现、空间数据挖掘语言、新算法和高效率的空间挖掘算法的研究、SDM技术与空间数据仓库中的OLAP技术的结合、SDM与地理信息系统的集成、SDM与空间决策知识系统的集成、SDM与其他专家系统的集成以及SDM与空间数据仓库的集成等。

7.4.2 空间数据的特点

空间数据的复杂性特征在很大程度上是由其特点决定的，是空间数据知识发现研究首先要解决的任务。由于空间属性的存在，空间的个体才具有了空间位置和距离的概念，并且距离邻近的个体之间存在一定的相互作用，空间数据之间的关系类型因此也就更为复杂，不仅多了拓扑关系、方位关系，而且度量关系还与空间位置和个体之间的距离有关，使空间数据与其他类型数据的知识发现方法之间存在明显的差异。

随着近年来信息技术的飞速发展，空间数据具备了以下几个方面的复杂性特征：

（1）海量的数据

海量数据常使一些方法因算法难度或计算量过大而无法得以实施，因而知识发现的任务之一就是要创建新的计算策略并发展新的高效算法，以克服由海量数据造成的技术困难。

（2）空间属性之间的非线性

空间属性之间的非线性关系是空间系统复杂性的重要标志，其中蕴含着系统内部作用的复杂机制，因而被作为空间数据知识发现的主要任务之一。

（3）空间数据的尺度特征

空间数据的尺度性是指空间数据在不同观察层次上所遵循的规律，它体现出不尽相同的特征。尺度特征是空间数据复杂性的又一表现形式，利用该性质可以探究空间信息在概化和细化过程中所反映出的特征渐变规律。

（4）空间信息的模糊性

空间数据复杂性的另一个特征就是模糊性。模糊性几乎存在于各种类型的空间信息中，如空间位置的模糊性、空间相关性的模糊性以及模糊的属性值等。

（5）空间维数的增多

空间数据的属性增加极为迅速，如在遥感领域，由于感知器技术的飞速发展，波段的数目也由几个增加到几十甚至上百个，如何从几十甚至几百维空间中提取信息、发现知识则成为研究中的又一障碍。

（6）空间数据的缺值

缺值现象源自于某种不可抗拒的外力而使数据无法获得或发生丢失。如何对丢失数据进行恢复并估计数据的固有分布参数，成为解决数据复杂性的难点之一。空间数据库中的空间数据除了其显式信息外，还具有丰富的隐含信息，如数字高程模型除了载荷高程信息外，还隐含了构造方面的信息。植物的种类是显式信息，但其中还隐含了气候的水平地带性和垂直地带性的信息等，这些隐含的信息只有通过数据挖掘才能显示出来。

7.4.3　空间数据挖掘方法

数据挖掘是多学科和多种技术交叉综合的新领域，其挖掘方法以人工智能、专家系统、机器学习、数据库和统计等成熟技术为基础。下面介绍近年来出现的主要空间数据挖掘方法[81]。

（1）空间分析方法。利用地理信息系统的各种空间分析模型和空间操作对空间数据库中的数据进行深加工，从而产生新的信息和知识。常用的空间分析方法有综合属性数据分析、拓扑分析、缓冲区分析、距离分析、叠置分析、网络分析、地形分析和趋势面分析。

可发现目标在空间上的相连、相邻和共生等关联规则，或发现目标之间的最短路径、最优路径等辅助决策的知识。

（2）统计分析方法。统计方法一直是分析空间数据的常用方法，着重于空间物体和现象的非空间特性的分析。统计方法有较强的理论基础，拥有大量成熟的算法。统计方法难以处理字符型应用统计方法，它需要有领域知识和统计知识，一般由具有统计经验的领域专家来完成。

（3）归纳学习方法。归纳学习方法是从大量的经验数据中归纳抽取一般的规则和模式，其大部分算法来源于机器学习领域。归纳学习的算法有很多。

（4）聚类与分类方法。聚类和分类方法按一定的距离或相似性系数将数据分成一系列相互区分的组。分类和聚类都是对目标进行空间划分，划分的标准是类内差别最小，而类间差别最大。分类和聚类的区别在于分类事先知道类别数和各类的典型特征，而聚类则事先不知道。

（5）探测性的数据分析方法。探测性的数据分析（简称EDA）。采用动态统计图形和动态链接窗口技术将数据及统计特征显示出来，可发现数据中非直观的数据特征及异常数据。EDA与空间分析相结合，构成探测性空间分析技术在数据挖掘中用于选取与问题领域相关的数据子集，并可初步发现隐含在数据中的某些特征和规律。

（6）粗集理论方法。粗集理论是一种智能数据决策分析工具，被广泛研究并应用于不精确、不确定、不完全的信息的分类分析和知识获取。粗集理论为空间数据的属性分析和知识发现开辟了一条新途径，可用于空间数据库属性表的一致性分析、属性的重要性、属性依赖、属性表简化、最小决策和分类算法生成等。粗集理论与其他知识发现算法相结合，可以在空间数据库中数据不确定的情况下获取多种知识。

（7）云理论方法。云理论是为解决模糊集在隶属度概念上的不确定性而提出的一种新理论，包括云模型、虚云、云运算、云变换和不确定性推理等主要内容。运用云理论进行空间数据挖掘，可进行概念和知识的表达、定量和定性的转化、概念的综合与分解、从数据中生成概念和概念层次结构、不确定性推理和预测等。

（8）空间特征和趋势探测方法。将一个空间特征定义为空间数据库中具有空间/非空间性质的目标对象集，并以非空间属性值出现的相对频率和不同空间对象出现的相对频率（目标对象集相对于整个数据库）作为感兴趣的性质，从空间目标集合经过它的相邻扩展后的集合中，发现相对频率的明显不同，以此提取空间规则。空间趋势探测挖掘是从一个开始点出发，发现一个或多个非空间性质的变化规律。这种算法的效率在很大程度上取决于其处理相邻关系的能力。

（9）数字地图图像分析和模式识别方法。空间数据库（数据仓库）中含有大量的图形图像数据，一些图像分析和模式识别方法可直接用于挖掘数据和发现知识，也可作为其他挖掘方法的预处理方法。用于图像分析和模式识别的方法主要有决策树方法、神经元网络、形态学方法、图论方法等。

（10）可视化方法。可视化数据分析技术拓宽了传统的图表功能，使用户对数据的剖析更清楚，例如把数据库中的多维数据变成多种图形，这对揭示数据的状况、内在本质及规律性起到了很强的作用。当显示发现的结果时，将地图同时显示作为背景，一方面能够显示其知识特征的分布规律，另一方面也可对挖掘出的结果进行可视化解释，从而达到最佳的分析效果。可视化技术使用户看到数据处理的全过程、监测并控制数据分析过程。为了发现某类知识，常常要综合运用这些方法。数据挖掘方法还要与常规的数据库技术充分结合，数据挖掘利用的技术越多，得出的结果精确性就越高。

7.4.4　空间数据挖掘系统的体系结构

数据挖掘的体系结构模式有很多种，其中多组件体系结构比较通用，已被研究者采用，并被改造为适合空间数据挖掘的体系结构。在该结构中，用户通过控制器设置其他组件的触发器及参数，从而控制挖掘过程的每个步骤。在知识库存储中，知识可以是空间和非空间概念层或有关数据库的信息。空间数据挖掘过程主要由4个模块完成，即数据库接口、聚焦、模式抽取和评估。

（1）数据库接口可以利用空间数据索引结构从数据源中取出数据并进行查询优化。

（2）聚焦模块进行对象和属性的抽取，得到对模式识别有用的对象和属性。

（3）模式抽取模块在聚焦模块的基础上，利用机器学习、神经网络、决策树等方法发现模式，即"知识"。

（4）然后，由评估模块对挖掘到的"知识"进行评估，以去除冗余信息或已知现实。

这4个模块不是完全单向执行的，它们可以通过控制器进行交互。因此，建立在这种体系结构上的空间数据挖掘可以是一个不断反馈和调整的过程。最后，挖掘结果被提交给用户。空间数据挖掘语言主要还是基于传统的数据挖掘语言，即运用类SQL语言DMQL（数据挖掘查询语言）。但空间数据挖掘有其特殊性，要考虑空间属性和非空间性的因素，在其挖掘的过程中要运用相关的背景知识，特别是在遥感图像的挖掘中。空间数据的关联特性有效地对空间数据库系统进行数据挖掘，必然要考虑到空间数据的一些特性，特别是空间数据的空间属性，这也是和其他数据的主要差别。空间数据库和传统的关系型数据库最大的区别在于相邻对象间是否存在相互影响，也就是说对象的某个属性值是否依赖于相邻对象的属性值。如何有效地利用这种对象间的关联特性就成为空间数据挖掘的技术关键。空间数据间有3种基本的二元空间关系：拓扑关系、距离和方向。

知识发现同空间数据库管理是密切联系的，用户发出知识发现命令，知识发现模块触发空间数据库管理模块，从空间数据库中获取感兴趣的数据，或称为与任务相关的数据；知识发现模块根据知识发现要求和领域知识，从与任务相关的数据中发现知识，发现的知识提供给用户应用或加入到领域知识库中，用于新的知识发现过程。一般知识发现要交互地反复进行才能得到最终满意的结果，所以，在启动知识发现模块之前，用户往往直接通过空间数据库管理模块交互地选取感兴趣的数据，用户看到可视化的查询和检索结果后，逐步细化感兴趣的数据，然后再开始知识发现过程。在开发知识发现系统时，有两个重要的问题需要考虑和并做出选择：

（1）自发地发现还是根据用户的命令发现。自发地发现会得到大量不感兴趣的知识，而且效率很低；根据用户命令执行则发现的效率高、速度快，结果符合要求。一般采用交互的方式，对于专用的知识发现系统可采用自发的方式。

（2）数据挖掘系统如何管理数据库，即系统本身具有DBMS功能还是与外部DBMS相连。数据挖掘系统本身具有DBMS的功能，系统整体运行效率高，缺点是软件开发工作量大，软件不易更新；数据挖掘系统与外部DBMS系统结合使用，整体效率稍低，但开发工作量小，通用性好，易于及时吸收最新的数据库技术成果。由于地理信息系统本身比较复杂，在开发SDM工具时应在地理信息系统上进行二次开发。

7.4.5　空间数据挖掘处理过程

空间数据挖掘处理是一个多步骤的处理过程，在处理过程中可能会有很多次反复，主要包括以下一些处理步骤：

第1步，准备。了解SDM相关领域的有关情况，熟悉有关的背景知识，弄清楚用户的需求。

第2步，数据选择。根据用户的要求从空间数据库中提取与SDM相关的数据，SDM将主要从这些数据中进行知识提取。在此过程中，会利用一些数据库操作对数据进行处理。

第3步，数据预处理。主要是对第2步产生的数据进行再加工，检查数据的完整性及一致性，对其中的噪音数据进行处理，对丢失的数据利用统计方法进行填补。

第4步，数据缩减。对经过预处理的数据，根据知识发现的任务对数据进行再处理，主要通过投影或数据库中的其他操作减少数据量。

第5步，确定SDM的目标。根据用户的要求，确定SDM发现何种类型的知识，因为对SDM的不同要求会在具体的知识发现过程中采用不同的知识发现算法。

第6步，确定知识发现算法。根据第5步所确定的任务，选择合适的知识发现算法，包括选取合适的模型和参数，并使得知识发现算法和整个SDM的评判标准相一致。

第7步，数据挖掘。运用选定的知识发现算法，从数据中提取出用户所需要的知识，这些知识可以用一种特定的方式表示或使用一些常用表示方式，如产生式规则等。

第8步，模式解释。对发现的知识进行解释，在此过程中，为了取得更有效的知识，可能会返回前面处理步骤中的某些步骤以反复提取，从而取得更有效的知识。

第9步，知识评价。将发现的知识以用户能了解的方式呈现给用户。这期间也包含对知识的一致性检验，以确信本次发现的知识与以前发现的知识不相抵触。

7.4.6 空间数据挖掘的发展方向

空间数据挖掘重要的研究方向包括：背景知识概念树的自动生成、不确定性情况下的数据挖掘、递增式数据挖掘、栅格矢量一体化数据挖掘、多分辨率及多层次数据挖掘、并行数据挖掘、新算法和高效率算法的研究、空间数据挖掘查询语言、规则的可视化表达等。在SDM系统的实现方面，要研究多算法的集成、SDM系统中的人机交互技术和可视化技术、SDM系统与地理信息系统、遥感解译专家系统、空间决策支持系统的集成等。在知识发现的研究和开发已经取得了较大进展的同时，也存在一些理论及应用方面急需解决的问题，如效率和可扩放性。海量数据库中存有成百上千属性表和成百万个元组，GB数量级的数据库并不鲜见，TB数量级的数据库也开始出现，这就必然导致海量数据库中问题的维数较大，不仅增大了发现算法的搜索空间，也增加了盲目搜索的可能性。因此，必须利用领域知识除去与发现任务无关的数据，有效地降低问题的维数，设计出更加有效的知识发现算法。许多目前的知识发现系统和工具缺乏和用户的交互性，在知识发现过程中，难以充分有效地利用领域知识，对此可以利用贝叶斯方法确定数据可能性和分布来利用先前知识。此外，利用演绎数据库本身的演绎能力发现知识，并用于指导知识发现过程。针对海量数据的算法研究提高计算效率是针对海量数据顺利实施知识发现算法的主要手段之一。解决算法效率的方法主要分为3种：

（1）改变算法运行的策略。其主要方式为采用并行运算环境、实施并行算法，如在大型数据库中实施决策树分类、空间聚类以及关联规则发现等算法时采用了并行策略，大幅提高了计算效率。

（2）提高数据库查询语言的效率，如提出的效率和性能更好的规则提取和查询语言MSQL。

（3）对原有算法的结构进行改进，从而减小运算的复杂度，如改进决策树算法不仅大大减小了存储空间，而且提高了运算效率。当神经网络在众多领域内取得很多应用成果之后，人们又将目光转移到神经网络的内部，试图解释这一黑箱的运作机制。当发现搜索空间很大时，就会获得许多发现结果，其中有些是偶然、盲目的，可利用领域知识进一步精练所发现的模式，并从中提取有用的知识。

7.5 网络链接数据挖掘

网页是利用HTML编制起来并利用超文本链接而建立联系的一种信息组织方式。链接是WWW网页的普遍现象，只有通过与其他的网页及其自身内容的链接，网页才能相互交换信息，扩大使用价值。网页的不同链接体现了不同的信息功能，具有不同的特征和规律。对WWW网页链接进行分析具有重要的意义。

7.5.1 WWW网页链接的结构和类型

目前WWW网页主要是采用超文本的组织方式，由许多不同的信息节点和链组成。节点分链源和链宿，链源是链的开端，链宿是链的目标，它们是链形成的基础。链是特定节点之间的信息联系，它以某种形式将一个节点和其他节点联系起来。

（1）节点（Node）

节点是围绕某一特殊的主题组织起来的数据信息单元，它是一种可以被激活的材料。节点大小因主题不同而异。一个词可以构成一个节点，一篇上万字的文章也可以构成一个节点。节点有许多类型：根据媒体划分，节点可以分为文字、图片、音频、动态图像、程序和混合型等，不同的媒体有不同的属性和表现方法；根据结构划分，可以分为原子节点、复合节点和包含节点；根据动态划分，可以分为活动节点和静态节点；根据规范化程度划分，节点可以分成结构化、半结构化和非结构化等几种。

（2）热标（Hotspot）

热标是取得信息关联的链源，通过它激发链而引起向相关内容的转移。不同的媒体有不同的形式：如热字（Hot-Word），是文本中有特殊的涵义或需要进一步解释的字、词；热区（Hot Area），在图像的显示区指明一个敏感的区域，作为触发转移的链源；热点（Hot Point），时基类的媒体如声音、视频等在时间点上的触发源；热元（Hot-Element），在图形媒体中，图元（例如一条线）是基本的单位，为了使这些独立的图形单位能够作为信息转移的链源，引入了热元的概念；宏节点，是指组合在一起的许多节点群统一作为热标。

（3）链（Link）

链是网页表现信息之间联系的实体，是将不同的节点联系起来的工具。事实上，在网页中链是隐藏在背后、记录在应用系统里，只是在网页从一个节点转向另外的节点时，用户才感觉到它的存在。链具有方向性，两个节点之间的链接具有单向和双向之分。单向是链源和链宿不可互换的关系，双向链是一种可互换的关系，链源和链宿可以互换。网页链接方式有下面几种：从一个节点到另外一个节点；从一个节点到另外一个节点的内部；从一个节点的内部到另外一个节点的内部，以及同一个节点的不同单元之间的互相链接。链可以有不同的组合：一进一出，每个链只有一个链指向它，并且只有一个链从它出发；一进多出，每个节点只有一个链指向它的链，但有多个从它出发的链；多进多出，每个节点有多个链指向它，也有多个从它出发的链；网络节点之间由盘根错节的各类型链相互链接而组成链的网络。

（4）网页链接的主要类型

网络链接的类型比较复杂，根据功能和属性，可以分为如下几种类型：

① 导航链。将相关的信息组织起来，引导用户参考相关的信息。导航链的类型较多，用途比较广泛。其中主要有如下几种形式[82]：

- 目次链。有些信息内容较多，如文章太长，先安排目次，然后再链接到具体的内容上。利用目次可以快速找到和选择具体的内容。
- 注释链。链接到有关注释的文字和材料。
- 实例链。链接到有关的例子和说明。
- 索引链。通过关键词链接到具体的正文。
- 扩展链。不同媒体的进一步扩展，如把有关"贝多芬"的生平介绍的文字链接到贝多芬的照片或音乐作品。
- 相关链。在内容上关系比较密切，链接起来以便于参考，如把有关"网络信息计量学"的网页链接到有关"文献计量学"、"信息计量学"的网页。
- 应用链。链接不同的工具，便于利用，如链接到搜索引擎、导航目录等。
- 等价链。两个概念或信息的内容基本一致，但组织在不同网页或同一网页不同的地方，通过等价链把它们联系起来，如"北京大学"链接到"北大"。
- 引用链。链接被引用的原文或其他内容。
- 评价链。链接有关的评论、介绍文章或有关的信息，如某一图书和有关它的评论文章的网页相链接。
- 分解链。从整体链接到子成分。
- 聚合链。从子成分链接到整体。
- 版本链。不同版本之间的链接。

② 执行链。通过热标和应用程序相连，可以激发一个操作的执行，如通过单击E-mail的热标，便可打开和运行E-mail程序。

③ 类型链。有些系统允许用户描述两个节点的关系，可以定义链的类型。这种类型链必须有一个独立的数据实体来描述。采用类型链的好处是，在链的转移之前，用户可以预先查询，知道目标节点的属性，以便有所选择。

④ 推理链。一般的网页的链接是固定的，从一个链源只能转到一个固定的目标节点。而推理链通过智能化的链和节点，引入计算方式，可在多个目标中动态地确定目标和表现方式。例如，"把网页x链接到包括支持x条件的网页上"，"条件存在，网页a链接到x，否则，链接到y网页上"。推理链主要包括有is-a链，指明对象节点中某类成员；has-a链，用于描述节点具有的属性；蕴含链，用于链接推理树中的事实，它相当于正在触发或已经触发的规则。

⑤ 自动链。自动链允许系统把当前的节点与相似主题的节点或满足条件的其他节点自动连接在一起。如可以在文本文件中搜索关键词和所在的位置，也可以通过基于内容的检索确定某些特征，还可以通过通信协议和其他服务器中的内容建立联系等。

网页建立链接关系的原因有很多，如相关、应用、引证、参考等。根据引文分析方法，网页的链接类型也存在如下几种关系，即自我链接，指网页自身的链接；同被链接，指两个网页共同被另外的一个或一个以上的网页所链接，用链接它们的数量的多少可以测定同被链接强度；链接耦合，两个网页如果同时链接一个或多个网页，则称它们在链接上是耦合的。

7.5.2 WWW网页超文本链接的功能和作用

WWW采用客户机/服务器的体系结构，通过超文本技术，将许多不同的网页链接起来，提供给用户利用。超文本系统一般分为3个层次：

（1）表现层，即用户接口。由运行在用户计算机上的客户浏览程序管理。

（2）抽象机器层。存储节点和链，服务器提供客户的数据采用超文本标记语言（HTML），网络采用的通信协议标准是超文本协议（HTTP）。

（3）信息库层。由互联网上的各种服务器组成，负责提供各种各样的信息资源。WWW的客户软件（网络浏览器）在用户端提供统一管理各种媒体的界面，负责向服务器提出请求，解释和定位资源，利用统一资源定位器管理有关信息资源。网页之间的超文本链接功能实际上是对有关的资源进行定位和存取。

网页超文本链接为网络信息的组织和利用提供了便利的途径。链接的对象可以是一个网站、网站中某个特定网页，甚至网页上的某个组成部分。最常见的链接对象是一个网站的主页，但是链接到网站的任何一个"分页"在技术上都是可行的，前提是设链者能够找到所链分页的地址，略过主页直接将用户导引至某个分页的链接为"纵深链"。除此之外，链接对象还可以是网页的某个特定成分，只要设链者能够找到该特定成分的网上地址。超文本链接使WWW上的信息天衣无缝地结为一体，让用户"跳跃"访问储存在不同服务器中的信息。超文本链接已经成为WWW，甚至是整个互联网的灵魂，网络的优势就来源于链接网上的任何文件，不论其地位或物理位置如何。其优点是：

（1）界面友好。计算机信息检索和利用的用户界面经历了命令驱动、菜单选择和图形用户接口等不同的阶段。在网络环境下，由于异构数据库较多，存在不同的检索命令方式，所以用户难以掌握。而超文本系统采用窗口的形式，利用各种图标来描述选项，用户只需要单击图标就可以执行各种选择，简单易学，人性化强，方便利用。

（2）兼容性强。互联网信息资源中存在不同的文件格式和媒体类型，如文本、图像、音频、视频、动画、虚拟现实等，网页能链接和处理不同的格式和媒体。

（3）扩充性强。超文本的节点和链可以动态地改变，各节点中的信息可以随时更新，网页的补充不受限制，可以通过新的链接来反映新的关系，只要按照HTTP就能连接起来和互相利用。

（4）交互性强。采取人机对话，用户自主性较大，可自由地选择链接方式。

（5）灵活性强。超文本的灵活性是显而易见的，链接把信息知识有机地联系在一起，用户可以顺着这些链接寻找自己需要的信息知识。这种链接可以是封闭的，用户看完一个链接后可以回到上一级目录上；也可以是开放的，可以在不同主题之间跳转。超文本的链接也使它不局限于前后翻页式的线性操作，这种非线性特征也使它变得更灵活。随机通达信息是超文本的又一特点，由于有了信息知识点之间的超链接，所以同一信息可以由不同的路径得到，这种接近信息的方式不是先前决定的，它近似于随机，用户可以根据自己对信息知识点的掌握情况选择通达的道路。

（6）可以追踪有关的参考资料。通过链接找到有关资料的网页，然后根据新网页的线索，作为信息的再生源，进一步链接其他网页，从而获得更多相关信息。

（7）能深入到信息知识的单元片段，进行更深层次的检索。超文本检索不仅可以找到整篇网页的内容，也可检索到网页中的个别信息单元。而传统的信息检索通常以题录、摘要或全篇文章为主。

（8）联想式检索符合人们的思维习惯。人们在思考和阅读时，并不总是按顺序的，有时往往是跳跃的、发散的，网页超文本的链接方式适应了这种特点。

然而，网页的超文本链接也存在着一些缺陷和问题，主要是：

（1）容易迷失方向（Disorientation）。具体表现为有时用户不知道身在何处，较难返回原处和到达相应的方向，尤其是在信息空间太大，使用者不了解导航设施时。

（2）容易漏掉一些信息内容。非线性的顺序使用户误入歧途，错过一些重要的信息。

（3）认知负担过重（Cognitive Overhead）。由于网页链接错综复杂，同时维持许多并行的工作要花较大的精力，用户容易疲劳。

（4）超文本网页设计时花费的时间要比组织线性文本多。

（5）效率较低。浏览链接的网页往往要花较多的时间，而且不如线性文本系统性强。

为了克服这些问题，新的浏览器往往采取了一些导航措施，如提供浏览的历史清单、书签、可视化组织器、跳转、索引、在线帮助、搜索引擎、分层导航等。随着信息量的大量增加，人们在考虑如何使网页链接更加科学和简单，美国斯坦福大学研究使用一种簇化技术使超文本中某些具有共同特征的节点归结为一个节点的集合，这种从原始的信息系统提取出一种高层次的结构做法，可减少链的数量，提高使用效率。

7.5.3　网页链接挖掘分析的意义

网页链接分析所包含的内容较多，主要包括：

- 链接和被链接量，是网页链接分析中最基本的测度。
- 链接网页的类型，包括域名、语种、学科、专业、载体等，对分析网络信息资源的分布及其关系、确定各网页信息参考价值有较大的帮助。
- 链接的频次和变化，反映网页信息交流在时间上的变化规律。
- 链接网页之间的关系，如同被链接、链接耦合、自我链接等，可以了解相应学科的相互交流情况、发展关系、学科研究的最新动态，掌握网页编制者之间的关系等。
- 网络电子图书和期刊引证分析，可以科学准确地确定网络核心期刊，为用户提供有关的信息或依据。

对WWW网页链接进行分析研究具有许多重要的意义：

（1）WWW网页链接分析为文献计量学开辟了新的研究和应用领域

随着互联网的普及利用，许多学者利用文献计量学的一些原理去分析网络电子出版物的有关情况，取得了较好的效果，从而进一步丰富和补充了文献计量学研究的内容。1996年，Mckiernan根据文献计量学引文（Citation）含义，提出"Sitation"的概念，意思是对网页（Website）的引用行为分析，进一步扩展文献计量学的研究范围。Website.net仿照《科学引文索引》的做法，编制了一个"网页引用分析工具（Web Citation Indexs，WCI）"，可以用来统计分析网页引用情况，研究网页链接之间的关系和规律，监视网页链接的变化情况等；它还提供一个叫"Citeseer"的自动引文索引系统，可以用来查找和了解网页的引用和被引用情况，评价网页、网络杂志、有关作者以及有关研究课题的情况。1998年，Ingwersen提出可以把文献计量学的期刊影响因子应用到网页的评价中去。网页的影响因子（Web Impact Factor，WIF）是指某一类型的域名或网页被链接之和与有关域名或网页之和的比例。网页影响因子可以用来分析在一定的时期内相对关注的网页情况。应当指出的是，网页的链接机制与文献计量学研究的引文机制有许多相似之处，但也存在一些区别。与传统的引文分析方式相比，网页链接分析的数据已经数字化，并利用计算机进行，可以自动操作，交互性强，并能对有关的数据进行多方面的深度分析；WWW网页链接分析范围更广，除了引证分析外，还包括参考、应用、相关等，有时甚至是一些意义不太大的广告；链接涉及的载体类型多，包括文本、声音、图像、动画等；网页变化大、链接的动态性强，常常处于不断的变化当中；链接数量多，数据量大。这些特点给网页的链接分析带来许多新的问题，值得今后做进一步的研究和探讨。

（2）WWW网页链接分析是网络信息计量学的一项重要内容

网络信息计量学是新出现的一个研究领域。它采用现代技术手段，利用定量分析法，专门对网络的资源配置、组织、利用等问题进行定量的研究分析，以揭示网络信息的数量特征和内在规律。研究的主要内容包括网络资源的分布规律、更新老化规律、传输和利用的效率、用户行为和规律、成本与效益规律等问题[83]。网页链接的模式具有重要的信息意义，它表示网页受关注或重要的程度。目前国外利用定量方法分析网页链接主要有两种算法：一种是Brin和Page提出的"Pagerank"算法，另外一种是Kleinberg提出的"HITS"算法，两者都是根据一个网页链接其他网页的数量和质量去判断一个网页的质量和权威性。"Pagerank"直接采用链接模式的矩阵，其基本思想是：一个网页被多次链接，则这个网页可能是重要的；一个网页虽然没有被多次链接，但被一个重要的网页链接，则这个网页也可能是重要的；一个网页的重要性被均分并被传递到它所链接的网页上。而"HITS"则增加了一个转换的矩阵，既分析某一网页被多个网页链接的"权威性"质量，同时又分析网页链接其他网页的"集中性"情况，如一个网页本身并不突出，很少被链接，但它提供了最为突出的链源，通常"集中性"好的网页是指向"权威性"好的网页，结合起来可以发现有关的结构规律。当然，这两种算法的不足之处是都是静态的分析，单纯用已经存在的链接模式来分析，显然不能适应网络不断变化的要求。如何对网页链接进行动态的分析仍需要进一步探讨。

（3）分析和评价网页的质量

点击率是目前判断网页访问次数的一个指标，受欢迎的网页点击率一般较高，其链接率也较多。利用链接的有效性可判断网络的生命力，如发现某个网页链接经常出现死链，说明其已经修改或删除。分析链接设计科学与否，可以用来评价使用效率。此外，还可利用ZIPF曲线分析网页的受欢迎的程度，利用WIF评价网页的权威性。

（4）有利于网络资源的组织建设

通过对节点和链接的统计分析，有助于优化网页的链接设计，减少不合理的链接，如悬空链或死链。通过语义距离测量分析，有利于聚集相关的网页，自动建立超文本链接。英国南安敦大学的"开放期刊计划（Open Journal Project）"开发了一个自动链接工具，根据语义的相似性定量分析，可将电子期刊有关的内容和有关的网页进行自动链接，并可以对有关文章的引证关系进行定量研究[84]。根据网络链接的结构，可分析站点的联系程度、集中度，进行网络结构的布局分析，合理配置资源。如改变有关的通道和设备能力，保证信息传输的顺畅。通过三维虚拟现实等可视化技术，可以使网页的链接模式、情况更加直观和具体，便于做进一步的分析研究。网络查询便是通过网页的链接关系和内容进行检索，然后再把结果用三维图像可视化手段表现出来，使相关节点之间的关系一目了然。

（5）应用于网络资源检索和利用

链接结构可以用来指导信息查询，提高检索能力。美国斯坦福大学的数字图书馆计划开发的Google搜索引擎，就是利用超文本链接的定量分析来确定信息的重要性。IBM公司已开发出第二代的搜索引擎，综合利用了几种算法，可以根据网页超文本的结构来发现高质量的信息，使检索结果更加准确。目前还出现一种叫做"文献的书目示例计量检索工具（Bibliometric Retrieval of Documents，BIRD）"，它先给出读者一篇感兴趣的文章，然后再根据其引文链来找到相关的资料。

（6）网页链接分析有利于分析和掌握学科发展状况

网页链接分析有利于分析和掌握学科发展状况，如学科的独立性、吸收能力、渗透性、地位、发展动态和趋势等。可通过利用网页的同链接或网络电子期刊的同引情况，了解一个学科的知识结构。美国伯克利加州大学信息管理与系统学院的Ray R.Larson教授曾利用AltaVista搜索引擎收集到有关地球科学文献的同引情况数据，用同引频率矩阵分析了地球科学、地理信息系统、卫星遥感等学科相互关系及其发展趋势。

（7）有利于开发和应用智能超文本链接

智能超文本链接是在链和节点中嵌入知识或规则，允许链进行推理和计算。有的学者把WWW看成是人类的大脑，网页之间的不同链接看成是人脑的神经[85]。神经网络理论认为，神经网络是由大量处理单元广泛互连而成的网络，是人脑功能基本特性的某种抽象、简化与模拟。网络的信息处理由神经元之间的相互作用来实现。人工神经网络具有良好的自组织、自学习和自适应能力，特别适用于处理复杂问题或开放系统，因而可以利用神经网络理论指导建立网络自动链接的机制。通过对用户的行为习惯（如链接路线、书签等）的记录的统计分析，可建立一个自适应的链接系统，根据需要而自动链接有关网页，方便用户的利用。

由此可见，网页的链接分析是网络数据的一项重要内容。随着网页链接规模的不断扩大，网络结构的复杂化，利用数据挖掘和知识发现的方法和技术对网页链接进行分析，可以使研究结果更加科学化和精确化。

7.5.4 网页链接数据的分析方法

根据施链网页与被链接网页是否处于同一个主机上，可以将某一站点的链接分为站内链接与站外链接两种。利用搜索引擎分别检索综合网站与专业网站的被链次数及网站被不同类型网页的链接次数，可以分析网站的链接特征，并对站外链接类型及其特征进行分析。站外链接关系反映的是被链网页被利用与被推荐的总体情况，与被链网页质量存在正向或肯定的联系，因此利用站外链接评价网络信息是可行的。其方法步骤如下。

1. 检索工具选择

目前许多搜索引擎都能检索某一网页的被链次数，可直接用于检索链接情况。如Fast Search、AltaVista、Hotbo、Google等。FastSearch在搜索引擎中收录网页数较多，检索功能最强，其高级检索功能可指定检索全世界46种语种中任一语种编辑的网页，并能将检索结果以相应语种显示；可检字段有全文、题名、URL、链接描述文字、链接到某网页的所有网页（网站）等5种。

FastSearch还可将检索结果限制在某一类型域名内，如"include.edu.cn"，表示将检索结果限制在中国教育科研网内，同样可排除某一类型域名内的检索结果。Google不能区分站外链接。因此，可以利用FastSearch高级检索功能分别检索综合网站与专业网站被链情况、网站被不同语种网页链接情况、网站被不同国家及地区注册网站链接情况等。

2. 链接特征分析

不同类型网站有不同的链接特征。不同类型网站提供的内容和服务是不同的，因此利用链接关系评价网络信息的可行性，研究被链接的机会也是不同的[86]。

（1）链接类型的分布

网站之间建立链接的原因很多，根据施链网页与被链网页之间的关系可以将链接类型分为推荐链接、合作链接、相关链接、资源链接、通讯链接、广告链接等6种。链出（Linkingout）是指从自己的网站链接到别人的网站，将访问自己网站的人彻底带到别人的网站，或将访问门户网站的用户带到自己的网站，以扩大自身网站的影响或提高自身网站访问率的行为。随着竞争的加剧，网站所有者或经营者会通过搜索引擎服务，主动将自己的网站与搜索引擎实现链接，甚至将一些与网页主题并不相关的热门词汇以隐含方式放在页面上，以便被搜索引擎索引，从而提高网站的点击率，这种链出的目的其实是为了更多的链入。目前各信息服务机构设置的"友情链接"大多属于链出服务的类型。当访问者打开设链者的"链接"时，访问者浏览器地址栏由设链者的域名变为被链者的域名，网页上没有设链者的任何信息。链入（Linkingin）是用户在设链者的网站中阅读使用被链者网站信息的行为。由于访问者打开设链者的"链接"时，访问者浏览器地址栏仍然是设链者的域名，而访问者网页上出现的却是被链者网页的内容。站内链接数与站外链接数表达的意义是不一样的。站内链接主要用来组织内部网页，站内链接数越多，则反映该网站收录网页多，导航机制健全；而站外链接数反映的是该网页的外界影响力。

（2）链接类型的分析

① 推荐链接。推荐链接较特殊，施链网页与被链网页之间不需要存在某种相关性，施链网页多在"精彩网站链接"、"热站推介"、"推荐网站"、"网络导航"、"首页链

接"、"热门网站"等标题下列出它认为质量好或者热门的站点。而推荐链接的动机单纯而明确，是施链网页对被链网页的直接肯定。利用推荐链接评价网络信息质量比利用参考数据评价印刷型数据质量更有效。

② 合作链接。调查发现合作链接的原因主要为：使用了被链网页的服务功能；主办单位之一；信息来源，站内容的补充；内容相关等。

③ 相关链接。施链网页与被链网页内容上关联程度最高。

④ 资源链接。指链接了被链网页的某种资源，如新闻报道、网页文章或获取了软件、音频、视频等非文件型文件。这是链接中数量最多的。

⑤ 通讯链接。新浪提供的通讯服务很多，如免费邮箱、主题社区、论坛、聊天室等，这也是目前中国网站吸引用户的重要手段。主要是使用新浪邮箱，作为网站管理者联系信箱、新闻媒体接受投稿、用户联系方式等。

⑥ 广告链接。互联网上的广告通常是在主页、访量多的频道和网页上设一个图标（Banner），再由此链接到相关广告上去。主要分为4种类型：

● 为其他企业所做广告。

● 自己的商业性服务所做广告。

● 商务咨询公司建立的与电子商务网站的链接。

● 个人网站资助性广告。

广告多以站内链接的形式出现，是目前互联网广告的主要形式。广告在站外链接中所占比例不大，不会对利用站外链接评价网络信息质量造成干扰。另外，一个网站的广告投放量大，也能从侧面证明该网站访问量大、质量高。

推荐链接直接对被链网页质量做出了肯定，在评价网络信息上是极为有效的。合作链接与相关链接中施链网页与被链网页密切相关。

施链网页在众多类似站点中选择A站点而不是选择B站点作为其合作伙伴或相关网站，表示施链网页认为A站点是最适于利用的，实质是对A站点质量的肯定，即A站点作为"合作伙伴"或"相关站点"被链接与A站点的质量有某种肯定的联系。相对瞬息万变的网络信息来说，以这几种形式出现的链接较少更改，稳定性较好。

7.5.5　网页链接数据的分析案例——6个档案馆网站被链接情况的调查分析

1. 调查的意义

近年来，我国许多档案部门都纷纷建立连接国际互联网的网站，档案馆网站将构筑起档案工作与社会新的桥梁，开启社会了解档案工作的新窗口，让档案工作走近社会公众、走进沸腾的社会生活，发挥应有的社会作用。档案馆网站的被链接情况可以反映出它的知名度、内容多寡和丰富程度、开放和影响度程度，以及档案信息资源的开发和利用程度，还可以反映出档案馆网站的被链接者的情况和偏好等，研究档案馆网站的被链接的特点和规律对于搞好我国档案馆网站建设具有借鉴和指导意义。

2. 调查对象简介

（1）美国国家档案馆网站。美国国家档案馆网站（http://www.archives.gov）目前已有5000万份档案史料公开上网，资源丰富，页面链接级数较深，分类比较详细具体。上网的档案史料都是经过精心挑选的，大多极具分析性和研究性，用户可以通过名称、日期、组织以及城市等类目进行快速的搜索。美国国家档案馆还开设了网上专门展览区，展览的内容包括《独立宣言》、《美国宪法》在内的近30份对美国历史有着重大影响的历史文献档案史料。

（2）加拿大国家档案馆网站。加拿大国家档案馆（http://www.archives.ca）除了具有一般档案馆的内容外，还具有自己的一些特点，就是用户在查阅档案和史料的同时，可以获得娱乐的享受。比如它把加拿大的历史人物制作成拼图游戏，把历史事件和名人的信息制作成测验题，而邮政档案俨然就是一个邮票展会。此外，加拿大档案馆网站的交互性比较强，图片和Flash文件比较多，页面设计艺术性较强，看上去就像一个网上展览厅，而不是故纸堆。另外该网站还提供了英文和法文两个版本。

（3）英国国家档案馆网站。英国国家档案网站（http://www.pro.gov.uk）提供了政府、法院等机构的档案文件、法律法规和政策等文件，以及其他社团、公司的文件资料。用户在网上可以查阅档案文件、缩微品，还可以进行在线咨询和档案检索等。但是用户只有注册后，才能够获得查阅更多详细档案的权利，否则只可以查看目录和浏览部分档案信息。另外，该网站提供了许多关于馆藏的介绍性信息。

（4）澳大利亚国家档案馆网站。澳大利亚国家档案馆网站（http://www.aa.gov.au）提供了具体详细的馆藏介绍和用户利用档案的指导。用户可以查阅各类文件、图片和家谱档案等。它提供了在线教育档案浏览服务和网上展览以及关于档案编撰成果的介绍等内容。该网站分类较细，图文并茂，可以在线检索，但用户若要查阅更多的档案信息则需要注册。

（5）香港历史档案馆网站。香港历史档案馆网站（http://www.info.gov.hk/pro）提供了中文、英文两个版本。用户除了可以浏览多媒体的网页外，还可以选择浏览纯文本的网页。该网站主要提供馆藏介绍、业务服务和在线档案目录查询等，而提供的在线档案信息内容比较少，有些栏目正在建设之中。

（6）日本国家档案馆网站。日本国家档案馆又称为国立公文书馆。日本国家档案馆网站（http://www.archives.go.jp）有日文和英文两个版本，主要提供官方的档案资料。它除了提供馆藏介绍和业务指导外，许多档案资料被制作成PDF格式的文件在网上公布，用户可以直接阅读其档案内容信息。

3. 调查分析方法

（1）调查工具

目前网上有许多搜索引擎工具可以检索一个网站被链接情况，如Google、Lycos、Hotbot等。进入http://www.hotbot.com页面，选择Advanced Search（高级检索），便可以检索到网站被链接情况的各类型数据。本书链接检索使用的搜索引擎是FAST。

（2）数据检索方式

为了避免地址相同而协议不同（如HTTP协议、FTP协议）的网页被检索出来，需采用HTTP协议的网址全称，即http://www.archives.gov、http://www.archives.ca、http://www.pro.gov.uk等。本书检索的被链接情况的时间均在2003年6月1日以前。检索的变量包括语言、地域、域名、时间等。

（3）分析方法

对检索到的数据采用分类统计方法，进行对比以及时间序列的动态分析，此外还对链接方式的出处进行比较深入的分析。

4. 调查结果

（1）被不同语言的网页链接次数

考察6个档案馆网站被不同语言的网页链接次数的时候，首先把检索条件设置为默认设置（包含所有条件的设置），然后将语言分别设置为英语、简体中文、繁体中文和日语。通过这样的考察，可以看出链接这6个网站的网页在语言上的趋向性。6个档案馆网站被不同语言的网页链接次数统计如表7.1所示。

表7.1　6个档案馆网站被不同语言的网页链接次数

档案馆网站	所有条件	英　语	中文（简）	中文（繁）	日　语
美国国家档案馆	19,900	19,138	0	55	5
加拿大国家档案馆	2,246	1,671	7	10	3
英国国家档案馆	2,781	2,596	2	2	6
澳大利亚国家档案馆	335	313	6	1	1
香港历史档案馆	56	11	5	38	2
日本国家档案馆	69	7	0	0	55

（2）被不同地域的网页链接次数

为了发现链接这6个档案馆网站的网页在地域分布上的特点，本文在地域检索条件上分别设置为北美洲、欧洲、亚洲、大洋洲。因为这6个档案馆的所在地就属于这4大洲。6个档案馆网站被不同地域的网页链接次数统计如表7.2所示。

表7.2　6个档案馆网站被不同地域的网页链接次数

档案馆网站	北 美 洲	欧　　洲	亚　　洲	大 洋 洲
美国国家档案馆	18,757	115	89	27
加拿大国家档案馆	1,840	192	33	56
英国国家档案馆	1,144	1,437	62	100
澳大利亚国家档案馆	80	27	15	218
香港历史档案馆	18	1	38	0
日本国家档案馆	14	6	49	0

（3）被性质相似网页链接的次数

为了考察这几个档案馆网站的链源在性质或内容上的相关性，本书在FAST高级搜索里面的Word Filter（单词筛选）中分别选中Exact Phrase（精确词语）、In the Body（主体）和In the Title（标题）限定条件。对于限定词语做了以下处理：

① 由于美国国家档案馆、加拿大国家档案馆、日本国家档案馆的网址中已经含有单词archives，故在选择"In the Body"的时候，不能再选用archives作为筛选词，而用该词的同义词records和documents来替代，这样搜索的结果是网页中含有单词records或documents的链源数量。在选择"In the Title"的时候，为了提高检索的精确性，仍然选用archives作筛选词。

② 对于英国国家档案馆、澳大利亚国家档案馆和香港历史档案馆网站的考察依然选用archives作筛选词。

③ 由于FAST搜索引擎不支持汉语词语作为筛选词，故对这些网站的考察均排除了汉语筛选词。在网页主体或标题中包含上述筛选词的链源数量的统计结果如表7.3所示。

表7.3　6个档案馆网站被性质相似网页链接次数

档案馆网站	网 页 主 体	标　　题
美国国家档案馆	1,4477	86
加拿大国家档案馆	1,666	66
英国国家档案馆	1,836	62
澳大利亚国家档案馆	300	44
香港历史档案馆	11	1
日本国家档案馆	7	1

（4）被链接次数的发展变化情况

本文考察了以年为单位的连续6个时间段的6个档案馆网站累计被链接量。在检索的时间设置上，选用Before，每一年以12月30日为底线，比如检索1998年以前的被链接量，具体设置为：Before or on December 30,1998。统计结果如表7.4所示。

表7.4 6个档案馆网站被链接次数的发展变化

档案馆网站	1998年	1999年	2000年	2001年	2002年	2003年6月
美国国家档案馆	1	1	5	18	879	19,900
加拿大国家档案馆	54	77	164	338	886	2,246
英国国家档案馆	13	47	125	300	1,141	2,781
澳大利亚国家档案馆	159	174	190	214	262	335
香港历史档案馆	0	0	3	9	33	56
日本国家档案馆	0	0	0	3	25	69

为了便于结果分析，根据表7.4的数值，绘制出了6个档案馆网站被链接次数发展的曲线图，如图7.1、图7.2所示。

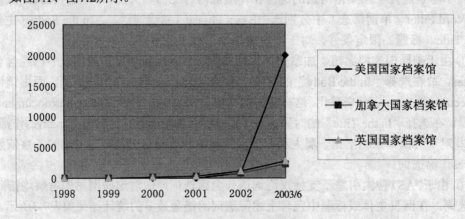

图7.1 美国、加拿大、英国3个国家档案馆网站被链接次数的发展曲线

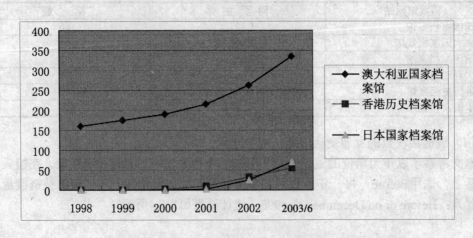

图7.2 澳大利亚、香港、日本3个档案馆网站被链接次数的发展曲线

5. 结果分析与启示

（1）链源与链宿之间具有语言趋同性

从6个档案馆网站被不同语言的网页链接的次数统计上可以看出，英文版本的网站的链源绝大部分是英文版本，美国、英国、澳大利亚等国家档案馆网站的链源93%以上为英文版本。同样，中文、日文版本的网站的链源相当大部分为中文、日文版本。对于提供双语版本的网站来说，加拿大国家档案馆网站的法语版本的链源多为法语版本，香港历史档案馆网站和日本国家档案馆网站的英文版本的链源也多为英文版本。因此，一个网站要更多地被其他语言的网页链接，它就需要提供相应的语言版本支持。国内的档案馆网站欲提高在国外的被链接次数，就要提供英文版本。

（2）档案馆网站的被链接具有内向性

这里的内向性是指一个网站的本地链源占大多数。从6个档案馆网站的链源的地域分布来看，链源多集中在档案馆所在的洲，更进一步推想，链源多集中在档案馆所属的国家（或地区）。虽然FAST搜索引擎不提供以国家为单位的地域限制检索条件，但结合它们被不同语言的网页链接的次数统计，可以认为这样的推想是有很大的可取性的。其中美国国家档案馆网站被链接的内向性最强，高达94%的链源是本地链源。一个网站被链接次数的多少可以反映出它的影响力和受关注程度，而档案馆网站对于其所在国家（或地区）的作用和意义更大。档案馆保存的档案一般来源于当地的机构，通常这些档案在当地的价值要大于它们在其他地方的价值。从总体上讲，一个国家的公民利用本国档案的频次远远高于利用他国档案的频次。这几个档案馆网站被链接的内向性与这一事实是相符的。

（3）链源在性质上具有相似性

从调查的统计结果中可以看出，绝大多数链接耦合的网页在性质上具有很大的相似性。通常，在主体部分（In the Body）均含有某一特定关键词的网页的性质可以认定为相似，而在标题部分（In the Title）均含有某一特定关键词的网页，其性质上的相似性就更大了。含有相同关键词的链接来说，这6个档案馆网站的英文版本的链源数量所占比例相当大，这个比例有的超过90%。这说明，这几个档案馆网站的链源集中在同一性质或专业的领域。在Word Filter（单词筛选）中设定多个含义完全不同的关键词分别进行检索，还可以看出被链接的网站的普遍适用性和专业适用性。如果某链宿的包含不同关键词的链源数量集中不明显，则可以认为该链宿的普遍适用性较强，横向上的影响力较大；反之，如果包含不同关键词的链源数量对于某个关键词而相对集中，则可以认为该链宿的专业适用性较强。进一步讲，这种集中程度与链宿的普遍适用性成反比，与链宿的专业适用性成正比。因此，档案馆网站的专业适用性更强。

（4）被链接增量的影响因素

一个网站被链接增量的影响因素可以分为自然因素和非常因素两类。自然因素是指不受网站自身所控制的外部条件，如建站时间的长短、网络发展程度、网站数量等。非常因素是指网站自身的较为明显的改进或改变，如设计风格上的改变，所含内容在质量、数量或范围上的改变等。这里把由自然因素决定的被链接增量称为自然增量，把由非常因素决定的被链接增量称为非常增量，另外这两种增量均有正负之分。而被链接增量是自然增量与非常增量之和。基于上述定义，再来考察几个档案馆网站的被链接增量。通过横向比较与纵向比较，可以看出，美国国家档案馆网站的被链接增量在2003年前5个月中，非常增量占主导地位，因为图7.1中的曲线在2002年以后陡然上扬，且幅度相当大，并不符合自然增长的规律。而澳大利亚国家档案馆、香港历史档案馆等网站的被链接增量在整个时间序列中，自然增量占主导地位，从图7.2中可以看出，它们的增长曲线比较平滑。这说明被链接增量非常突出的网站，很可能对自身有明显的改进。笔者查找了有关美国国家档案馆网站的资料，结果发现，该档案馆在2003年将5000多万份史料文件公开上网，这些资料从美国内战到移民信息无所不包。可以认为这是美国国家档案馆网站在短短的5个月内被链接次数剧增的主要原因。因此，档案馆网站欲提高被链接次数，关键是让网站的内容充裕，将尽量多的档案资料公开上网，使档案信息可以更多地在网上查阅（本书的7.5.5小节在中山大学信息管理系档案学本科生李兵同学协助下完成）。

第8章 网络数据分析系统的开发

网络数据分析系统是支持网络数据挖掘和知识发现过程的工具。构建合理的网络数据分析系统是网络数据分析首先要考虑的问题。过去数据挖掘和知识发现的研究重点往往放在局部的具体挖掘算法上，较少对整个系统的构建进行分析。数据挖掘知识发现系统是一个有机的整体，各个部分之间有着密切的关系，有关的算法都是为某一个数据挖掘模块服务的，如果不认真对系统结构进行分析，那么必然会导致各种算法之间的重复工作，各种算法只有与其他模块紧密结合，才能充分发挥作用。

8.1 网络数据分析系统设计的基本目标

网络数据分析系统设计的基本目标如下：

（1）能够对大量的数据进行分析处理。在网络环境下，数据通常都比较大，复杂程度较高。网络数据分析系统工具必须能够对海量数据进行处理，寻找用户关注的信息，实现原始数据向有价值的知识的转化。因此，能够将大量的数据进行提取、过滤、转换、集成，以便从中发现知识，是网络数据分析系统工具的一个关键的问题。

（2）能够对多种类型的数据进行分析处理。网络数据包括多种类型，既有结构化的数据，又有半结构化的数据，还有非结构化的数据，网络数据分析系统工具必须能够处理多种类型的数据，对各种系统具有一定的兼容性。

（3）要有较高的效率。在大规模的网络数据中发现知识必须要有较高的效率。由于基于网络的数据量比一般的数据库或数据仓库中的数据量大得多，而且每天都在迅速增长和更新，因此从如此巨量的数据中有效提取有用的信息，要求数据采掘速度必须较快，发现的过程必须高效。

（4）用户能够参与分析挖掘过程。在分析挖掘过程中，用户能够参与挖掘过程，系统可以提供相应领域知识的支持。因此，系统应该具有较好的交互功能和友好的界面。

（5）具有动态性。网络中的数据更新速度特别迅速，针对当前状态的信息能快速更新知识，提供准确的决策支持要求数据采掘的动态性。

（6）必须有效地组织和管理数据。目前数据挖掘多应用于关系数据库和面向对象数据库，它们有完整的结构，按照预先定义的模式进行组织、存储和存取，而网络中的信息往往具有半结构化或非结构化的特性，难以映射到一个固定的模式，传统的数据模型和数据库系统难以支持网络上的信息资源。因此必须有效地组织和管理数据，从而为网络挖掘提供所需的源数据。

（7）能对所发现的模式进行解释和评价。根据用户定义的发现策略，发现的知识必须是可以理解的。系统能对发现的模式进行解释和评价，发现新颖的、潜在有用的模式。

8.2　网络数据分析系统的设计原则

网络数据分析系统的设计原则如下：

（1）开放性原则。系统设计必须支持多种软、硬件环境，能适应软、硬件环境变化及技术发展。

（2）规范性原则。系统在界面设计、体系结构设计、数据结构设计以及业务处理、文档整理等方面都必须符合行业标准和行业规范。

（3）扩展性原则。系统设计必须能适应业务发展和计算机网络发展的需要，便于系统扩充，并提供与其他业务系统的应用连接和数据共享。

（4）安全性原则。系统运行要具有高稳定性，要采用多种身份验证技术，如用户身份验证、防止非法用户入侵、防止黑客攻击等，以保证系统数据的安全。

（5）方便性原则。包括操作、系统管理、系统维护、灵活的模块挂接功能、算法管理功能、报表定义功能等。

（6）高效性原则。应用开发的高效性以及使用网络数据分析系统后，给用户带来的业务处理的高效性。

8.3　网络数据分析系统的基本功能

网络数据分析系统能够充分利用有效数据进行整合，提供多种统计分析、报表打印工具，提高工作效率，为调研、分析工作提供辅助支持。

（1）发现网络信息内容的特定模式，形成有价值的知识

网络信息内容的知识发现主要是对内容进行挖掘，分析其主题的分布、学科变化、不同主题的网页内容的相关关系等。针对各种网络数据，如文本数据、音频数据、视频数据、图形图像数据等多种数据的多媒体数据挖掘，可将内容挖掘分为基于文本的挖掘和基于多

媒体的挖掘两种。文本挖掘可以对大量文档集合的内容进行总结、分类、聚类、关联分析等。多媒体的挖掘主要是对网络多媒体信息的特征进行提取和挖掘，从中发现潜在的知识。

（2）发现网络信息形成、存在的特点和变化的规律，提高资源配置水平

对网络信息的分布、结构和相互联系等情况进行挖掘分析，分析核心网页、网页之间的联系以及变化情况等。

（3）发现网络用户行为的特点和规律，提高网络服务水平

通过网络使用记录数据挖掘可以对用户的行为进行分析，从中获得有关用户的规律性认识。主要表现在以下几个方面：对用户背景分析、用户群体分类分析、用户满意度分析、用户效益分析和预测等；数据挖掘可以把大量的用户分成不同的类，进行用户群体分类分析。通过数据挖掘不同用户的爱好，提供有针对性的服务，提高用户对网络服务的满意度。可以根据用户对网站的访问顺序进行路径聚类，发现用户具有相似的兴趣。通过对用户访问模式的发现，合理建造网站及设计服务器，更好地组织设计网络主页等，从而不断地提高网络的服务水平[87]。

8.4　数据挖掘分析语言

8.4.1　数据挖掘语言的意义

数据挖掘语言可以有助于数据挖掘系统平台的标准化开发，推动数据挖掘应用的发展。数据挖掘查询语言能与数据挖掘系统通信进行交互和特殊的挖掘。目前由于各数据挖掘的查询语言是研究机构为自己的数据挖掘系统开发的，没有形成标准、没有实质性地解决各个数据挖掘系统彼此互相孤立的问题，难于嵌入大型应用中去。虽然现在已经有较多的挖掘算法，同时也出现了一些系统原型，但是相比之下有关语言方面的研究还是比较薄弱。因此如果有一种结构化的挖掘语言SML（Structured Mining Language）独立于任何数据库管理系统，能发现常用的几种形式的规则，使人们能够用相同结构的语言从数据源中提取不同类型的知识，那么必将极大地提高数据挖掘的效率，推动数据挖掘技术的发展与应用[88]。

8.4.2　数据挖掘语言的设计原则

数据挖掘语言可描述多种知识，一般满足几个设计原则：

（1）可说明相关的数据源。为了继承数据查询语言SQL的强大功能和减少工作量，数据挖掘的数据源用SQL来描述。

（2）可说明挖掘的类型，即用户要发现的规则。它包含关联规则、序列模式、聚类和

分类规则等。

（3）结构和语法尽量靠近SQL，便于用户使用。

（4）可说明知识成立的阈值。根据要发现的规则包含支持度、信任度、噪音大小等阈值。

（5）挖掘的结果能够用比较概括的或多层次的术语来表述。

（6）挖掘的过程总是有可能采用相关的背景知识。

8.4.3　数据挖掘语言的类型

根据功能和侧重点不同，数据挖掘语言可分为3种类型：数据挖掘查询语言、数据挖掘建模语言、通用数据挖掘语言。

（1）数据挖掘查询语言用来支持特殊的和交互的数据挖掘，目的是为了使知识发现更加灵活和有效。

（2）数据挖掘建模语言是对数据挖掘模型进行描述和定义的语言。数据挖掘建模语言使数据挖掘系统在模型定义和描述方面有可以遵循的标准，各系统之间可以共享模型，既可以解决目前各数据挖掘系统之间封闭性的问题，又可以在其他应用系统中间嵌入数据挖掘模型，从而解决知识发现的协作问题。

（3）通用数据挖掘语言合并了上述两种语言的特点，既具有定义模型的功能，又能作为查询语言与数据挖掘系统通信，进行交互和特殊的挖掘。

加拿大Simon Franser大学的Jiawei Han等在开发的数据挖掘系统DBMiner中设计了一种数据挖掘查询语言DMQL（Data Mining Query Language），用来挖掘多层次知识。DMQL由数据挖掘原语组成，它用来定义一个数据挖掘任务。用户使用数据挖掘原语与数据挖掘系统通信，使知识发现更有效。这些原语包括以下几个种类：数据库部分的规范以及用户感兴趣的数据集、挖掘知识的种类、在指导挖掘过程中有用的背景知识、模式估值的兴趣度测量以及挖掘出的知识如何可视化表示。数据挖掘原语允许用户在挖掘过程中从不同的角度或深度与数据挖掘系统进行交互式地通信。数据挖掘查询的基本单位是数据挖掘任务，通过数据挖掘查询语言，数据挖掘任务可以通过查询的形式输入到数据挖掘系统中。一个数据挖掘查询由以下5种基本的数据挖掘原语定义：

（1）任务相关数据。这是被挖掘的数据库的一部分。挖掘的数据不是整个数据库，只是和具体问题相关或者用户感兴趣的数据集，即数据库中的一部分表以及表中感兴趣的属性。该原语包括以下具体的内容：数据库或数据仓库的名称；数据库表或数据仓库的立方体；数据选择的条件；相关的属性或维；数据分组定义。

（2）被挖掘的知识的种类。该原语指定被执行的数据挖掘的功能，在DMQL中将挖掘知识分为5种类型，即5种知识的表达：特征规则、区别规则、关联规则、分类、聚集。

（3）背景知识。用户能够指定背景知识或者关于被挖掘的领域知识。这些知识对于引导知识发现过程和评估发现的模式都是非常有用的。背景知识包括概念层次或预期的程度。

（4）兴趣度测量。兴趣度测量包括：简洁性、确定性、实用性和新颖性。功能是将不感兴趣的模式从知识中分开。兴趣度测量能够用来引导数据挖掘过程，或者在发现后评估被发现的模式。不同种类的知识有不同种类的兴趣度测量方法，低于用户指定的支持度和可信度阈值的规则被认为是不感兴趣的。

（5）发现模式的表示和可视化。定义被发现的模式显示的方式，用户能够选择不同的知识表示形式，包括规则、表格、报告、图表、图形、决策树和立方体或其他可视化表示。发现模式用多种形式表示，可以帮助不同背景的用户识别有趣的模式，并与系统交互或指导进一步的发现，用户能够指定用于显示发现模式的表示形式。基于这些原语，DMQL可以在多个抽象层次上进行多种类型的知识发现。

8.4.4 基于网络的挖掘语言

网络查询语言是进行网络数据挖掘的基础。网络查询语言的理论基础是采用关系模型、对象模型或者半结构化数据模型，描述网页或者网页内部的结构以及网页间的链接，利用现有搜索引擎技术实现类似数据库中的信息查询。其主要任务是基于内容的查询和基于页面之间链接结构的查询。目前网络上的查询主要是基于搜索引擎的关键词索引技术。这种技术的搜索范围较大但是存在一些不足：无法进行对页面内结构和页面间链接的查询；查询的结果重复页面多、查询结果格式的重构能力弱；无法利用用户已知的知识缩小查询范围；无法反映网络的动态变化等。

网络查询语言可大致分为第一代网络查询语言和第二代网络查询语言。

第一代查询语言主要特点包括：图的结点是页面，边是页面之间的链接；利用现成的搜索引擎实现基于内容的查询，从借鉴数据库的技术实现基于结构的查询；使用文本模式和描述链接的图模式分别描述两种类型的条件。它综合了文档中出现的文本模式和描述链接结构的图模式，目的是将基于关键词查询的搜索引擎技术和数据库系统中结构化查询语言技术结合在一起，实现类似于从数据库中查询数据的查询表达方式，增强了用户查询网络信息的表达能力。这种查询语言未考虑网页的内部结构和查询结果的重构。

第二代网络查询语言对网络文档的内部结构和文档间的链接进行建模，提供了创建复杂结构的查询结果的能力和对网络对象内部结构的操纵功能，支持对链接模型的引用以及对有序集合和记录的更自然的数据表达方式。其主要特点包括：图的结点是粒度小于页面内部的数据，边既可以是页面内部的链接也可以是页面之间的链接。一些模型还支持表达更自然的有序集合和记录；支持查询结果重构成复杂的结构，更多地依赖半结构化数据的查询。

无论是基于HTML的查询语言还是基于XML的查询语言，目的都是从网络文档中抽取信息，并对抽取出的信息进行重构，因此需要解决以下几个问题：

（1）数据模型

为了查询网络文档中的信息，必须对网络文档和网站结构进行建模，由于网络信息的分布性、异构性和动态性，所以通常采用边标记图模型、半结构化数据模型和其他数据模型。

（2）表达能力

查询语言除了能够表达基本的查询操作，如投影、选择、链接和排序等，对于特殊结构，如网页间的链接，网络查询语言能够支持路径表达，通过链接结构完成信息查询。对半结构化的特征，网络查询语言能够通过正则路径表达式匹配事先不清楚的结构，并通过文本模式表达式匹配文本内容。网络查询语言还应该具备对查询结果的重构能力，根据用户的要求输出查询结果以及对网站的重构能力。

（3）语义与合成

查询语言应该具有精确的语义，实现查询语言间的转化以及查询优化。合成是一个查询的输出，可以作为另一个查询的输入，对建立网络视图有很大作用。

WEBML是加拿大Simon Franser大学的Jiawei Han提出的[89]。它采用类似SQL语法的查询语言，针对网络资源查询和网络知识挖掘进行设计。WEBML在多方面借鉴了数据挖掘语言DMQL，提供了对抽象概括数据的查询和知识挖掘能力。下面是WEBML的顶层语法：

```
〈WEBML〉 :: = 〈Mine Header〉from relation-list
[related-to name list][in location list]
where  where clause
[order by attributes name list]
[rank by{inward | outward | access}]
〈Mine Header〉:: ={{select | list}{attribute name list | *}
|〈Describe Header〉|〈Classify Header〉}
〈Describe Header〉::=mine description
in-relevance-to {attribute name list | *}
〈Classify Header〉::=mine classification
according-to attribute name list
in-relevance-to{attribute name list | *}
```

related-to name list和in location list用来快速确定有关的主题和地理范围；mine description（挖掘描述）是用来查找和发现数据的特点；mine classification（分类挖掘）用来根据一定的分类方式发现网络具体信息的特征。

例1：查找欧洲有关数据挖掘的文献。

WEBML的形式为：

```
List * from document in Europe
Related-to computing science
Where one of keywords covered-by "data mining"
```

在这个查询式中，关键词列表表明是简单的查找，使用"Where"句式进行限制。

例2：查找欧洲大学1990年以来出版有关数据库系统的网络流行文献的单位。

WEBML的形式为：

```
Select affiliation from document in Europe
Were  affiliation belong-to "university" and one of keywords covered-by
"database systems"
And publication-year > 1990 and count > 20 and access-frequency belong-to
"high"
```

在这个查询式中，20 表示多产单位，access-frequency表示网络流行，返回的结果将不是文献而是从这许多文献中提取的知识。

例3：描述有关互联网和数据挖掘的作者、机构和出版物的基本特点。

WEBML的形式为：

```
Mine description
In-relevance-to authors, publication, pub-date
From  document related-to Computing Science
Where  one of keywords like "data mining"
And access-frequency="high"
```

在这个查询式中，首先查找满足条件的有关文献，然后，从结果中归纳不同方面的特点。结果可以通过数据立方体表示，由用户进行联机分析和互动操作。

例4：根据更新日期、流行程度对1993年以来在加拿大商业域名中有关互联网信息检索的网络文献进行分类。

WEBML的形式为：

```
Mine classification
According-to timestamp, access-frequency
In-relevance-to*
From  document in Canada Commercial
Where one of keywords covered-by "information retrieval"
And one of keywords like "Internet"
And publication-year>1993
```

在这个查询式中，分类挖掘要求从系统中建立一个分类树。查询首先需要在多层次的数据库关系中建立一个相关集，根据检索的频率和日期运行分类算法对文献进行分类，然后在分类树上表明这些类及其关系，用户可以浏览分类树并进一步获取所需文献。

基于网络的挖掘语言还在不断的探讨之中。随着结构化标记语言XML越来越流行，预计未来将会有大量的网页用XML编写，并遵循有关文档类型说明，这有利于促进不同网站间的信息交换，方便构造网络信息数据库的信息提取，因而更便于设计和实现基于网络信息的挖掘分析语言。

8.5　网络数据分析系统的结构

数据挖掘分析系统主要有两种类型：特定领域的数据挖掘工具和通用的数据挖掘工具。通用的数据挖掘工具适用于各种领域。特定领域的数据挖掘工具针对某个特定领域的问题提供解决方案，在设计时应该充分考虑到数据、需求的特殊性，并做相关优化。

8.5.1　数据挖掘系统的一般结构

数据挖掘和知识发现系统大致可以分为3层结构。第一层是数据源，包括数据库、数据仓库以及其他文件系统。数据挖掘不一定要建立在数据仓库的基础上，但如果数据挖掘与数据仓库协同工作，则将大大提高数据挖掘的效率；第二层是数据挖掘器，利用数据挖掘方法分析数据库中的数据，包括关联分析、序列模式分析、分类分析、聚类分析等；第三层是用户界面，将获取的信息以便于用户理解和观察的方式反映给用户，可以使用可视化工具。

（1）用户界面层

用户界面层完成用户与系统的交互作用。所有用户操作，如控制知识发现过程、数据库和知识库的管理都在这个层次通过用户应用接口与系统进行通讯。系统用户界面可分为4部分：知识库管理界面、数据库或数据仓库浏览与抽取管理界面、模型库管理界面及系统管理界面、完成挖掘过程和协调控制的界面。用户界面完成用户在挖掘过程中数据的选择与审查、挖掘工具的选择与分配、知识库的运用等各种操作的对话。界面应直观、易理解、易操作，同时应根据各种工具特点建立有特色的知识表达方式。数据挖掘需要用户大量的介入，用户往往提出一些具体的要求，通常这个要求限定了数据的来源、应用的范围、结果的形式、评判的标准，甚至包括应该使用什么类型的算法。由于用户提出的问题是千差万别的，所以相对应的结果模式就存在着很大的不同。理想的挖掘系统的用户界面应该接受用户以一种接近自然语言提出的问题，因为系统最终面对的使用者大部分情况下是用户。

（2）数据管理层

数据管理层直接负责对数据库进行管理，完成对数据的加工、存储、提取等管理工作。

数据挖掘的数据主要有两部分来源，一部分是未经处理的数据源数据，如各种联机事务处理系统的数据、单位办公数据、历史遗留的文件档案数据、单位外部各种数据源的数据等，这些数据被用于挖掘前，要进行质量增强处理。另一部分数据是数据仓库中的数据，数据仓库中的数据质量高、格式统一，并且按不同粒度、多维、多等级分类存储，此类数据可经过格式转换等简单处理就可用于数据挖掘的数据管理子系统，还为用户提供导航器以增强用户的浏览能力，为用户选择、浏览等操作数据和分析数据的相互关系提供帮助。它具有下列子模块：

① 数据收集与数据转换模块。主要针对现实中异构和多样的原始数据环境，将它们转变成易于系统处理的统一格式的数据。数据收集提供跨平台的多种异构数据库的访问能力，包括数据接口驱动和内部数据结构。数据转换找到数据的特征表示，减少有效变量的数目，其操作包括过滤、剪枝等。该模块不需考虑数据本身的内涵。

② 数据简化与数据净化模块。数据简化主要有两个途径：属性选择和数据抽样，分别针对数据库中的属性与记录，该模块完成数据的选择抽取。简化的数据需要做净化处理，完成数据最后的处理，将抽取的正确可靠的数据提交给挖掘内核。

③ 元数据模块。元数据是管理数据的数据，指导整个数据预处理。对于一个设计较好的数据库系统而言，除了存储数据外，还应具备数据库维护表等，负责维护数据库。挖掘任务中往往包含了层次关系的挖掘，这就要求数据预处理模块能根据用户的要求，构建相应的库结构逻辑层次图，使用户对数据库中包含信息的范围有所了解，便于有目的地进行任务的制定。每次挖掘结束所得到的知识，在将其存入知识库的同时，还要反映在这个逻辑层次图上，便于后续挖掘工作的进行。

（3）挖掘内核层

挖掘内核进行实际的挖掘操作，从预处理完的数据中发现模式、规则。该模块实现各种挖掘技术，每种挖掘技术构成一个子模块，它们在功能上是相互独立的。每种挖掘技术包含一些不同的具体实现算法。如最常用的分类、聚类、关联分析和可视化等挖掘技术。分类内核，能够从给定的若干域预测指定域的模式，具体实现方法有决策树、回归分析、神经网络、统计分析等方法；聚类内核，将数据划分为若干个子集，目前算法有简单距离聚类、聚类算法；关联分析，根据事务同时发生的几率寻找事务间的关联规则；可视化从多角度展示数据分布，利用自身的观察判断能力发现潜在模式。用户在系统引导下，在模型库中选用合适的工具，并按模型要求进行数据挖掘，如用人工神经网络模型进行预测，在系统引导下，用户需先定义神经网络的类型、层次、每层节点数等，并为神经网络准备样本数据。然后神经网络自动训练、学习样本数据，最后生成预测模型。

随着数据仓库技术的发展，大量的数据已经被预先处理，为数据挖掘提供了基础条件；数据仓库完成了有关的数据收集、变换、存储等管理工作，进行了一定程度的集成和综合，因此，基于数据仓库的知识发现效率更高、效果更好。基于数据仓库的知识发现系统主要是增加了数据仓库和数据挖掘之间的协同模块，协调数据仓库和挖掘内核层所进行的挖掘操作。

虽然现有数据挖掘工具的自动化程度都比较高，但挖掘过程仍是一个复杂的过程，涉及多种工具和知识的选择和运用。为了有效地管理挖掘过程及各种工具，提高挖掘知识的效率和结果的准确性，有必要建立数据挖掘管理系统[90]。数据挖掘管理系统的一般框架主要由四部分组成：用户界面、知识库管理系统、模型库管理系统和数据管理系统，能支持数据挖掘分析的全过程。开发通用的数据挖掘管理系统是今后的一个发展方向，但如何结合不同领域的特点，构建具有针对性、实用性的知识发现系统也是值得注意的一个问题。

8.5.2　基于网络的数据挖掘分析系统

基于网络的数据分析系统与一般的数据挖掘工具不同，主要表现在：基于网络的数据分析的对象是网络的数据，比起一般的数据库和数据仓库的数据量更大、结构更加复杂、动态性更强，还具有分布性的特点。因此系统的目标是：具有处理多种数据的能力；具有处理大量数据的能力；具有处理分布式数据的能力；具有体系结构的可扩展能力；具有基于网络的发布和表现信息的能力。根据这些特点和要求，认为可以利用多智能代理（Multi Agent）的原理来去构建基于网络的数据分析知识发现系统。多智能代理是通过多个多智能代理协作完成或达到某些目标的系统。多智能代理具有社会性、自治性和协调性等特点，适应了网络数据分布式要求。利用多智能代理来描述数据挖掘过程的各个部分，整个知识发现的过程就是一个多智能代理系统，利用多智能代理本身的知识和能力，可以较好地实现数据挖掘过程的智能化[91]。利用多智能代理技术，基于网络的数据挖掘分析系统主要包括以下功能模块：

（1）用户界面Agent

用户界面Agent提供与分析人员等用户交互的友好界面，并以直观的方式，如可视化、自然语言等来表现用户的需求和数据挖掘的结果。通过直观的方式给用户提供容易理解的知识。如果挖掘的结果不能满足用户的需求，或者还有进一步的问题，还可以通过用户界面Agent再次输入挖掘需求，进一步进行挖掘工作。由于是基于网络的文献的知识发现，用户界面可以采用网络方式，好处是用户存取方便，容易建立和管理。

（2）数据预处理Agent

数据预处理Agent的主要功能是完成任务确定、模型设计、数据分析和数据抽取、数据处理和数据变换等。网络的数据源主要来自各个服务器和与网页相联的各类型的数据库。可以通过搜索引擎搜集有关网络文献的数据。然后对数据进行预处理，删除重复记录，对相关数据进行分析，消除不一致性。在此过程中数据预处理Agent要不断地与用户界面Agent进行交互，通过利用常识和经验过滤不必要的数据，为数据挖掘阶段提供必要的条件。

（3）数据挖掘Agent

数据挖掘Agent的主要功能是完成数据模式的识别，发现新的模式或规则。挖掘的主要任务是分类、聚类和关联规则发现等。挖掘驱动引擎根据挖掘要求，到数据挖掘算法库中去选择合适的挖掘方法，并且使用该方法去执行挖掘任务。搜索引擎和挖掘引擎是互补的、有一定的相同之处。搜索引擎和挖掘引擎处理的对象都是网络的数据。搜索引擎提供的功能是单一的，主要是查找定位符合用户要求的文件的位置。因此，它需要用户提供由一个或若干关键字串组成的查询表达式，然后获得一个按照某种方式排序的文件以及文件位置。挖掘引擎也提供定位文件位置的功能，但这不是它的主要功能。挖掘引擎自动地提取相关文献之间的有价值的关系知识，并且将这些知识以可视的方式反馈给用户。搜索引擎的结果往往可以作为挖掘引擎的输入。因此，搜索引擎在一定程度上可以被认为是挖掘引擎的前处理。

（4）模式评估Agent

模式评估Agent主要是实现对挖掘Agent得到的模式进行评估和解释，并与其他的Agent进行协调。挖掘Agent得到的模式并不是最终知识，模式有可能是冗余的、无效的，甚至是错误的，这就需要做进一步的处理。模式评估Agent实现对模式的解释表达，使用户能够理解，进而能够做出判断，如不合理则要将其剔除。数据挖掘是一个反复的过程，用户对发现模式的判断和筛选就是整个系统的反馈环节。用户可以对模式进行判断和筛选，如果满意，模式就成为知识，并经过一些表达处理添加到知识库里去；如果不满意，就要反馈于挖掘Agent，进而调整挖掘内核的操作，重复挖掘流程的工作，并逐渐接近用户的挖掘目标。

（5）模型和知识库

数据挖掘模型库是一个数据挖掘分析方法的综合性算法库。它可以以插件的方式来组织各种挖掘算法，使各种方法可用方便的方式插入，实现了可扩展性和易选择性，并且可以通过参数来实现算法的选择。知识库是数据挖掘的一个规则集合，能够根据不同的挖掘要求来选择最有效的挖掘算法或几种算法的序列组合。随着应用的深入，知识库可以不断融入新的规则，以增加系统的智能性。对知识库进行管理和控制，包括知识的增加、删除、更新和查询等。知识库一方面是接受知识库查询请求并进行查询；另一方面，接受知识提取模块从最后的综合结论中获取的知识模式，以丰富知识库的内容。

系统实现机制为：首先，用户通过用户界面Agent提出挖掘的要求；数据预处理Agent通过搜索引擎搜集有关网络文件的数据，并进行加工、集成处理；数据挖掘Agent利用各种挖掘算法通过对集成的数据进行归纳、概括、提取有效的知识；经过知识评价Agent加以评价、检测和用户交互检验后，提交给知识库整理，最后通过用户界面Agent提供给用户利用。

在多智能代理挖掘系统中，可以通过消息通信机制与其他智能Agent联系和协调[92]。

随着网络的不断发展，数据库的存取方式越来越趋向于分布式。从网络传输的效率和数据的安全保密性考虑，采用分布式数据挖掘具有较大的实用性和可行性[93]。但目前的方法还不能很好地适应分布式数据挖掘的要求，有关的算法还有待进一步改进。

8.6　网络数据分析系统的评价

对网络数据分析和知识发现系统的评价有利于提高其质量。评价数据挖掘工具需要考虑的因素很多，重要的是根据需要和特定的需求加以选择。

Two Crows Corporation在《Introduction to Datamining and Knowledge Discovery》一书中提出了评价数据挖掘工具优劣的指标[94]，它们分别是：

（1）数据准备。数据准备是数据挖掘中最耗费时间的工作，工具应当提供的功能有：数据净化，如处理缺失值和识别明显的错误；数据描述，如提供数值的分布；数据变换，如增加新列、对已有的列进行计算；数据抽样，如建模以及建立训练或测试数据集。

（2）数据访问。数据的主要存储形式是数据库，由于数据库的种类繁多，没有一种数据挖掘工具可以访问所有类型的数据库，因而工具必须支持ODBC（开放数据库连接）。此外，支持其他类型的数据源的能力也是数据访问的重要内容。

（3）算法与建模。数据挖掘寻找的知识类型多种多样，有关联规则、分类预测规则、聚类规则等模型，因此优秀的挖掘工具应当包含多种数据挖掘算法以处理不同需求，同时算法的稳定性、收敛性以及对噪声的敏感程度等也是重要指标。

（4）模型评价和解释。数据挖掘工具经过对数据的分析建立模型，要求工具能够提供多样的、易于理解的方式，如模型的性能参数以及图表等方法，对模型进行评价和解释。

（5）用户界面。数据挖掘工具大多提供了GUI（图形用户界面）帮助用户建立模型，同时部分工具还提供了可嵌入编程语言（如Visual Basic或Power Builder等）中的数据挖掘的API（应用编程接口）。GUI可以简化建模的过程，方便普通用户；而API则是为专业用户配置。能否满足不同类型用户的需求也是评价工具的重要指标。

由于不同的工具各有其特点，具体的网络数据分析系统的评价标准可以考虑如下几个方面：

（1）可产生的模式。可以产生的模式很多，如分类模式、回归模式、聚类模式、关联模式、序列模式等。在解决实际问题时，经常要同时使用多种模式。多种类别的模式及其结合有助于发现有用的模式，降低问题复杂性。例如，首先用聚类的方法把数据分组，然后再在各个组上挖掘预测性的模式，将会比单纯在整个数据集上进行操作更有效、准确度更高。数据挖掘系统提供多种途径产生同种模式，效果将更好。

（2）解决复杂问题的能力。数据量的增大，对模式精细度、准确度要求的增高都会导致问题复杂性的增大。数据挖掘系统可以提供下列方法解决复杂问题。多种算法可以产生很多模式，特别是与分类有关的模式，可以由不同的算法来实现，适用于不同的需求和环境。验证方法在评估模式时，有多种可能的验证方法。数据选择和转换模式通常被大量的数据项隐藏。有些数据是冗余的，有些数据是完全无关的，而这些数据项的存在会影响到有价值的模式的发现。数据挖掘系统的一个很重要的功能就是能够处理数据复杂性、选择正确的数据项和转换数据值。

（3）扩展性程度。为了提高处理大量数据的效率，数据挖掘系统的扩展性十分重要。要了解数据挖掘系统能否充分利用硬件资源、是否支持并行性能、支持哪种并行计算机。当处理器的数量增加时，计算规模是否相应增长、是否支持数据并行存储、单处理器的计算机编写的数据挖掘算法会不会在并行计算机上自动以更快的速度运行。为充分发挥并行计算的优点，需要编写支持并行计算的算法。

（4）可视化程度。可视化工具提供直观、简洁的方式表达信息，有助于定位重要的数据，评价模式的质量，从而减少建模的复杂性。

（5）易操作性。操作性能的好坏是一个至关重要的因素。图形界面友好的工具可以方便用户，引导用户执行任务，为用户节省时间。有些工具还提供数据挖掘的嵌入技术，通过嵌入到应用程序中，缩短了开发时间。既可以将模式运用到已存在或新增加的数据上，又可以把模式导出到程序或数据库中。

（6）数据存取能力。好的数据挖掘工具可以使用SQL语句直接从DBMS中读取数据。这样可以简化数据准备工作，并且可以充分利用数据库的优点（如平行读取）。由于数据挖掘涉及的数量比较大，如何储存和查询数据是值得注意的一个问题。

（7）与其他产品的接口。有很多工具可以帮助用户理解数据和结果。包括传统的一些查询工具、可视化工具、联机分析工具等。数据挖掘工具如果能提供与这些工具集成的途径，将会极大地提高它的效率。

8.7　网络数据分析系统工具实例

8.7.1　数据挖掘分析工具的分类

数据挖掘工具可根据应用领域分为3类：

（1）通用单任务类。仅支持知识发现的数据挖掘步骤，并且需要大量的预处理和善后处理工作。主要采用决策树、神经网络、基于例子和规则的方法，发现任务大多属于分类范畴。

（2）通用多任务类。可执行多个领域的知识发现任务，集成了分类、可视化、聚集、概括等多种策略，如Clementine、IBM的IntelligentMiner、SGIMineset。

（3）专用领域类。现有的许多数据挖掘系统是专为特定目的开发的，用于专用领域的知识发现，对采掘的数据库有语义要求，发现的知识较单一，如用于超市销售分析的系统，仅能处理特定形式的数据，知识发现也以关联规则和趋势分析为主。另外发现方法也单一，有些系统虽然能发现多种形式的知识，但基本上以机器学习、统计分析为主，计算量大。

根据所采用的技术，挖掘工具大致分为6类：

（1）基于规则和决策树的工具。大部分数据挖掘工具采用规则发现和决策树分类技术来发现数据模式和规则，其核心是某种归纳算法，它通常先对数据库中的数据进行挖掘，生成规则和决策树，然后对新数据进行分析和预测，典型产品有Angoss Software开发的KnowlegeSeeker。

（2）基于神经元网络的工具。基于神经元网络的工具由于具有对非线性数据的快速建模能力，因此越来越流行。挖掘过程基本上是将数据簇聚，然后分类计算权值。它在市场数据库的分析和建模方面应用广泛。

（3）数据可视化方法。这类工具大大扩展了传统商业图形的能力，支持多维数据的可视化，同时提供了多方向同时进行数据分析的图形方法。

（4）模糊发现方法。应用模糊逻辑进行数据查询排序。

（5）统计方法。这些工具没有使用人工智能技术，因此更适于分析现有信息，而不是从原始数据中发现数据模式和规则。

（6）综合多方法。许多工具采用了多种挖掘方法，一般规模较大。工具系统的总体发展趋势是使数据挖掘技术进一步为用户所接受和使用，另一方面也可以理解成以使用者的语言表达知识概念[95]。

8.7.2　数据挖掘分析工具的发展

数据挖掘软件的发展过程可分为4代，具体如表8.1所示。

表8.1　数据挖掘软件的发展过程

代	特　征	数据挖掘算法	集　成	分布计算模型	数　据　模　型
第一代	作为一个独立的应用	支持一个或多个算法	独立的系统	单个机器	向量数据
第二代	和数据库以及数据仓库集成	多个算法，能够挖掘一次，不能放进内存的数据	数据管理系统，包括数据库和数据仓库	同质，局部区域的计算机群集	有些系统支持对象、文本和连续的多媒体数据

代	特　征	数据挖掘算法	集　成	分布计算模型	数　据　模　型
第三代	和预言模型系统集成	多个算法	数据管理和预言模型系统	内联网/外联网网络计算	支持半结构化和网络数据
第四代	和移动数据/各种计算设备的数据联合	多个算法	数据管理、预言模型系统、移动系统	移动和各种计算设备	普遍存在的计算模型

对数据挖掘软件的4代发展过程介绍如下：

（1）第一代的特点

支持一个或少数几个数据挖掘算法、挖掘向量数据（Vector-Valued Data）、数据一般一次性调进内存进行处理、典型的系统如Salford Systems公司早期的CART系统（www.salford-systems.com）。缺陷是：如果数据足够大，并且频繁地变化，就需要利用数据库或者数据仓库技术进行管理，第一代系统显然不能满足需求。

（2）第二代的特点

与数据库管理系统（DBMS）集成、支持数据库和数据仓库，和它们具有高性能的接口；具有高的可扩展性；能够挖掘大数据集以及更复杂的数据集；通过支持数据挖掘模式（Data Mining Schema）和数据挖掘查询语言增加系统的灵活性。典型的系统如DBMiner，能通过DMQL挖掘语言进行挖掘。缺陷是：只注重模型的生成，如何和预言模型系统集成导致了第三代数据挖掘系统的开发。

（3）第三代的特点

和预言模型系统之间能够无缝地集成，使得由数据挖掘软件产生的模型的变化能够及时反映到预言模型系统中、由数据挖掘软件产生的预言模型能够自动地被操作型系统吸收、从而与操作型系统中的预言模型联合提供决策支持的功能，能够挖掘网络环境下的分布式和高度异质的数据，并且能够有效地和操作型系统集成。缺陷是：不能支持移动环境。

（4）第四代的特点

目前移动计算越发显得重要，将数据挖掘和移动计算相结合是当前的一个研究领域。第四代软件能够挖掘嵌入式系统、移动系统、普遍存在计算设备产生的各种类型的数据。第四代数据挖掘原型或商业系统目前正在研究开发中。随着新的挖掘算法的研究和开发，第一代数据挖掘系统仍然会出现，第二代系统是商业软件的主流，部分第二代系统开发商开始研制相应的第三代数据挖掘系统，比如IBM Intelligent Score Service。

8.7.3 数据挖掘分析系统工具的实例

（1）SAS系统

"SAS"是SAS软件研究所（SAS Institute Inc.）产品的商标。SAS系统是用于数据分析和决策支持的大型集成式模块化软件包，其早期名为"Statistical Analysis System"。

- SAS/OR提供了全面的运筹学方法。
- SAS/IML提供了功能强大的面向矩阵运算的编程语言，帮助研究新算法或解决系统中没有现成算法的专门问题。
- SAS的人工神经元网络和SAS/ASSIST等，具有很大伸缩性的，适合各个层次，各种类型人员使用的工具。灵活多样的结果展现方式，分析结果的展现方式对决策时人的判别有重大的影响。
- SAS也有众多的方式、方法供选择：在Base SAS中就有从简单列表到比较复杂的统计报表和用户自定义的式样复杂的报表的能力。
- SAS/ER（Enterprise Report）更是为企业级的决策过程提供了报告的制作能力。
- SAS/GRAPH是一个强有力的图形软件包，可将数据及其包含着的深层信息以多种图形生动地呈现出来。从各种数据源主动地取出数据；经过清理、整合；再按决策支持的需要分主题、重组数据；按照时序节奏不断地自动装载、更新数据仓库；用世界权威的，丰富的数据处理工具进行决策分析；最后以多种形式将决策支持的意见呈现。
- SAS数据仓库就是一个适应于对企业级的数据、信息进行重新整合，适应多维、快速查询；进行OLAP操作和决策支持的数据、信息的采集、管理、处理和展现的架构体系。
- 环境是SAS数据仓库体系结构的总根，由两大部分组成：一部分是分别含有不同主题内容的若干个数据仓库；另一部分是对数据源的定义。这构成了从数据采集到直接应用完整的支持体系。
- 数据仓库为了使用上的方便，可以存在多个数据仓库。在一个大的企业或组织中，不同部门在进行决策分析时可能使用迥然不同的数据，重新整合后就没有必要将它们放在一起了。在体系结构层次中的数据仓库主要是管理性的作用，其中有对数据仓库所有组成单元的解释性数据——Metadata。在每个数据仓库中还可以设置若干个主题，这一般是同一部门中支持不同决策内容的数据。主题是较大的数据载体，相对精简或汇总性较强的是所谓数据市场，在一个数据仓库中亦可存在若干个数据市场。在每个主题中有一个主题表系统，放置与此主题相关的各种数据。为了支持决策，还设置了若干个数据的汇总表组。另外还有若干个信息市场组，其中放置的是对数据处理后产生的决策支持信息。主题表系统中放置的就是从各个数据源中取出，经过清理、整合的原始数据。为了使用和管理的方便，这些数据可放在多个表中。主题表从运行系统数据源取出的数据，分别组成其中的若干表，它们可能是实际的表，也可能是一些逻辑视图，从本质上讲，它们和原来各个运行系统数据源的数据内容是一致的。但是为了方便地支持决策数据处理，需要对数据的结构进行重组。为了决策支持数据处理工作的方便和提高工作的效率，在数据重组过程中，可能还要增加一些数据冗余，在汇总表（Summary Groups）组中定义进行数据汇总处理时的层次维数和所分析的变量。当汇总表组是按SAS数据集和DBMS格式存放时可有6个层次。实际上数据汇总就是最常用的决策支持SAS系列产品。

- SAS不仅可以进行随机取样，根据样本数据对企业或其中某个过程的状况做出估计，而且可对所取出的样本数据进行各种例行的检验。SAS提供了良好的可视化操作，SAS/INSIGHT和SAS/SPECTRAVIEW两个产品提供了可视化数据操作的最强有力的工具、方法和图形。它们不仅能做各种不同类型统计分析显示，而且可做多维、动态，甚至旋转的显示。

- SAS提供了良好的分析工具，免去了数学的复杂运算过程和编制程序展现结果的烦恼，让发现新知识的可能性大大提高。

- SAS提供了对数据强有力的存取、管理和操作的能力，从而保证了对数据的调整、修改和变动的可能性。SAS的数据仓库产品技术能更进一步地保证有效、方便地进行这些操作。

- SAS在统计模型方面提供了充分的可选择的技术手段：广泛的数理统计方法、人工神经元网络、决策树等。

- 在SAS的SAS/STAT软件包中覆盖了所有的数理统计方法，并成为国际上统计分析领域的标准软件。SAS/STAT提供了10多个过程，可进行各种不同类型模型、不同特点数据的回归分析，如正交回归、响应面回归、非线性回归等，且有多种形式模型化的方法选择。可处理的数据有实型数据、有序数据和属性数据，并能产生各种有用的统计量和诊断信息。在方差分析方面，SAS/STAT为多种试验设计模型提供了方差分析工具。更一般地，它还有处理一般线性模型和广义线性模型的专用过程。在多变量统计分析方面，SAS/STAT为主成分分析、典型相关分析、判别分析和因子分析提供了许多专用过程。SAS/STAT含有多种聚类准则的聚类分析方法。利用SAS/STAT可进行生存分析（这对客户保有程度分析等特别有用）。

- SAS/ETS提供了丰富的计量经济学和时间序列分析方法，是研究复杂系统和进行预测的有力工具。它提供方便的模型设定手段、多样的参数估计方法。实际上SAS的数理统计工具不仅能揭示企业已有数据间的新关系、隐藏着的规律性，而且能反过来预测它的发展趋势，或是在一定条件下将会出现什么结果。

- SAS以GUI式的友好界面提供了人工神经元网络的应用环境。在一般情况下,人工神经元网络对数据处理的要求比较多,在处理上资源的消耗也比较大,但在SAS的集成环境下,有规范的数据维护、管理机制;可在诸如客户机/服务器等综合调度环境中运行,这就保证了人工神经元网络应用符更顺畅。人工神经元网络和决策树的方法结合起来可用于从相关性不强的多变量中选出重要的变量。
- SAS还支持平方自动交互检验。分类和回归树的软件包(CART)也即将交付使用。SAS软件运行效率十分高,可以帮助在较短的时间里选出合适的方法与软件。
- 另外,SAS在数据处理过程中提供了许多检验参数,有利于对数据挖掘过程的监控与评价。

(2)QUEST

QUEST是Agrawal为IBM公司的Almaden研究中心开发的数据挖掘系统,用于发现大型数据库中的关联规则、序列模式、分类规则、模式匹配分析等;QUEST是一个多任务数据挖掘系统,目的是为新一代决策支持系统的应用开发提供高效的数据挖掘基本构件。系统具有如下特点:

① 提供了专门在大型数据库上进行各种挖掘的功能,如关联规则发现、序列模式发现、时间序列聚类、决策树分类、递增式主动挖掘等。

② 各种挖掘算法具有近似线性计算复杂度,可适用于任意大小的数据库。

③ 算法具有找全性,即能将所有满足指定类型的模式全部寻找出来。

④ 为各种发现功能设计了相应的并行算法。

(3)DBMiner

DBMiner是加拿大SimonFraser大学开发的一个多任务数据挖掘系统,它的前身是DBLearn。该系统设计的目的是把关系数据库和数据开采集成在一起,以面向属性的多级概念为基础发现各种知识。DBMiner系统具有如下特点:

① 能完成多种知识的发现,如泛化规则、特性规则、关联规则、分类规则、演化知识、偏离知识等。

② 综合了多种数据挖掘技术,如面向属性的归纳、统计分析、逐级深化发现多级规则、元规则引导发现等方法。

③ 提出了一种交互式的类SQL语言——数据挖掘查询语言DMQL;能与关系数据库平滑集成,实现了基于客户机/服务器体系结构的UNIX和PC版本的系统。

(4)MineSet

MineSet是由SGI公司和美国斯坦福大学联合开发的多任务数据挖掘系统。MineSet集成多种数据挖掘算法和可视化工具,帮助用户直观、实时地发掘和理解大量数据背后的知识。它以先进的可视化显示方法闻名于世。其最新版本MineSet 2.6有如下特点:

① 使用了6种可视化工具来表现数据和知识。对同一个挖掘结果可以用不同的可视化工具以各种形式表示，用户也可以按照个人的喜好调整最终效果，以便更好地理解。其中Record Viewer是二维表，Statistics Visualize是二维统计图，其余都是三维图形，用户可以任意放大、旋转、移动图形，以便从不同的角度观看。

② 提供多种数据挖掘模式。包括分类器、回归模式、关联规则、聚类归纳、判断列重要度。

③ 支持多种关系数据库。可以直接从Oracle、Informix、Sybase的表读取数据，也可以通过SQL命令执行查询。

④ 多种数据转换功能。在进行挖掘前，MineSet可以去除不必要的数据项，统计、集合、分组数据，转换数据类型，构造表达式，由已有数据项生成新的数据项，对数据采样等。

⑤ 操作简单、支持国际字符、可以直接发布到网络。

（5）Commerce Trends 3.0

Commerce Trends 3.0是WebTrends公司的重要产品，它宣称是第一个用于访问者关系管理VRM（Visitor Relationship Management）的平台，它能够让电子商务网站更好地理解其网站访问者的行为，帮助网站采取一些行动来将这些访问者变为顾客，将一次性的顾客变为长期的忠实顾客。Commerce Trends提供了完全的"Browser-Based"方法，使得不同的部门能在任何时间得到他所想得到的个性化报表。同时它还利用了强大的数据仓库技术，这样就不仅仅将原始数据存在数据库里，而是序列化了原始数据。Commerce Trends主要由4部分组成：

① 报表生成服务器。它提供给所需要的相关的网络流量信息。这些报表能够自动生成，也可以根据要求实时地生成，能够提供天、星期、月等的总结性的报表，实现了动态与静态的结合。

② Campain Analyzer。网站的浏览者要么看一眼就走，要么表现出很强烈的兴趣，网站的经营管理者可以根据这些差别用该产品找出原因，从而制定正确的市场战略。

③ Webhouse Builder。它能够提供可利用的数据，根据这些数据来产生访问者的行为模式。它将其他一些东西（例如CRM、ERP等）融合起来，因此对于访问者和他们的行为有了一个完全的理解。

④ OLAPManager。利用它能够得到深入的流量分析。它的使用不需要增加额外的硬件和软件，能够运行在不同的环境里，例如SunSolaris、Linux、Microsoft Windows 2000/NT平台，支持Oracle和微软的SQL 7.0。

（6）Poly Analyst

Poly Analyst（PA）是Megaputer Intelligence公司在1994年推出的一款功能强大的数据挖掘软件，目前的最新版本是Poly Analyst 4.4。它使用了一系列先进的挖掘算法对目标数据进行预处理和挖掘，完成规则归纳、分类、聚类、建模及预测等任务，被广泛应用于金融、市场、制药、电信和零售等各种领域。Poly Analyst的主要特点和功能为：

① 集成了数据处理和表达。PA创建工程（Project）时导入的数据集是整体数据集（World Data Set），所有的数据子集都由整体数据集处理得到。常见的对数据集的处理有察看和编辑数据集；创建和删除数据集；数据集抽样，根据用户指定的参数随机对数据集进行抽样，多用于创建测试数据集；数据集分割，等间隔分割是按一个属性对数据集定步长的分割，等部分分割是按一个属性对数据集定容量的从高到低的分割（从属性值大的位置开始分裂）；数据集的逻辑运算（创建交集、并集和补集）；将规则应用于数据集，结果是产生一个符合规则要求的数据子集。PA还提供了4种图表对数据集进行可视化表达，包括直方图，显示不同数据集中共有属性的属性值分布；二维图，针对相同的横轴变量表现不同的数据集；三维图，二维图的空间化；蛇形图，从多属性角度比较数据集（仅比较属性值均值）。

② 强大的扩展功能。PA可以从多种数据源中导入数据。它最基本的数据源是逗号分隔值文件（Comma-Separated Values File，CSV），CSV文件可以被多数电子制表软件、数据库和OLAP工具输出；PA还支持通过ODBC连接的数据源、Microsoft Excel电子表格、SAS数据文件、Oracle Express以及IBM可视化数据仓库。PA最新的4.X版本按照微软的COM（Component Object Model，成员对象模型）规范制作，挖掘算法可以内嵌于其他应用程序之中或被其他程序调用。PA是第一款可以将建立的挖掘模型应用于外部数据集的数据挖掘工具，该功能通过基于SQL的协议——OLEDB for DataMining实现，应用时要在工程中建立与外部目标数据集的数据连接。用户还可以把挖掘模型导出成为PMML（Predictive Modeling Markup Language，预测性建模标记语言）格式，PMML格式是XML（扩展标记语言）的数据挖掘版本。

③ 强大的层次化算法体系。PA与其他数据挖掘工具之间最大的不同就在于它提供了一整套而不是一两条数据挖掘算法，实现了多策略挖掘（Multi-Strategy Mining），提高了预测模型的精确度。PA的算法集涵盖了神经网络（Neural Network）、线性回归（Linear Regression）、聚类（Cluster）、决策树（Decision Tree）等常见的数据挖掘算法，另外还提供了Summary Statistics算法来给出数据的统计特性，为进一步分析数据提供依据。PA的算法集不是多种数据挖掘算法的简单堆积。首先，部分算法对传统算法进行了优化和创新。PA提供的Stepwise Linear Regression算法可以自动地忽略次要属性和概化离散属性；Cluster算法则采用了特征定位算法，对传统的Cluster算法进行了优化；PA还创建了强大的FindLaws算法，可以得到与神经网络算法效果相当的预测，但对结果的解释则比神经网络算法容易理解。其次，PA的算法集是一个层次化体系，强调在不同阶段应用不同算法，比如，FindLaws算法功能强大但耗时很多，这就要求在应用该算法之前先使用Find

Dependencies和Stepwise Linear Regression算法找出数据集中影响较大的属性。

④ 强大的结果解释功能。PA支持符号化规则语言Symbolic Rule Language（SRL），这是一种通用的知识表述语言，可以表述数学公式和函数，SRL是一种可读性好的语言，它使得PA的挖掘结果可以很好地被用户理解。PA在生成的报告中还提供了多种图表，使用户可以直观地判断规则和预测模型的准确程度，部分图表还可以改变预测模型的相关参数。

⑤ 友好的用户界面。PA的用户界面分为3个部分：左半部分是树状浏览框，显示工程的结构图。在PA中，工程包含了数据集、规则、报告、图表等各种对象[96]。

第 9 章　网络数据分析的应用与实例

9.1　在网络信息资源管理中的应用

计算机技术和通讯技术的高度发展使信息的存储能力和共享水平大大提高，社会经济的高度发展也使信息成为重要的经济资源，从而越来越受到人们的重视，在这种背景下，信息资源管理（Information Resource Management，IRM）作为一种新的信息管理思想和管理模式便应运而生。信息资源管理起源于20世纪70年代后期的美国，它发端于美国政府的文书管理活动[97]，之后在企业的信息资源规划的实践中不断得到发展，并得到了广泛的应用，美国很多的企业都设立了首席信息官（Chief Information Officer，CIO）这一职位。随着网络的快速发展和普及，网络已经成为现代社会信息资源存储和传播的主要方式和手段，网络信息资源管理也相应成为信息资源管理的研究前沿和核心领域。网络信息资源管理涉及多方面的内容，但不管是国家信息资源建设和管理的宏观调控，还是企业信息资源的规划与开发利用，都离不开大量的相关网络数据的支持。具体地说，网络数据分析在网络信息资源管理中主要有以下几个方面的应用。

9.1.1　国家网络信息资源的建设、宏观控制和管理

目前世界各国都高度重视信息高速公路的建设，信息高速公路建成以后，光有"路"（光纤网络）不行，还得有"车"（信息服务提供商）跑，"车"上还得有"货"（信息资源），因此，随之而来的是网络信息资源的建设、开发和管理问题。关于网络信息资源配置应该由国家主导还是市场推动，目前还存在一些争论，事实上这个不应该一刀切，某些资源应该由国家投入资金，而大多数信息资源应该由市场来配置。以市场竞争机制为主、国家政策调控为辅的管理模式，应该是对网络信息资源进行配置的有效模式[98]。市场驱动机制，即市场准入问题由市场解决。而国家和政府在网络信息资源管理中的作用是政策宏观调控，即通过利用经济和政策杠杆，确保信息资源生产者的地位，以加快网络信息资源的有效开发和利用，促进我国信息产业的快速成长。国家制定信息政策前，应该对我国网络的发展现状及其大体趋势、政策涉及的各个主体及其受政策影响的情况进行分析研究，

以使政策能够符合我国的具体情况，并最大限度地促进我国网络信息资源的建设和信息产业的发展。

[案例分析] 从CN域名注册量看我国的域名注册政策

根据CNNIC于2003年1月发布的第11次《中国互联网发展状况统计报告》的数据，我国WWW站点数（包括.cn、.com、.net、.org下的网站）约371,600个，CN下注册的域名数（含.com.cn、.net.cn等）为179,544个，两者的差值为国际域名数，即371600－179544=192056个。国际域名数和国内域名数的比例如图9.1所示。

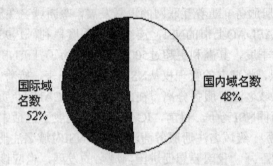

国际域
名数
52%

国内域名数
48%

图9.1　国内网站注册国际域名和国内域名的比例

为什么很多国内的网站都喜欢注册国际域名呢？是国际域名比国内域名更好记吗？问题可能没那么简单，先比较一下国际域名和国内域名注册的价格，如表9.1所示。

表9.1　某域名注册代理商（http://www.flyhorse.com/）2003年6月的最新报价

类　　型	注册管理机构	域　名　后　缀	注册价格（元/年）
国际域名注册	ICANN	.com、.net.、org	80
国内域名注册	CNNIC	.com.cn、.net.cn、.org.cn、.gov.cn	300
国内顶级域名	CNNIC	.cn	280
中文通用域名	CNNIC	.中国、.cn、.网络、.公司，如：中文.中国	350
通用中文域名	NSI	.com/.net/.org，如：中文.com	350
全球性国际顶级域名	COCOSDOTTVSt	.cc的英文域名	400
全球性国际顶级域名	COCOSDOTTVSt	.cc的中文域名	500

注：其中某些具体价格随代理商的不同可能会略有不同

从表9.1可以看出，我国国内域名注册价格将近是国际域名的3倍！这才是众多国内网站舍弃国内域名不用而选择国际域名的真正原因。CNNIC是我国目前惟一合法的域名注册机构，7年前（1997年）在CNNIC注册一个.cn域名是300元/年，7年后在CNNIC注册一个.cn域名还是300元/年，一分钱没降。国内域名注册费居高不下，致使国内很多网站舍弃.cn域名，转向注册费便宜得多的.com等国际顶级域名。由于各网站都用.com域名，中国用户访问国内网站，也要跑到美国的域名服务器解析一次，所以形成了巨大的中国到美国的网络流量，致使中国不得不向互联网线路提供商另外多交一笔流量差额费用。因为在这条线路上，主要是从中国到美国的流量。CNNIC对域名注册的垄断，致使中国互联网整体利益蒙受了不必要的损失[99]。

那么为什么国际域名注册费用会这么便宜呢？这是因为国际域名注册存在竞争。最早负责国际域名注册的NSI在1993年与美国政府签订独家互联网域名注册协议，垄断.com、.net、.org域名注册服务。随着互联网的迅猛发展，垄断域名注册服务为NSI带来了超额利润，1997年，在NASDAQ上市的NSI，连续10个季度赢利，1998年，其总收入达到9300万美元，1999年第二季度，其赢利更超过500万美元。为了打破NSI的垄断，美国首先成立一个叫ICANN的组织，将域名的管理权从NSI手中分离出来，接着，让NSI将其掌控的域名数据库同其主营收入域名注册服务分离，在此基础上，ICANN负责审批发展来自全世界的其他域名注册服务商同NSI竞争。目前，ICANN已经发展了包括中国频道在内的全球76家和NSI同等地位的国际一级域名注册服务商。这样，NSI对域名注册的垄断被打破，国际域名的注册费用也急剧下降。我国要想促进国内域名的发展，也应该打破CNNIC垄断国内域名注册的局面，引入市场竞争机制。

9.1.2　数字图书馆、网络内容服务提供商的网络信息资源管理

数字图书馆和其他网络内容服务提供商（ICP）要实现内容丰富的数字化多媒体信息资源的存储、检索和有效传输，为用户提供方便、高效的服务，就必须对相关网络数据信息做及时的分析和反馈。具体地说，网络数据分析在其中的应用主要有以下几个方面：

首先，选择合适的网络服务器和相关应用软件。数字图书馆和其他网络内容服务系统试运行期间的流量分析、系统、数据库的运行状况以及其他预测数据，能够为服务器、数据库管理系统和其他应用软件的选择提供重要参考。一些网络服务公司和网络调查公司常常进行网络服务器和其他软件使用情况的调查，这些数据也具有重要的参考价值。图9.2和图9.3是Netcraft公司关于网络服务器市场应用方面的数据。从图9.2可以看到，目前在网络上应用最广的是Apache。Apache的流行除了因为它优越的性能之外，还要归功于它开放源代码的开发模式，任何人都可以已有的源代码为基础生成一个商品化软件，而不必被迫与他人共享这个成果，也就是说，它是免费的。

其次，镜像站点的选择和建立。通过分析用户和网络流量的地域特征，可以选择在合适的地点建立镜像网站和多服务器系统，这样可以大大提高网络信息资源的检索和传输速度，改善网站的服务，例如，Google在全球建立了800多个镜像站点和几千台服务器，我国著名的华军软件园在全国有16处镜像站点。

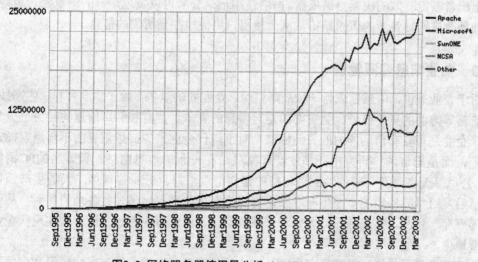

图9.2　网络服务器使用量分析（1995.9～2003.3）

资料来源：Netcraft（http://www.netcraft.com/Survey/）

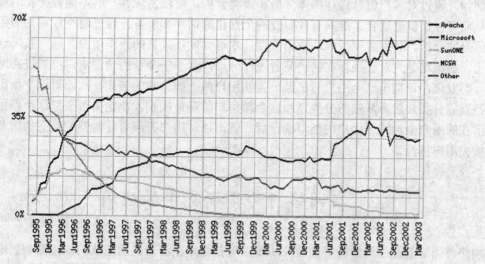

图9.3　网络服务器的市场占有率分析（1995.9～2003.3）

资料来源：Netcraft（http://www.netcraft.com/Survey/）

最后，改善站点管理、优化服务器性能。通过对网络访问记录等数据进行有效的定量分析，揭示其中的相关关系、时序关系、页面类属关系、用户类属关系、频繁访问路径、频繁访问页面等规律，不但可以为优化网站的结构提供参考，更重要的是还可以为网络服务的组织者制定有效的决策提供依据。网络使用记录分析可以发现用户的浏览模式和特点，进而辅助改进网站资源的组织结构，从而使用户更快地找到所需的信息。

9.1.3　企业信息资源管理

对于企业来说，信息已成为一种战略资源。企业间的竞争，除了生产资料、生产技术、产品价格等方面的竞争以外，更重要的是对信息的竞争。占有和利用信息的能力已成为衡量一个企业是否具有市场能力的关键标准。对于现代企业来说，最重要的不再是规模宏大的工厂，而是把市场、研究中心和生产厂家联结在一起的信息网络，像著名的PC销售商DELL公司每天将遍及全球各地的销售商的销售情况汇总，分析修订第二天的生产销售计划，然后发给世界各地的多个生产厂家，再将生产出的产品组装发往各地销售商，从而实现"零库存"生产，实现利润最大化和管理科学化。由此可见信息资源管理在现代企业中的重要地位。

企业信息资源包括研发信息、生产信息、销售信息、管理信息、客户信息和竞争对手的信息等，通过信息网络对这些信息进行集成管理和开发，可以大大提高企业的核心竞争力，例如，通过对客户信息进行群体分析和聚类分析，可以发现客户的不同特征和消费模式，从而可以提供更适合、更具有针对性的个性化的销售和服务；通过对企业网站的用户访问信息的分析，利用分类技术和数据挖掘技术可以发现未来的潜在用户。通常获得这些潜在用户的策略是先对已经存在的访问者进行分类；对于一个新的访问者，可通过在网络上的分类发现，识别出这个用户与已经分类的用户的一些公共的描述，从而对这个新用户进行正确的分类。然后从它的分类判断这个新用户的群体类别，决定是否要把这个新用户作为潜在的用户来对待。用户的类型确定后，就可以对用户开展有针对性的动态的服务，从而扩大用户资源。

9.2　在网络行为学研究中的应用

网络行为学的诞生源于网络的普及和发展对社会、经济发展所造成的深刻影响。联合国贸易及开发会议的报告表明，到2002年底，全球网民约为6.55亿。我国第11次互联网发展状况统计报告显示，截止到2002年12月31日，我国的上网用户总人数为5910万人，占总人口的4.6%，上网计算机总数为2083万台。网络已经渗透到生产、消费、政治、文化、科技、教育等社会和经济生活的各个方面，并已经产生深刻影响。在促进人类文明进步的同时，网络也使人类面临着巨大的挑战，如信息垃圾泛滥、黄色信息蔓延、网上侵权和网络犯罪的增多，以及文化冲突的加剧和人主体性的抑制等。如何引导网络用户合理利用网络，防范网络失范行为的出现，促成了网络行为学的出现和研究的不断深入。

　　网络行为的研究是建立在网络用户数据分析的基础上的。获取用户网络行为原始数据一般可以采取两种方式：一是利用计算机技术跟踪用户的网络行为，如获取和分析用户的登录信息、网络服务器的日志以及Cookie等；二是采取调查法等一般科学的研究方法，如网络调查法。

　　（1）用户的登录信息

　　用户的登录信息是指用户通过网页在屏幕上输入的、提交给服务器的相关信息。它具有信息比较全面、具体、客观等特点，在网络服务活动中起着非常重要的作用，特别是在安全方面或者对用户可访问信息的限制方面具有一定的意义。

　　（2）网络服务器日志

　　网络服务器的日志文件记录了用户访问站点的数据，它是由一条条的记录组成，一般情况下一条记录就记录了用户对网络的一次访问。不同网络服务器产品的日志记录格式不同，但一般都包括访问者的IP地址、访问时间、访问方式（GET/POST）、被请求文件的URL、HTTP版本号、返回码、传输字节数、访问的页面、协议、错误代码等。每当站点被访问一次，网络服务器日志就在数据库中增加相应的记录。网络服务器日志有两种格式存储，一种是普通日志文件格式，另一种是扩展日志文件格式。如果从这个文件中存储的一些项目语法上进行分析，如DNS，就可以知道用户来源的区域；再如，域名.edu被分析后可以知道用户来自于教育部门。扩展日志文件格式主要是支持关于日志文件元信息的指令，如版本号、会话监控开始和结束的时间、被记录的域等。

　　（3）Cookie

　　Cookie是一种软件构件，它能够在用户端存储用户访问服务器的信息，服务器软件上存储关于Cookie的记录，就是Cookie logs，一般格式是："name, expiry—date, path, domain, security—level"。Cookie文件由响应浏览器URL请求的服务器程序发送的信息组成，是一个保存在用户端的文本信息，在未退出浏览器前，它被保存在内存；退出浏览器后，便保存在硬盘[100]。不同浏览器把Cookie放在不同文件中，如Internet Explorer将Cookie存放在\windows\Cookie目录内的多个文件中。Cookie机制提供了解用户的需求，服务器利用Cookie能够跟踪用户的活动。

　　（4）调查法

　　调查法是在科学研究中常用的一种方法。目前，许多关于网络行为学的研究都采用了这种方法。随着网络的普及，在传统调查法的基础上出现了网络调查法。由于网络调查法具有调查的反馈速度快、覆盖面广、成本低、不受时间和空间的限制等优点，所以一经出现，便得到了泛的运用，尤其是在网络研究方面，这种方法运用得极其广泛。据统计，目前90%左右有关网络问题的调查采用的都是这种方式。

网络调查种类繁多，从抽样方式来说，可以将其分为非概率方法和概率方法两类，共8种方式，如表9.2所示。

表9.2   网络调查法的分类

非概率方法	概率方法
娱乐性调查	拦截调查
不严格的自选调查	清单抽样
志愿者组成的跟踪调查	多种方法综合调查中的网络调查
	事先征集网民志愿者的跟踪调查
	事先征集普通总体志愿者的跟踪调查

从实现技术上，主要可分为两种，即利用E-mail调查和通过CGI（Common Gateway Interface）程序在线完成调查，如图9.4所示。

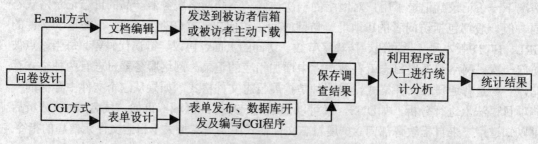

图9.4   网络调查的形式及流程

自CNNIC于1997年10月第一次发布《中国互联网发展状况统计报告》以来，到2003年1月总计进行了11次调查，这些调查报告客观、详实地反映了我国互联网发展的历程和网络用户对网络的利用情况。在报告中，对网民行为意识的调查事实上就是对我国网络用户行为的研究。因此，我们以第11次中国互联网发展状况调查为例，阐述网络数据分析在网络行为学研究中的应用。

[案例]   第11次中国互联网发展状况调查

第11次中国互联网发展状况统计调查包括两个方面的内容：一是我国互联网发展的宏观概况，如上网计算机数、上网用户人数、CN下注册的域名数及其地域分布情况、WWW站点数及其域名、地域分布、我国国际出口带宽总量；二是我国互联网用户的相关情况，如用户基本特征（性别、年龄、婚姻状况、文化程度、收入状况等）、用户使用网络情况和上网习惯，以及用户对一些热点问题的看法。

通过网络调查主要了解网民对网络的使用情况、行为习惯以及对热点问题的看法和倾向。具体方法是将问卷放置在CNNIC的网站上，同时在全国各省的信息港与较大的ICP/ISP上设置问卷链接，由网络用户主动参与填写问卷的方式来获取信息。时间是从2002年12月

11日至31日。在此期间，共收到调查问卷39,456份，经处理得到有效答卷29,948份。

网下抽样调查则侧重于了解中国网民的总量、相关的特征及行为特点等。调查的目标总体有两个：一是全国有住宅电话的6岁以上的人群（总体A），采用电话调查的方式，样本对各省和全国有代表性；另一个总体是全国所有高等院校中的住校学生（总体B），采用面访的方式进行调查。最后将这两部分调查结果综合加权计算以后近似推断各省的情况，汇总后得到中国网民的总量、相关特征、行为特点等数据。

调查结果表明，家中仍然是网民上网的主要地点，比例达62.6%；网民一天中上网的第一个峰值时间段为早晨9:00、10:00，比例分别为15.2%、16.1%，到晚上20:00、21:00、22:00达到一天中的最高峰，比例分别为41.5%、40.3%、32.3%；而网民每周的上网时间分别为9.8小时和3.4天；绝大部分网民每月实际花费的上网费用在100元以内，比例值达70.1%；网民平均拥有的电子邮箱总数和免费的邮箱数分别为1.5和1.2；用户每周收发的邮件数分别为7.7和5.5；网民的上网目的主要是获取信息和休闲娱乐，分别为53.1%和24.6%。

通过上述案例可以看到，在网络用户行为研究中，综合运用了网络数据分析中的网络调查法和网下抽样调查法。

这次调查所采用的方法是在总结前10次调查的基础上确定的。但其方法仍有不足之处，尤其是在网络调查法的运用上，主要集中在网络调查质量方面。一般来说，网络调查质量取决于对目标总体的覆盖程度、抽样误差、拒答误差和测量误差，其中覆盖范围的误差是网络调查的最大误差源。覆盖范围的误差指的是目标总体与抽样框之间的差距。目标总体是研究想要涉及的总体，抽样框是研究者在研究中可以调查的个体的集合。很显然，这次调查的目标总体是我国所有的互联网用户。而这次调查采用的方式是将问卷放置在CNNIC的网站上，同时在全国各省的信息港与较大的ICP/ISP上设置问卷链接，由网络用户主动参与填写问卷。我们知道，我国互联网用户中很大一部分是Intranet用户，他们无法访问这些网站，所以，并不是目标总体中的每一个个体都在抽样框中。并且，建立一个抽样框以概率抽样的方法来选择被调查者是相当困难的。这次的调查问卷是用户自愿填写的，只代表了部分用户，而相当多的互联网用户并不认可这种方式，从而影响了抽样的代表性，这事实上还涉及抽样误差和拒答误差两个方面。所以，尽管这次调查得到有效答卷29,948份，但仅增加回答人数而没有提高代表性的做法在统计学上是不科学的，这直接影响了网络调查的质量。

事实上，每一种网络数据分析方法都有其局限性，像网络服务器日志，它无法记录用户调用客户端浏览器缓存的行为，当同一用户使用不同机器上网时，就无法进行跟踪，并且代理服务器和防火墙都会干扰网络服务器日志对客户端IP地址的记录；用Cookie研究网络用户行为，由于Cookie是可以被修改和删除的，并且一个用户使用不同的浏览器访问同一个地址时，会被认为是两个用户，因而也会产生误差。因此，在研究中，常综合采用多种网络数据分析方法，以取长补短，尽量减小误差。

9.3　利用网络数据进行在线股票分析

我国的证券交易开始于1991年，尽管起步较晚，但发展迅速，经过10余年的发展，股票市场已初具规模，沪深两个证券交易所目前已有1000余家的上市公司，股票已成为继储蓄、债券之后的又一热门投资品种[101]。随着网络的普及，各大证券商、财经网站和门户网站都纷纷推出在线股市行情及财经资讯服务，使投资者足不出户就可尽览股市风云。理性的股票投资者除了应该通过财务分析方法了解上市公司业绩及其股票的内在质量外，还应该及时了解股票行情，通过技术分析掌握其市场走向和价格变动趋势，以便规避风险，选择最佳的投资时机和方式，获取最大的收益。投资者进行在线股票分析，既可以运用常用的办公软件Excel进行，也可以依靠专业股票分析软件来分析。

9.3.1　利用Excel进行在线股票分析

利用Excel可以直接从网络上读取股票行情数据，并根据需要进行排序、筛选、K线图分析等操作。

读入网络数据的操作如下：进入Excel界面后，选择"数据"｜"获取外部数据"｜"新建Web查询"命令，然后在弹出的对话框中输入股票行情数据所在的网址（这里所用的是新浪财经频道的有关网址），如图9.5所示。

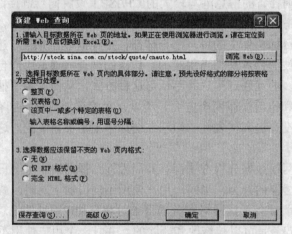

图9.5　"新建Web查询"对话框

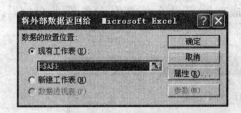

图9.6 "将外部数据返回给Microsoft Excel"对话框

如果单击左下角的"保存查询"按钮，则在下次更新数据时不必填入网址，直接选择"数据"|"获取外部数据"|"运行保存的查询"命令即可。

单击对话框中的"确定"按钮，弹出的对话框如图9.6所示。

直接单击"确定"按钮，界面显示"cnauto：正在获取数据…"，如图9.7所示。

图9.7 正在获取数据的界面

数据读入结果如图9.8所示。

	E	F	G	H	I	J	K
25	股票名称	股票代码	当前价	昨收盘	涨跌(涨跌幅)	成交量	日期
26	东风汽车	600006	12.85	12.85	0.00(0.00%)	2512806	2003-06-19
27	山东巨力	880	6.03	6.04	-0.01(-0.17%)	899237	2003-06-19
28	亚星客车	600213	8.25	8.31	-0.06(-0.72%)	242150	2003-06-19
29	上海汽车	600104	11.79	11.91	-0.12(-1.01%)	4198379	2003-06-19
30	昌河股份	600372	9.67	9.77	-0.10(-1.02%)	660900	2003-06-19
31	*ST黑豹	600760	5.76	5.83	-0.07(-1.20%)	845907	2003-06-19
32	江铃汽车	550	11.68	11.83	-0.15(-1.27%)	1962653	2003-06-19
33	*ST夏利	927	9.87	10	-0.13(-1.30%)	2412337	2003-06-19
34	宇通客车	600066	13.63	13.81	-0.18(-1.30%)	338150	2003-06-19
35	申华控股	600653	4.33	4.4	-0.07(-1.59%)	12832810	2003-06-19
36	福田汽车	600166	13.55	13.8	-0.25(-1.81%)	1714604	2003-06-19

图9.8 数据读入结果

在读入数据后，可以根据需要对数据进行增删、排序、筛选、合并等操作，以便分析使用。如果要分析某股票一周内的走势，可以做K线图分析。在制作K线图前，要按照Excel的格式要求严格排列好数据，我们现在做的是"成交量-开盘价-最高价-最低价-收盘价"，其数据格式如图9.9所示。

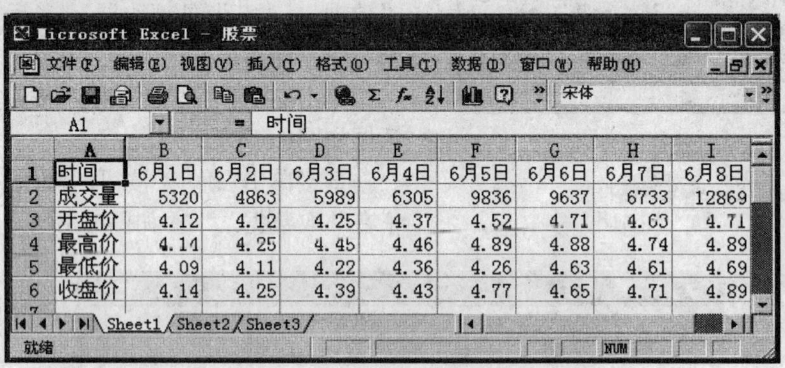

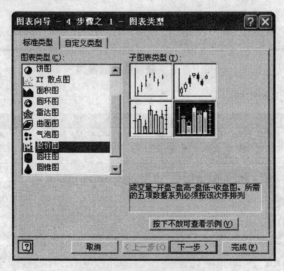

	A	B	C	D	E	F	G	H	I
1	时间	6月1日	6月2日	6月3日	6月4日	6月5日	6月6日	6月7日	6月8日
2	成交量	5320	4863	5989	6305	9836	9637	6733	12869
3	开盘价	4.12	4.12	4.25	4.37	4.52	4.71	4.63	4.71
4	最高价	4.14	4.25	4.45	4.46	4.89	4.88	4.74	4.89
5	最低价	4.09	4.11	4.22	4.36	4.26	4.63	4.61	4.69
6	收盘价	4.14	4.25	4.39	4.43	4.77	4.65	4.71	4.89

图9.9　制作K线图的数据格式

在选定需要分析的数据区域后，单击常用工具栏中的"图表向导"，在弹出的对话框中选择"股价图"，如图9.10所示。

图9.10　图表类型

按照"图表向导"的提示完成K线图的制作，结果如图9.11所示。图中横坐标为时间，左边的纵坐标为成交量，右边的纵坐标为股价。坐标轴的范围和字体均可按需要调整。

此K线图中的黑色柱体表示成交量，带上下影线的矩形（K线）表示股价。K线又称蜡烛线、阴阳线，分为上影线、下影线及中间实体3部分。中间实体为白色的称为阳线（图中白色的矩形），矩形底部表示开盘价，顶部表示收盘价，矩形的高度表示该日股价的上涨幅度；中间实体为黑色的称为阴线（图中黑色的矩形），矩形顶部表示开盘价，底部表示收盘价，矩形的高度表示该日股价的下跌幅度。不论阴线还是阳线，其上影线和下影线都分别表示当日最高价和最低价。

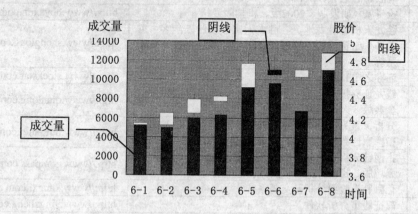

图9.11　K线图

K线图以这种简洁的形态表达了较为全面的股价变动信息。从K线图中，人们可以比较明显地看出买卖双方力量消长、市场主力的动向以及股市中涨、跌、盘等3种基本行情的变化。一般而言，阳线表示买盘较强，卖盘较弱，这时由于股票供不应求，会导致股价上扬，图9.11中股价持续走高；阴线表示卖盘较强，买盘较弱。此时由于股票的持有者急于抛售股票，导致股价下挫。同时，上影线越长、表示多方的卖压越强，即意味着股价上升时，会遇到较大的抛压，而没有上影线的阳线（收盘价等于最高价），图9.11中6月2日、6月8日，则属于超强的涨势，通常表示未来仍然有上涨的空间。

K线图还有其他许多形态，这里不一一列举和介绍。K线图目前已成为许多投资者十分重视的一种股票技术分析工具，不过，K线图往往受到多种因素的影响，用其预测股价涨跌并非能做到百分之百的准确。因此，在运用K线图时，一定要与其他多种因素以及其他技术指标结合起来，进行综合分析和判断。

9.3.2　利用专用软件进行在线股票分析

随着我国证券市场的发展，证券市场上出现了许多股票分析软件，一些证券分析软件开发商不但提供分析工具，还为这些工具提供数据支持，使投资者能够随时从网上了解股市行情，并根据自己的需要做投资分析，从而大大提高投资效率。主流股票分析软件提供商及其网站如表9.3所示。

表9.3　主流股票分析软件提供商及其网站

提 供 商	产 品	网 址
海融公司	和讯海融证券分析系统（包括阳光版、彩虹版、旗舰版、闪电版、汇通版、冲浪版6个版本）	http://www.158china.com
博雅讯公司	投资家（研发版、2002版、机构版）	http://www.boyaxun.com
胜龙科技	胜龙天机、胜龙地灵、胜龙人杰；易胜三剑客；胜龙斗牛士资讯版、增强版；胜者之星证券投资分析系统	http://www.shenglong.com.cn
证券之星	证券之星3.0版	http://www.stockstar.com
乾隆高科公司	钱龙证券投资分析系统网络版；网际赢家旗舰版、金典版；天天赢家	http://www.qianlong.com.cn
汇天奇公司	分析家系列（精简版、标准版、专业版、机构版）指挥家证券投资战略设计系统	http://www.huitianqi.com
指南针公司	指南针分析系统动态版、无极版、季风版、博弈版、鬼域版、指南针插件式金融信息服务系统	http://www.compass.com.cn
东方亿融	亿融胜券股票分析及交易系统	http://www.kangxi.com.cn
东方赢正公司	赢证股市分析软件	http://www.yingzheng.com.cn

    表9.3中的软件一般都是收费软件，便宜的只要百元左右，贵的将近1万元。当然很多软件提供共享版免费试用，但一般都有期限限制，没有期限限制的又会有功能限制。天下没有免费的午餐，作为一个投资者，应该能够明白这一点，所以花费合适的资金购买一个性价比比较合适的股票分析软件还是很有必要的。当然，也不一定就局限于上面的软件。下面介绍的就是一个不太出名的软件——股市侦探，这个软件有一个好处是它提供长达一年的试用期，并且试用期间功能和注册版完全一样。其下载地址为：http://www.gszt.com。

    下载安装完成后，启动软件，从菜单栏中选择"辅助工具"菜单或按下F1键，如图9.12所示。

股市侦探-盘后分析系统[1A0001][上证指数][类比价：0.000]
股票(S)　查看(Z)　数据管理(U)　参数设置(U)　与我联系(C)　辅助工具(F1)　帮助(H)

图9.12　"股市侦探-盘后分析系统"菜单栏

之后弹出"股市侦探－辅助工具"界面，如图9.13所示。

股市侦探－辅助工具
F7-刷新行情(N)　软件注册(R)　我有话说(T)　数据下载(D)　盘后分析(F1)　帮助(H)　退出(X)

图9.13　"股市侦探-辅助工具"

    选择"数据下载"菜单后，在弹出的对话框中依次选择下载当天收盘数据、最后20天数据（含最后5天数据）和2000至2003年的数据。数据下载完毕后，选择"盘后分析"菜单或按下F1键，如图9.14所示。

图9.14 选择"盘后分析"菜单

回到盘后分析系统，然后选择"数据管理"｜"安装数据"命令，如图9.15所示。

图9.15 选择"数据管理"｜"安装数据"命令

打开的对话框默认的安装路径为"c:\gszt"，选择下载的数据文件，单击"打开"按钮，系统就会安装数据，如图9.16所示。

图9.16 "请选择数据文件"对话框

重复操作直到所有数据安装完毕，数据的安装不分先后次序，先安装哪一部分都可以。如果看不见K线图或者日期不对，一般是因为数据安装不正确。

数据安装完毕后，首先按如下步骤操作：

第1步，按下数字"1"，这时屏幕上会出现文本框，如图9.17（a）所示，然后回车。

第2步，按下数字"0"，接着输入"0"、"0"和"1"，如图9.17（b）所示，然后回车。

第3步，按下数字"0"，接着输入"0"和"1"，如图9.17（c）所示，然后回车。

第4步，按下字母"S"，接着输入字母"F"和"Z"，如图9.17（d）所示，然后回车。

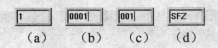

$$\text{(a)}\qquad\text{(b)}\qquad\text{(c)}\qquad\text{(d)}$$

图9.17　操作步骤

第5步，按下F3键。

第6步，依次按下PageDown、PageUp、Home、End、↑、↓、←、→键。

这时可以直接在"股市侦探—盘后分析系统"界面中输入股票代码，如：000001，600000，在输入上海A股时，可以省略前面的600，即000=600000；输入深圳A股时，可以省略前面的00，即0001=000001。也可以输入"股票简称"（各字汉语拼音的首字母），如："深发展A"=SFZA或SFZ或SF，若有相同，可在输入后按F3键直到所希望的股票出现。

图9.18为深发展的盘后分析图。

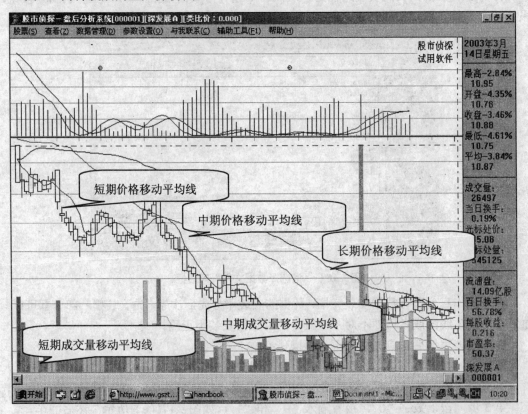

图9.18　深发展的盘后分析图

图9.18的上面部分表示4大参数（类比参数、刻度线、能量指标和中长趋势线）和异动点（图中有两个），下面部分为交易量指标和K线图。该软件的K线图用红色表示阳线，用蓝色表示阴线，成交量用不同的颜色表示交易的活跃程度，股价和成交量都绘出了移动平均线，便于观察其走势。在菜单栏中选择"查看"|"今日提示"命令或者按下F7键，可以看到安装数据时的系统提示，如图9.19所示。

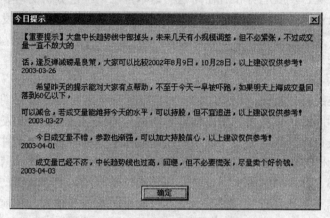

图9.19 安装数据时的系统提示

限于篇幅，对该软件各参数的具体含义和具体操作不做详细介绍，有兴趣的用户可以参考其操作手册（Handbook），操作手册可以在其网站上直接下载。

9.4 在企业经营及市场分析与预测中的应用

互联网技术的发展引起了数字化革命，企业的管理模式也将随之发生变化。网络时代的企业，需要实现从传统企业管理模式向数字化管理（Digital Management，DM）模式的转变。数字化管理有两层基本涵义：

（1）一是企业管理活动的实现是基于网络的，即企业和知识资源、信息资源和财富可数字化。

（2）二是运用量化管理技术来解决企业的管理问题，即管理的可计算性。这就意味着企业不但要实现资源的网络化、数字化，还要能够充分利用网络对企业相关数据做及时的分析，以掌握企业经营态势，把握市场脉搏。

企业信息资源的网络化是企业管理者和分析研究人员随时随地都可以通过网络直接读取企业有关经营数据，进行在线经营分析，掌握企业运营情况；也可以通过网络读取市场行情数据，了解市场动态，预测市场走向，及时做出合理的决策。

9.4.1 企业在线经营分析

任何企业要取得较好的经济效益,并长期稳定地发展,就不仅要认真地组织好各项生产经营活动,而且要及时准确地掌握自己的经营状况、发展趋势和潜在问题。经营分析则是了解企业经营状况、发展趋势和潜在问题的基本方法。经营分析的内容主要包括企业经营效率的分析、企业经营风险和稳定性分析、企业盈利能力分析和企业发展能力分析等。

企业经营分析方法主要有以下几种。

1. 比率分析法

比率分析法是经营分析中应用最广的一种方法。它是通过计算同一期财务报表上的若干重要项目和指标间的比率关系,据以分析和评估公司经营活动状况和发展能力等。由于公司的经营活动是错综复杂而又相互联系的,因而比率分析所用的比率种类很多,关键是选择有意义的、互相关系的项目数值来进行比较[102],例如,反映公司经营效率的比率主要有应收账款周转率、存款周转率、固定资产周转率、资本周转率、总资产周转率等;反映公司获利能力的比率主要有资产报酬率、资本报酬率、销售利润率、税前利润与销售收入比率等;反映公司扩展经营能力的比率主要有举债经营比率、固定资产对长期负债比率等。

2. 趋势分析法

趋势分析法又叫比较分析法,它是通过对财务报表中各类相关数字进行分析比较,尤其是将一个时期的财务报表和另一个或几个时期的财务报表相比较,以判断一个公司的财务状况和经营业绩的演变趋势及其在同行业中地位变化等情况。

3. 差额分析法

差额分析法也叫绝对分析法,即对有关指标数值之间的差额大小进行分析。它通过分析财务报表中有关指标绝对数值大小差额,据以判断公司的财务状况和经营成果。例如营运资金(又叫运转资金)是一年内可变现的流动资金减去一年内将到期的流动负债的差额,它是一个公司日常循环的资金。营运资金的大小,不仅关系到公司的经营活动能否正常运行,而且关系到公司的短期偿还能力。如果它的数字大于流动负债,则可以初步断定到该公司的短期清算能力是有保证的。

4. 雷达图分析法

雷达图分析法是将主要的财务分析比率进行汇总,并将公司各项财务指标与特定标准相比较,将结果绘制在一张类似航空雷达图的图形上,从而直观地反映企业总体财务状况目标的一种方法。特定标准一般是行业平均水平或者企业历史最好水平，前者是基于行业平均指标的雷达图，后者则是基于理想指标的雷达图。

雷达图的绘制方法是：先画3个同心圆，把图的360°分为5个区域，分别代表企业的收益性、生产性、流动性、安全性和成长性。同心圆中最小的环，代表同行业平均水平的1/2值或最差情况；中间的环代表同行业平均水平或特定比较对象的水平，称为标准线；最外边的环表示同行业平均水平的1.5倍或最佳状态。在5个区域内，以圆心为起点，以放射线形式画出相应的经营比率线，然后，在相应的比率线刻度上标出本企业一个决算期的经营水平。如果把本企业的各种比率值用线连起来，就形成一个形状不规则的闭环；它能够清楚地反映出本企业的"经济姿态"，并便于与标准线进行对照比较[104]。如果本企业的比率值位于标准线以内，就表明这是本企业的弱点所在，应该认真分析产生弱点的原因，提出改进的方向；如果接近或低于最小的环，那就处于十分危险的境地，急需扭转局面；假若本企业的比率值超越了中间环（即标准线），甚至接近最大的环，那么大都说明这是本企业的优势所在。雷达图能够直观地显示企业经营的优势和薄弱环节，为改善企业经营管理提供参考依据。

[**案例分析**]　利用雷达图对某企业做经营分析

利用Excel从某企业网站上导入企业经营数据（导入网络数据使用的菜单操作是选择"数据"|"获取外部数据"|"新建Web查询"命令），并对照行业标准值计算出比率指标，如图9.20所示。

	A	B	C	D	E	F
	项目	细目	单位	企业值	标准值	比率
1						
2	收益性	收益性				1.37
3		总资本率	%	14	10	1.4
4		销售利润率	%	31	20	1.55
5		销售总利润率	%	6	5	1.2
6		销售收入对费用率	%	24	18	1.33
7	流动性	流动性				1.1
8		总资金周转率	次/年	1.6	1.7	0.94
9		流动资金周转率	次/年	1.7	1.5	1.13
10		固定资产周转率	次/年	4	3.5	1.14
11		盘存资产周转率	次/年	12	10	1.2
12	安全性	安全性				1.12
13		流动率	%	180	140	1.29
14		活期比率	%	85	90	0.94
15		固定比率	%	45	50	0.9
16		利息负担率	%	40	30	1.33
17	生产性	生产性				1.2
18		人均销售收入	万元	3.2	2.5	1.28
19		人均利润收入	万元	1.9	1.6	1.19
20		人均净产值	万元	1.3	1.5	0.87
21		劳动装备率	万元	3.2	2.2	1.45
22	成长性	成长性				0.93
23		总利润增长率	%	110	120	0.92
24		销售收入增长率	%	124	120	1.03
25		固定资产增长率	%	100	105	0.95
26		人员增长率	%	120	150	0.8

图9.20　企业经营分析比率表

选定企业经营分析比率表中"比率"一栏中的全部数据,单击常用工具栏中的"图表向导"按钮,如图9.21所示。

图9.21 单击常用工具栏中的"图表向导"按钮

在弹出的对话框中选择"雷达图",并在"子表图类型"中选定左边的图形,单击"下一步"按钮,如图9.22所示。

图9.22 雷达图的图表类型

按照图表向导提示完成雷达图制作,并对图表标题和坐标轴格式做适当修改后得到雷达图,如图9.23所示。

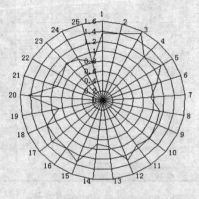

图9.23 雷达图

从图9.23中可以看出，该企业的收益性良好，但成长性欠佳，因此不能因为目前效益较好而忽视企业发展后劲不足的问题，企业应该提高资金周转率，扩大再生产，改进销售策略；或者努力开发新产品，扩大经营范围和内容，以提高企业的成长性。

（注：本案例选自赵丹亚、邵丽著《Excel 2000应用案例》一书，见文献104，有改动）

9.4.2 市场分析和预测

随着经济的发展和行业竞争的加剧，市场分析和预测已经成为企业生存和发展的重要环节，也是企业提高竞争力的有效途径。目前企业的市场分析和预测活动主要集中在产品市场和金融市场[105]。对产品市场的分析和预测主要包括市场销售和市场占有率的分析和预测、产品经济周期分析、产品用户分析等内容[106]。随着经济的发展和企业规模的扩大，很多企业特别是大型企业，纷纷涉足金融市场，金融市场的分析和预测包括对信贷市场、票据市场、债券市场、股票市场、保险市场、信托市场、租赁市场、黄金市场和外汇市场等的分析和预测。

市场分析和预测的方法有很多，定性分析预测方法包括市场调查预测法、市场试销预测法、专家调查法（或头脑风暴法、德尔菲法）等；定量分析方法包括时间序列分析（有简单平均法、移动平均法、指数平滑法、季节变动预测法等）、回归分析、灰色系统模型等方法，也可以综合运用定性方法和定量方法。对于金融市场的分析预测，一般离不开基本面分析和技术面分析，具体分析方法除了上面提到的方法外，还常常使用特有的线形图分析和K线图分析。

［案例分析］ 国内、国际黄金市场周分析（2003年3月3日）

（本案例由中国农业银行资金交易中心王新佑提供）

1. 国内市场行情

上周（2003年2月22日～2003年3月2日）交易所共成交6,694公斤，成交额6.34亿元，交易量比前一周增加5成，其中Au99.95成交3,224公斤，成交额3.06亿元；Au99.99成交3,470公斤，成交额3.28亿元。具体行情如表9.4所示。

表9.4 上海黄金交易所一周行情

品种	开盘价（元）	最高价（元）	最低价（元）	收盘价（元）	收盘比上周（元）	成交量（公斤）	成交总金额（元）
Au99.95	95.05	96.5	93.5	93.51	−1.51	3,224	306,440,260
Au99.99	94.31	96.5	93.5	93.59	−1.6	3,470	328,218,770

市场特点：价格大幅振荡，交易异常活跃。

　　受国际金价冲击，国内黄金价格大幅起伏振荡，Au99.95周一（2003年2月23日）开盘95.05元，周二涨至96.50元，但周三跌落至94.70元，周四则又反弹至95.30元，周五深跌至93.50元，收盘比前一周下跌1.51元；Au99.99价格变化与Au99.95基本一致，周一开盘94.31元，最高96.50元，最低93.50元，周五收盘93.59元，比前一周下跌1.60元，如图9.24所示。

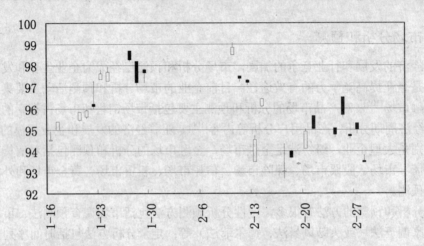

图9.24　上海黄金交易所 Au99.99 价格周 K 线图

　　受价格波动影响，上周交易异常活跃，周交易量比前一周增加逾5成，达2,380公斤，另外，两个品种交易量基本持平，Au99.99交易量首次超过Au99.95。

　　2. 国际市场行情

　　国际金价在前段时间（2003年1月30日）重挫47美元之后，上周开始大幅震荡。2003年3月24日凌晨美、英和西班牙向联合国提交了对伊新决议草案，指出伊拉克"实质性"违反联合国1441号决议的要点，市场担心新决议通过会触发伊拉克战争，使国际金价周一（2003年2月23日）一度从每盎司351美元上涨到360美元；但晚些时候欧洲央行（ECB）宣布一成员央行上周售出一批数量达30,000公斤的黄金，黄金储备减少3.26亿欧元，加之美国副国务卿博尔顿2003年2月25日在莫斯科举行的记者招待会上说，布什尚未做出对伊拉克动武的最终决定，令支撑金市的力量瓦解，国际金价从358美元迅速跌回到352美元左右；然而2003年2月26日联合国武器核查委员会主席布利克斯声称伊拉克仍然没有做出销毁违禁武器的"重要决定"，这种言论又使金价周四回升至356美元左右；但27日联合国宣称伊拉克原则上同意销毁萨默德-2号导弹和配件，又使得国际金价立即暴跌10美元，跌至345美元左右，周五收盘回升至348美元，具体行情见表9.5和图9.25。

表9.5 2003年2月22日～2003年3月3日国际黄金市场周行情（单位：美元/盎司）

商品名	开盘价	最高价	最低价	收盘价	比上周
国际黄金现货	351	360	344.5	348	−3
COMEX4月期金	351.9	360.6	345.3	350.4	−1.4
COMEX6月期金	352.5	361.5	346.0	351.1	−1.4
TOCOM4月期金	1344	1369	1307	1314	−34
TOCOM6月期金	1340	1371	1305	1315	−33

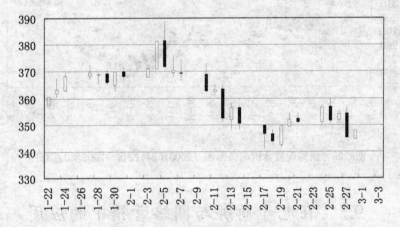

图 9.25 国际现货金价日 K 线图

受现货价格的影响，COMEX（纽约）和TOCOM（东京）期金价格也大幅震荡，收盘比前一周有所下跌，如表9.5所示。

3. 市场分析与预测

受美伊局势变化以及由此引起的美元、美国股市变化的影响，国际现货金价出现起伏振荡，从国际现货金价的周条形图（如图9.26所示）来看，国际现货金价在337～340美元处有强劲支撑，337美元以下的支撑位在328～330美元，短期的阻力位在348～350美元，再往上的阻力位为358～360美元。

本周（2003年3月3日）海湾局势将进入一个关键时期，美国给伊拉克选择的最后期限就在3月（2003年）中旬，因此，在此之前黄金价格将继续振荡盘整，但总体将有所回升，预计将回调至350～355美元左右。

国内金价将随国际金价变化而变化，总体也将有所回升，价位在94～96元左右。

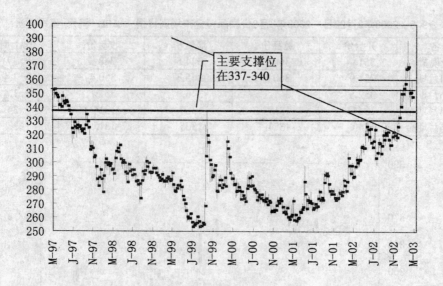

主要支撑位
在337-340

图9.26　国际现货金价周条形图（2003年2月22日～2003年3月3日）

9.5　在电子商务与网络营销中的应用

9.5.1　电子商务与网络营销概述

电子商务（E-commerce）这个概念起源于20世纪70年代。当时一些大公司通过建立自己的计算机网络实现各个机构之间、商业伙伴之间的信息共享，这个过程被称为EDI（电子数据交换）。EDI通过传递标准的数据流可以避免人为的失误、降低成本、提高效率，据估计在世界1,000个最大的企业中，95%以上在使用这一技术[107]。它过去是、现在也是电子商务的基础。互联网的兴起为电子商务注入了新的活力，今天的EDI技术已经摆脱了以前昂贵而又各自为政的公司网络，而融于互联网；而更多的企业和企业之间的商务活动则干脆直接依靠网络技术来进行。

电子商务是在互联网开放的网络环境下，通过网络技术实现消费者的网上购物、商户之间的网上交易和在线电子支付的一种新型的商业运营模式。电子商务是互联网爆炸式发展的直接产物，互联网本身所具有的开放性、全球性、低成本、高效率的特点，也成为电子商务的内在特征，并使电子商务大大超越了作为一种新的贸易形式所具有的价值，它不仅会改变企业本身的生产、经营和管理活动，而且将影响到整个社会的经济运行与结构。

基于网络的电子商务可以分为3个方面：信息服务、交易和支付。其主要内容包括：电子商情广告；电子选购和交易、电子交易凭证的交换；电子支付与结算以及售后的网上服务等。主要交易类型有企业与个人的交易（Business to Consumer，简称B2C）和企业之间的交易（Business to Business，简称B2B）两种。参与电子商务的实体有4类：顾客（个人消费者或企业集团）、商户（包括销售商、制造商、储运商）、银行（包括发卡行、收单行）及认证中心。电子商务要想进入实施阶段，必须解决与之相关的法律、安全、技术、认证、支付和配送等问题，而这些问题的解决并不是一蹴而就的。对于一般企业来说，要想在短期内实现所有商务流程的电子化将会比较困难。相对来说，网络营销对技术、政策和商务流程体系的要求没有电子商务那么严格，因此网络营销是企业迈向电子商务的突破口，也是企业电子商务战略中不可忽视的重要一环。

网络营销是以现代营销理论为基础，由以推销产品为中心的传统营销的"4P"（Product、Price、Place、Promotion，即产品、价格、渠道、促销）转向以满足客户需求为中心的"4C"（Customer、Cost、Convenience、Communication，即客户、客户愿出的花费、对客户的方便性、与客户的沟通）。网络营销贯穿在企业经营的整个过程中，包括市场调查、客户分析、产品开发定位、经营流程改进、销售策略制定、售后服务、产品和服务的反馈改进等环节。网络营销功能的实现可由浅入深，由简到全：从做一个主页到经营网站；从做广告到建立客户关系管理系统（CRM）；从发电子邮件到建立供应链管理系统（SCM）。不论是大中小企业，也不论企业现有信息化基础水平高低，都可以根据企业经营的实际需要，开展网络营销。

现在，企业经营已经由"以产品为中心"转变为"以客户为中心"，任何与消费者行为有关的信息对商家都是非常宝贵的。随着企业电子商务和网络营销的蓬勃发展，网络服务器数据库能够记录下交易和营销过程中丰富的交易信息和与顾客相关的数据，对这些数据资源进行充分的挖掘和利用将能够大大促进企业商务的发展，改善企业网络营销的效果。

9.5.2 网络数据分析在电子商务和网络营销中的应用

网络数据分析在电子商务和网络营销中的应用有如下几种：

（1）了解客户特征，挖掘潜在客户

在电子商务活动中，通过数据挖掘，企业可以了解客户的区域分布、浏览行为，知道客户的兴趣及需求所在，并根据需求动态地向客户做页面推荐，调整网站页面，提供特有的一些商品信息和广告，以使客户能够很方便地获得他们想要的信息，例如，一家美国公司通过对用户访问日志的分析，发现有相当一部分访问者来自巴西，于是他们专门对页面进行了改进，以迎合巴西的访问者，结果短期内来自巴西的订单大量增加。

此外，运用关联分析、序列模式分析、分类分析、模糊聚类数据挖掘技术对网络客户访问信息进行挖掘分析，可以提高企业和客户之间无缝链接的水平和效率，并找到互联网上的潜在客户，由此带来的效益也是不可估量的。

通常发现潜在客户的策略是先将访问者进行分类，一般可以分为新访问者、偶尔登录的访问者和经常登录的访问者。对于一个新的访问者，通过网络数据的分类发现，识别出这个客户与已经分类的老客户的一些公共的描述，从而对这个新客户进行正确的分类。然后从它的分类判断这个新客户是有利可图的客户群还是无利可图的客户群，再决定是否要把这个新客户作为潜在的客户来对待。

（2）识别交易中的欺诈行为

由于电子商务的虚拟性和某些电子商务系统的安全保护及保密措施的不完善性，使电子交易过程中的一些欺诈行为常常得逞。数据表明，目前互联网欺诈行为造成的损失数额惊人，而且还有越演越烈的趋势。专家预测，每年单单在线信用卡欺诈行为就将给各商家造成数十亿美元的损失。2000年，美国一些著名的电子商务企业以及支付公司宣布成立了一个全球性的防止电子商务欺诈行为网络，力图减少互联网欺诈行为，其中包括美国运通（American Express）、Buy.com及Expedia等。通过该联盟网络及时交流防欺诈信息并与各商家积极配合，不但可以提高网上交易的安全，同时还能节约相关的成本。

目前，对付电子商务欺诈行为的有效手段之一就是运用数据挖掘技术对用户的购物模式和网络消费习惯进行分析。实际上，电子商务过程中的一些欺诈行为常常是带有规律性的。比如说，一些盗用信用卡交易者一般选择可以直接在网上完成交易的货物购买，如音乐、电子书籍、电影等，而不选择实物交易，因为那样会暴露他们的住址。因此，通过对客户交易模式和特点的分析，对其中的一些异常数据（例如一个客户的突然大量采购）和一些难以解释的数据关系（例如不同名字的公司使用相同的邮寄地址）进行预警，可以发现很多的交易欺诈行为。

（3）选择营销模式

目前常用的网络营销模式有：

① 购买网络广告。在有针对性的商务网站或者门户网站上发布广告。

② 搜索引擎登录。很多网民习惯通过搜索引擎寻找自己需要的信息。将网站登录到尽可能多的搜索引擎，可以使网站更容易被需要的人找到。目前免费登录搜索引擎已经成为网络营销研究的热点。现在，有些搜索引擎已经开始竞价排名，而付费登录搜索引擎能获得更可靠的服务保障。

③ 电子邮件营销。向很多人发送电子邮件广告，经常被人称为"垃圾邮件"。其实，垃圾邮件和真正的邮件营销是有区别的。垃圾邮件是漫无目的地发送邮件，让人生厌；而邮件营销注重的是"目标客户"，收集一些目标客户的电子邮件，并通过邮件群发软件向"目标客户"发送产品信息，并注重客户的授权。邮件营销是一种直接快速的宣传方式。

④ 交换链接。同其他网站交换链接也是网络营销的重要手段。

⑤ 网络服务。通过提供有关网络服务，如免费软件下载、新闻组、网络短信等服务来吸引顾客。

⑥ 网络实名注册。网络实名是最快捷、最方便的网络访问方式，可以让用户只在浏览器的地址栏中输入企业、产品、品牌的名称就可以直达目标。因此，网络实名越来越被广大网民所接受，越来越多的人通过网络实名的方式查找网站。所以，注册和企业的产品相关的网络实名，能使人们更容易找到企业网站，达到宣传的目的。

企业可以根据对客户资料和潜在用户特点的分析，选择最有针对性的网络营销模式。网络调查也能够提供有效的分析数据。事实上，也可以充分利用国内外的一些相关机构和调查公司的调查数据，通过对这些数据的分析得出自己的结论。

[案例分析] 从有关调查报告分析网络营销模式的选择

2003年1月，CNNIC公布了第11次《中国互联网发展状况统计报告》，通过对该报告相关数据的分析，可以得出很多有益的结论。例如，用户经常使用的网络服务情况如表9.6所示。

表9.6　CNNIC调查中用户经常使用的网络服务

网 络 服 务	使 用 比 例
电子邮箱	92.6%
搜索引擎	68.3%
网上聊天（聊天室、QQ、ICQ等）	45.4%
软件上传或下载服务	45.3%
信息查询	42.2%
新闻组	21.3%
免费个人主页空间	21.3%
BBS论坛、社区、讨论组等	18.9%
网上游戏	18.1%
网上购物	11.5%
电子杂志	9.5%
网上教育	8.9%
短信服务	8.8%

从表9.6可以看出，电子邮件营销和搜索引擎登录仍然是网络营销模式的首选。此外，企业如果要推广自己的网站，则应该考虑为网站用户提供更多的网络服务，如聊天、软件下载、信息查询、新闻组、免费个人主页空间、社区服务和网络游戏等。

而对于应用最广的电子邮件营销，什么样的邮件格式最受用户欢迎呢？许可电子邮件营销行业专业网站Opt-in News（www.optinnews.com）2002年第一季度的调查结果如表9.7所示。

表9.7　用户对不同电子邮件格式的接受程度

电子邮件格式	纯文本格式	HTML格式	交互式多媒体格式
用户接受程度	62%	35%	3%
用户实际接受到的邮件	/	57%	61%
营销人员使用比例	34%	61%	5%

　　作为对比，表9.7中的第三行是另一家调查公司IMT Strategies（www.imtstrategies.com）于2001年9月发布的关于美国用户实际接收到的营销E-mail格式的调查结果。第四行则是Opt-in News于2001年10月调查2001年假期季节营销人员使用最多的E-mail形式。可以看出，营销人员或者广告商的做法与用户的意愿并不一致，并不是越花哨、视觉效果越强烈的电子邮件就越受用户欢迎，这可能是因为这样的邮件太大，占用了用户的邮箱空间吧。

　　（4）广告效果评估

　　网络营销的一个重要方式就是发布网络广告。据统计，1998年全国互联网广告收入3,000万元，1999年近1亿元，2000年是3亿多元，2001年是4.02亿元。在美国，根据Yankee Group（www.yankeegroup.com）发布的研究报告，家庭宽带接入的快速发展将推动流媒体广告的繁荣，预计到2005年，美国的流媒体广告市场将达到31亿美元。

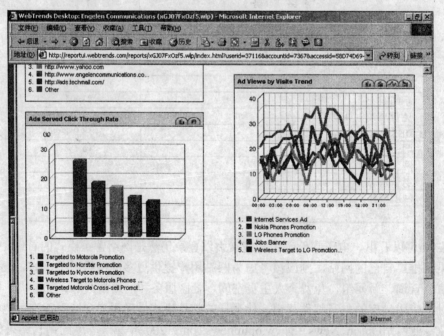

图9.27　网站Engelen Communications的广告点击率和浏览量的时段变化趋势

　　网络广告的快速发展在很大程度上应该归功于网络流量分析技术的进步和第三方流量

认证的兴起。网络流量分析技术的完善使网络广告发布商可以方便地获得广告的页面浏览量（Page View或Page Impression），也使网络广告的规范计费成为可能，例如，图9.27是网站Engelen Communications（www.engelencommunications.com）在2003年3月9日的广告点击率和浏览量的时段变化趋势。

从图9.27中可以看出，摩托罗拉的广告点击率最高，其次是Norstar；浏览量最大的广告是关于网络服务的广告（Internet Services Ad），其浏览高峰出现在9：00～9：30和11：00～12：30，其次是Nokia Phones Promotion，其浏览高峰出现在8：30和10：30。

通过网站的流量分析软件或者第三方流量认证，网络广告商可以很方便地获得关于广告被单击和浏览的数据，进行广告效果的评估。网络广告评估方法大致可以分为以下两类：

（1）单一指标评估法

单一指标评估法指根据广告的主要目的，应该采取适当的单个指标来对网络广告效果进行评估的方法。当广告发布商所追求的广告目的是提升和强化品牌形象时，只需要选择那些与此相关的指标，如广告曝光次数、广告单击次数与点击率、网页阅读次数等指标来衡量；当广告发布商所追求的广告目的是追求实际收入时，只需要选取转化次数与转化率、广告收入、广告支出等相关指标进行评估。

（2）综合指标评估法

综合指标评估法指在对广告效果进行评估时所使用的不是简单的某个指标，而是利用一定的方法，在考虑几个指标的基础上对网络广告效果进行综合衡量的方法。这里介绍两种综合指标评估方法，其评估结果从不同方面反映了网络广告的效果：

① 传播效能评估法。传播效能就是指网络广告的刊登和传播对品牌形象和产品销售潜力的影响，这种影响侧重于长期的综合的效果；而传播效能评估法就是对网络广告刊登后的一段时间内，对网络广告所产生的效果的不同层面赋予权重，以判别不同广告所产生效果之间的差异，这种方法实际上是对不同广告形式、不同投放媒体或者不同刊登周期等情况下的广告效果比较，而不仅仅反映某次广告刊登所产生的效果。

② 耦合转化贡献率评估法。广告发布商在以往网络广告的经验基础之上，会产生一个购买次数与单击次数之间的经验比例数值，根据这个比例即可估算广告在网站刊登时，一定的单击次数可产生的购买转化次数，而该网站上的广告的最终转化次数可能与这个估计值并不完全吻合，由此产生了实际转化次数相对于预期转化次数的变化率，这被称之为该网络广告与该网站的耦合转化贡献率。

［案例分析］某通信制造商在两家网站上的网络广告效果评估

某通信制造商在A、B两家网站上刊登了某通讯产品的广告，刊登周期为1个月的时间，广告刊登结束后，A、B两家网站向该制造商提供了网络广告在其网站上的被单击次数，分别为5,102和3,051。同时，网站协助制造商对网民的行动进行了跟踪调查，分别得到由于受网络广告影响而产生的购买次数分别为102和124。

在使用这两种方法进行计算之前，需要说明的是：根据一般的统计数字，每100次单击可形成2次实际购买。那么按照两种方法进行评估的情况如何呢？

先来看一下传播效能评估法。根据上面所提到的统计数据，每100次单击可以形成2次购买，那么可以将实际购买的权重设为1.00，每次单击的权重设为0.02，由此可以计算网络广告在A、B两家网站刊登所产生的传播效能。

网络广告在A网站上所产生的传播效能为：$102 \times 1.00 + 5102 \times 0.02 = 204.04$

网络广告在B网站上所产生的传播效能为：$124 \times 1.00 + 3051 \times 0.02 = 185.02$

再来看一下耦合转化贡献率法。根据统计数据，每100次单击可形成2次实际购买，那么按照这一经验预测，网络广告在B网站产生3,051次的单击，应该有61次的购买，而实际的购买是124次，由此实际转化相对于预期转化发生了变化，其变化的幅度就是该网络广告与网站B的耦合转化贡献率。下面具体计算该网络广告与这两个网站的耦合转化贡献率。

网络广告与网站A的耦合转化贡献率为：

$$\frac{102 - 5102 \times 0.02}{5012 \times 0.02} \times 100\% = 0$$

该网络广告与网站B的耦合转化贡献率为：

$$\frac{124 - 3051 \times 0.02}{3012 \times 0.02} \times 100\% = 105\%$$

从中可以看出，该电信制造商的广告在A网站刊登获得的实际转化远远不及在B网站刊登所取得的实际转化，但是它的传播效能较高，对品牌形象的提升以及促进今后的产品销售都有非常重要的意义。而网络广告在B网站刊登，其耦合转化贡献率较高，在短期内取得了很好的销售效果，但是对品牌形象的提升以及今后的销售影响力不是很大。所以，该电信制造商如果刊登网络广告的目的侧重于追求品牌形象的提升和长期的销售影响时，应该选择在网站A刊登广告的策略；如果所追求的目的是促进产品的销售，提高实际收入时，更适宜采取在网站B刊登广告的策略。

（注：本案例由北京大视野社会经济调查有限公司研究部提供）

9.6　在网络传播中的应用

9.6.1　网络传播的概念

1999年，全世界约有180个国家和地区，1.3亿人使用互联网。2002年2月，NUA公司的统计显示，全球上网人数近5.5亿。2002年底，联合国贸易及开发会议的报告表明，全球网民已达6.55亿。随着网络和网络用户的爆炸式增长，网络传播也得到了飞速发展，网络成为继报纸、广播、电视之后的"第四媒体"。

按照美国传播学者的定义，一种媒体使用的人数达到全国人口的1/5，才能被称为大众传媒。1998年，美国的网络用户数就达到了6,200万，互联网因而作为继报刊、广播、电视之后的第四大传播媒体的概念被提出。1998年5月，在联合国新闻委员会年会上，联合国秘书长安南指出，在加强传统的文字和声像传播手段的同时，应利用最先进的第四媒体——互联网，从此，"第四媒体"的概念被正式确定下来。

对于网络传播，中国人民大学新闻学院的匡文波博士做了比较完整的概括。他认为："网络传播是指通过计算机网络的人类信息（包括新闻、知识等信息）传播活动。在网络传播中的信息以数字形式存储在光、磁等存储介质上，通过计算机网络高速传播，并通过计算机或类似设备阅读使用。网络传播以计算机通信网络为基础，进行信息传递、交流和利用，从而达到其社会文化传播的目的。网络传播的读者人数巨大，可以通过互联网高速传播"。

9.6.2 网络传播的特点

网络传播与传统的传播方式相比，具有成本低、时效性强、容量大、多媒体结合、交互性、覆盖面广、易于检索等特点，打破了传统媒体信息发布时间、空间和表达方式上的局限性，它已经成为近两年新闻传播领域研究的热点问题。

（1）成本低

网络传播与传统信息传播方式相比，从信息的传播者和信息的接收者两方面来说，都大大降低了成本。网络传播只需要很少的软硬件设备的投入，建立一个网站就可以实现。为降低成本，网络传播者甚至可以采取委托发布的方式运作，也就是说，网站建设所需要的投入都可以省去。与传统传播方式相比，它无需制版、印刷、装订等工作程序，因而节省了为此而购置昂贵的设备的投入费，同时还省去了信息载体——纸张和维护庞大的发行渠道所需的人力、物力等方面的费用，因此，对于信息传播者而言，网络传播无疑大大降低了信息传递的成本；对于信息接收者而言，只需要支付很少的网络使用费就可以获取多种渠道的信息，同时，网络的可检索性也降低了信息接收者寻找特定信息所付出的代价，因而对信息接收者而言，信息获取的成本也大大下降。

（2）时效性强

传统的信息发布需要经过印刷、出版、发行及销售等过程，信息更新周期较长，即使是电视和报纸，至少也需要数小时的时间。而网络信息可以随时更新，并立即反映到客户端。网络的使用打破了传统信息传播的时间、空间界限，比传统媒体的传播效率更高。

（3）容量大、多媒体结合

对于传统的信息传播过程，载体容量制约着信息传递的数量。比如，报纸一版只有1万字左右的内容，广播、电视每个栏目都有固定的播出时间，在这有限的时间、空间上只能传递有限的信息。网络技术，尤其是数字化技术、网络存储技术和数据通讯技术的发展，使网络传播不仅实现了海量信息的存储、传递，而且还将文字、图像、声音等多媒体信息整合在一起，跨越了传统文字媒体、声音媒体和视觉媒体相互之间难以融合的鸿沟，使信息的表现形式更为生动。

（4）交互性

交互性是网络最显著的特性之一。网络传播改变了传统传播以单向传播为主导的模式，代之以复合传播模式，即网络传播既可以是单向传播，也可以是双向、甚至多向传播。传统的信息传播模式是信息发布者先将信息产品定型，再推向大众，此后信息产品将在基本保持原状的前提下获得传播。信息接收者处于被动接受的地位，即使他们对信息产品有各种意见、建议，反馈渠道也非常狭窄，信息发布者与接收者之间基本不存在交互。网络则改变了这种受众被动的传播模式，信息的发布者和接受者之间都能够通过网络会议系统、网络电话、在线聊天室和BBS等实时交互，使他们能够很方便地发表自己的观点，主动积极地参与到信息交流中来。

（5）覆盖面广

依靠传统的信息传播方式，在大多数情况下信息都是在极其有限的区域内传递的。网络传播极大地拓展了信息传播的覆盖面。网络是一个开放的系统，是由众多小的网络系统构成。目前有200多个国家和地区连接到国际互联网，在网上，没有疆界和国家这种地域界限，各种信息和文化在这里交汇，人们可以很方便地获取世界各地的信息，极大地丰富了人们了解世界的渠道。

（6）易于检索

网络是一个巨大的信息库，为方便网络用户对特定信息的查询，建立了许多专业性和综合性的导航系统、门户网站以及搜索引擎。仅Google就收录了70种语言，30多亿个网页，其网页目录是由两万多个经编辑人员挑选并归类过的网页构成的，目前收录了来自150万个以上网站的网页。而以传统方式传递的信息，要实现对信息的搜索只能到资料室、图书馆等部门手工查找或到专业信息服务机构查询相关数据库。

9.6.3　网络传播给信息传播领域带来的影响

由于网络传播与传统传播方式相比所表现出的卓越特性，使网络用户表现出旺盛的对网络传播的需求。同时，信息生产和传播者为获取网络传播这一有着巨大发展空间的市场，也在网络传播领域的开拓方面做出了不懈努力。网络传播已经成为当前新闻传播领域研究和发展的热点。

美国著名媒体调查公司Media Metrix的调查报告显示，新闻是广大网络用户最希望从互联网上得到的信息。2003年1月，CNNIC发布的第11次《中国互联网发展状况统计报告》也证实了这一点，调查结果表明，78.0%的网络用户最常利用的信息是新闻。目前，无论是传统媒体发布机构所建立的网站还是门户网站，甚至一些专业网站，都把新闻作为网站建设的重要内容。

1987年，美国硅谷的《圣何塞信使报》开创了电子报刊和网络媒体的新纪元。据美国报协的统计，到1998年3月1日，全美1,520家日报中，已经有500多家在互联网上出版了网络版，占总数的1/3。同时，世界各著名的通讯社，如美联社、法新社、路透社、合众社、俄通社、塔斯社等，以及广播电视公司，如美国的ABC、CNN和英国的BBC等，都在互联网上开辟了自己的网站，发布文字、图片以及声像新闻。并且，大量的门户新闻站点和独立新闻站点通过与通讯社、电台以及其他新闻机构合作，也加入了网络媒体的行列，向其用户提供全面而及时的新闻服务。

我国网络传播的发展历程与国外的极其类似。自1995年起，《神州学人》和《中国贸易报》、《中国计算机报》等成为中国第一批网络媒体。据中国记协报纸电子网络版调研会统计，到1998年底，全国电子报刊总数为127种；到1999年底，国内上网报纸有1000多家，上网的广播电视机构近200家；到2000年底，在全国共有2,000多家媒体上了网，占总媒体数的20%，网易、搜狐、新浪等大型门户网站都在1998年、1999年开通了新闻频道；到2000年12月底，新浪、搜狐、263首都在线等已取得登载新闻业务的许可证。

正是由于网络传播的发展，人类的信息交流方式也经历着极大的变革。在网络传播出现以前，人际传播和大众传播是信息传播的基本形式。人际传播是指对象十分明确的人与人之间的信息交流，其特点是信息传递过程是双向的，但受众十分有限；大众传播虽然克服了人际传播的局限，能够一次性地把信息传递给为数众多的群体，但由于其受众不明确，因而整个传递过程基本上是单向的，交流缺乏深度和主动性。而网络传播则整合了两者的优点，由于其覆盖范围广泛，信息传递及时，因此，网络传播既能将特定信息一次性地传递给众多受众，又能保持信息传播的交互性。同时，网络传播还使受众的主动性增强，使受众不仅能够主动地、有选择地获取信息，还具有了一些信息生产和传播者的特性，因而使信息生产者和受众之间的界限越来越模糊。

9.6.4 网络数据分析在网络传播研究中的应用

网络传播学是研究网络信息传播活动的一门学科，观察法、实验研究法、社会调查法、材料分析法和网络调查法是其主要研究方法。

数学方法在研究中的运用是学科逐步走向成熟的标志。随着网络传播研究的逐步深入，数学方法，尤其是统计分析方法，在网络传播学的研究中运用得越来越广泛，网络数据分析几乎已经成为所有研究必不可少的环节。

为明确网络数据分析在网络传播学研究中的作用，我们以彭兰所著的《关于网上外来文化信息传播状况的实证研究》为例进行说明。

［案例研究］ 彭兰.《关于网上外来文化信息传播状况的实证研究》

众所周知，目前互联网上90%左右的信息都是英文的。随着网络的普及，网络信息对社会、经济各方面的影响日益加剧。同时，由于网络信息资源在各国分布的不均衡，造成了信息流动的不对称，由此许多学者提出，网络成为一些国家进行文化和意识形态侵略的工具。为明确外来文化通过网络对中国本土文化产生的影响，彭兰以新浪、搜狐、网易等中文门户网站、几个中文专业网站和Yahoo、Amazon等具有较强代表性的网站上的电影和文学作品为对象进行了研究（详见http://www.cjr.com.cn/node2/node26108/node27330/ node28304/ userobject7ai22636.html）。

此研究的内容和方法为：

（1）对WWW网站中存在的文化信息的调查。其方法是，统计在调查网站上特定内容的数量，以求对网络信息的构成做出一定的描述；并通过与国外网站的对比调查，分析国内外网站在同一内容方面的相关程度。

（2）对网络购物中涉及的文化产品的调查。通过对购物的调查，能反映网民对不同文化产品感兴趣的程度，从而更确切地说明网络对于传播外来文化产品所起的作用。

结果表明，国外电影，特别是美国电影，在网络中占有重要的比重，给中国的电影市场带来了明显的威胁。而外来的文学作品或相关信息在网上虽然也有广泛传播，但其格局更加多元化，所造成的影响从目前来看也较为有限。

这一研究主要采取的是抽样法和材料分析法。在样本确定后，做了大量的统计工作，使其结论建立在网络数据分析的基础上，确保了结论的客观性，譬如，研究者通过对样本网站的统计，发现新浪网站分类目录中的电影作品，中国的占30%，国外的占70%，其中62%的是美国电影；而文学作品中，中国文学占80%，外国文学占15%，混合构成的占5%；当当网上书店销售的文学作品中，中国的占62%，外国的占38%。这些都是支持研究者结论的直接依据。

9.7 在网络信息计量学中的应用

9.7.1 网络信息计量学概述

随着计算机网络技术的迅速发展，信息资源数字化、网络化的进程不断加快，网上数字信息的计量研究也成了摆在人们面前的一个新课题，这直接促成了网络信息计量学的诞生。网络信息计量学是采用数学、统计学等各种定量研究方法，对网上信息的组织、存储、分布、传递、相互引证和开发利用等进行定量描述和统计分析，以便揭示其数量特征和内在规律的一门新兴分支学科。它主要是由网络技术、网络管理、信息资源管理与信息计量学和数据分析等相互结合、交叉渗透而形成的一门交叉性边缘学科，也是信息计量学的一个新的发展方向和重要的研究领域，具有广阔的应用前景。网络信息计量研究的根本目的是通过对网上信息的计量研究，为网络信息的有序化组织和合理分布，为网络信息资源的优化配置和有效利用，为网络管理的规范化和科学化提供必要的定量依据。

网络信息计量学并不仅仅是文献计量学方法在网络上的简单应用，它的研究对象主要涉及以下3个层次或组成部分：

（1）网上信息的直接计量问题，如对集文字、图像、声音为一体的多媒体数字信息的计量方法研究，对以字节为单位的信息量和流量的计量研究等。计量的内容还包括：站点的数量、静止的网页数、静止网页的平均规模、交互式网页的数量等；其他的统计内容还包括语言的分布、出版地、网页的平均寿命等。

（2）网上文献、文献信息及其相关特征信息的计量问题，如网上电子期刊、论文、图书、报告等各种类型的文献，以及文献的分布结构、学科主题、关键词、著者信息、出版信息等的计量，既涉及网上一次文献的计量，又涉及网上二次文献、三次文献的计量问题。

（3）网络结构单元的信息计量问题，包括站点、布告栏、聊天室、讨论组、电子邮件等，对以上网络结构单元中的信息增长、信息老化、学科分布、信息传递，以及各单元之间的相互引证和联系等的计量研究，将是网络信息计量学研究的重要组成部分。

9.7.2 网络信息计量学的主要研究方法和研究工具

由于网络信息计量学被看成是文献计量学、科学计量学在网络上的应用的一门学科，因而在文献计量学、科学计量学中得到广泛应用的数据统计分析法、数学模型分析法、引文分析法、书目分析法、系统分析法等定量方法将在网络信息计量研究中得到广泛应用，同时，由于网络环境的特殊性，这些方法在应用过程中必将不断得到改进与发展。可以说，网络信息计量研究的兴起给文献计量学、科学计量学的研究方法带来了新的活力。就引文（Citation）分析的应用而言，国外有学者提出了"Sitation"的新概念来描述网站之间相互链接的行为。同时，网络信息计量研究中所用的工具更为先进，研究途径更为多样。

目前大多数的网络信息计量研究都用网络搜索引擎（特别是功能强大的AltaVista）来搜集研究数据，AltaVista能够提供多种类型的限制检索，如主机名限制、超链接限制、域名限制、Link限制、文件类型限制、新闻组限制、主题限制等。此外，AltaVista还提供布尔逻辑检索、截词检索、字段限制检索、日期限制检索、范围限制检索、动态分类检索、指定语种检索、位置检索等多种检索功能。由于AltaVista检索功能强，检索途径多，能满足多种计量的需要，因而受到许多研究者的青睐。此外，AllTheWeb、Northernlight、Google等搜索引擎也常常被用来收集数据。由于研究中涉及到的数据通常都很庞大，所以数据分析一般要依靠SAS、SPSS等统计分析软件来进行。此外，研究中有时也使用一些特定功能的网络监测和跟踪软件。

9.7.3　网络数据分析在网络信息计量学中的应用

可以说，网络数据分析是网络信息计量学研究的基础和前提，因此网络数据分析在网络信息计量学研究中有着极为广泛的应用。其主要的应用有以下几个方面：

（1）通过网络数据分析，从信息组织的角度研究互联网的知识结构，探索网络信息的特点与组织方法，指导网络信息资源的组织建设。互联网在全球迅猛发展和快速普及，并日益渗透到人们生活的各个方面，然而，人们对于互联网的知识结构及其信息资源的发展状况却知之甚少。通过网络数据分析和计量，能够确切把握互联网的发展状况，加强网络信息资源的组织管理。对于互联网的知识结构，可以根据主题特征进行计量，也可以根据国别特征或者域名特征进行计量。

（2）通过网上有关学术信息资源的数据的分析，研究网络环境下的科学信息交流，探讨各学科发展趋势，分析建立新的科学发展指标，为有关科技决策提供参考。通过对互联网上的有关各学科的站点、讨论组、电子期刊等的计量分析，可以掌握科学信息在网络上的分布；通过对相关网站之间的链接用于被引分析，以及利用专用软件分析特定对象的电子邮件使用情况，可以了解网上的科学信息交流情况。

（3）从应用角度出发，研究网络信息资源的评价指标，为信息资源的开发利用提供指导。互联网为人们提供了海量的信息资源，然而由于网上的信息良莠不齐，又缺乏权威的认证，而用户的信息处理能力又是有限的，这使网络信息资源的开发利用受到极大的限制。为此，许多学者对网络信息资源的评价指标问题进行了研究。就像引文分析可以用于确定核心期刊源一样，对网站的链接的分析可以用于确定网络信息资源的权威性和可靠性。也可以引入期刊影响因子的概念，研究网站的网络影响因子。

（4）应用数据分析和挖掘技术研究网络信息资源的挖掘、分类、过滤与排序等，从而指导网络搜索引擎的研究开发工作，推动网络信息检索技术的发展。对网页的主题、关键词、超链接及其他特征量做定量分析，搜索引擎具有重要意义，如著名的Google搜索引擎通过对搜索到的网页的超链接进行定量分析来对其搜索结果排序。

（5）研究网络终端用户的信息需求和上网习惯，指导网络建设和网站管理。在互联网快速发展的同时，用户也在迅速增长，掌握用户的信息需求和上网习惯对于网站来说极为重要。由于用户上网行为的随意性和不易记录等特点，一些学者进行用户研究时，大都采用以下两种措施,一是使用专用软件进行动态跟踪;二是在网上进行交互式调查。随着互联网的日益商业化,网上竞争日趋激烈,用户信息将显得尤为重要,这方面的计量研究必将增多。

[案例研究] 中国的大学网站链接分析及网络影响因子探讨

我们以广东管理科学研究院2002年最新排名前100名大学的网站为研究对象,计算各大学的总链接量、外部链接量和网络影响因子,并分析这些变量和大学排名的关系。此外,还分析高校合并中的域名变更对本研究的影响。

1. 数据收集方法

选用搜索功能强大的AltaVista搜索引擎和目前网页数据库最大的AlltheWeb搜索引擎(AlltheWeb数据库到2002年6月时已经包括了21亿个网页,超过了Google同期的20.7亿)。

利用AltaVista的高级检索功能,我们对每个大学都采用两个检索式检索,以南京大学为例,检索式分别为:

- link:www.nju.edu.cn(检索所有含有指向南京大学的链接的网页,得到总链接量)。
- link:www.nju.edu.cn AND NOT host:www.nju.edu.cn(剔除南京大学内部的网页链接,得到外部链接量)。

有的高校有两个甚至更多的域名,或者不同的校区有不同的域名,检索这些大学网站的链接量需要用复杂一点的布尔逻辑检索。如东华大学(原中国纺织大学)的网站有两个域名:"www.dhu.edu.cn"和"www.ctu.edu.cn",检索其总链接量的布尔逻辑检索式为:

link:www.dhu.edu.cn OR link:www.ctu.edu.cn

检索其外部链接量的布尔逻辑检索式为:

link:www.dhu.edu.cn OR link:www.ctu.edu.cn)AND NOT host:www.dhu.edu.cn AND NOT host:www.ctu.edu.cn

用类似的检索方法也可以获得大学网站的网页数,AltaVista搜索引擎使用的是"site:"命令,不过由于最近国内无法访问AltaVista,本研究中AltaVista的数据是委托美国的朋友检索的,由于时间限制,只检索了前50所大学的链接数,没有进行网页检索。

与AltaVista有所不同,AllTheWeb的高级检索功能是以限制检索的方式提供的。利用AllTheWeb的限定搜索功能可以得到各大学网站的总链接量和外部链接量,例如要获得南京大学网站的总链接量,用限定检索"must include www.nju.edu.cn in the link to url"即可。要获得南京大学网站的外部链接量,用限定检索:

"must include www.nju.edu.cn in the link to url and

must not include www.nju.edu.cn in the url"

对于有两个甚至更多的域名的高校,如上例中的东华大学,检索其总链接量需要用两次限定检索，即首先用命令 "must include www.dhu.edu.cn in the link to url" 得到结果464，
然后用 "must include www. ctu.edu.cn in the link to url" 得到结果2,243，其和2,707为总链接
量。检索外部链接量也需要两次限定检索，检索语句分别为：

　　must include link：www.dhu.edu.cn in the link to url and

　　must not include：www.dhu.edu.cn in the url and

　　must not include：www.ctu.edu.cn in the url　　　结果为493，

　　must include link：www.ctu.edu.cn in the link to url and

　　must not include：www.dhu.edu.cn in the url and

　　must not include：www.ctu.edu.cn in the url　　　结果为2,231，
其和2,724为东华大学网站的外部链接量。

　　检索网站网页数的操作与此相似，只要将限制条件中的 "in the link to url" 改成 "in the
url" 就可以了。

　　2. WIF的计算方法

　　网络影响因子（WIF）的概念是借鉴期刊影响因子的计算方法提出来的。期刊影响因
子是一种期刊论文的平均被引率，一种期刊某年度的影响因子等于该年引用该刊前两年论
文的总次数除以前两年该刊发表的论文总数。有所不同的是，Ingwersen提出的网络影响因
子的计算公式是网站的网络影响因子等于网站的链接量除以网站的网页数（在本文中我们
用WIFp来表示）[109]。在这里，网络影响因子的计算没有考虑时间滞后因素。这是因为要
确定某一网页何时被建立链接是很困难的，而且网络链接是动态的、即时的，对于一般网
站链接分析来说，考虑时间滞后因素既不必要也不可行。

　　Thelwall在研究英国大学的网络影响因子时，对Ingwersen的公式做了改进，他定义大
学网站U在特定网域空间S中的网络影响因子WIF，等于网络空间S中站点U以外的所有包含
至少一个指向站点U中的网页的链接的网页数目除以该大学所有全职科研人员的数目[110]。
在本文中我们也计算了这种网络影响因子，但出于数据统计上的考虑，我们将分母全职科
研人员数换成专职教师数，并用WIFs表示。

　　Thelwall对公式做出改进是基于这样一种考虑：大学网站不同于学术期刊网站，并不是
每一个网页都有学术性内容，因此用评价学术网站影响力的网页平均被链接率来测量大学
网站的网络影响因子并不合适[111]。基于同样的考虑，我们又提出对WIF计算公式的另外两
种改进方法，即将上面的计算方法中的分母分别换成大学二级教学单位（院、系）数目和
大学本科学位数目，并分别记为WIFc和WIFb，提出这种改进的依据是，大学网站的内容常
常是按照院系来组织的，但考虑到各高校院系规模不一，故用大学本科学位数与其做对照。

　　计算中用到的各大学专职教师数、二级教学单位和大学本科学位数都从各大学网站的

最新介绍中获得。各大学的总链接量、外部链接量和4种WIF都分别与广东管理科学研究院的2002年最新大学排名的总得分和科研得分做肯德尔等级相关分析。所有的数据分析都通过SAS软件完成。

3. 数据分析的结果

表9.8列出了利用AllTheWeb的数据得到的98所大学的总链接量（TLINK）、外部链接量（ELINK）和4种网络影响因子，与大学排名中的总得分和科研得分的肯德尔等级相关系数。这是100所大学中排除了中山大学和北京师范大学的异常数据后得到的结果。

表9.9列出了利用AltaVista的数据得到的2002年大学排名中前50所大学的总链接量、外部链接量和3种网络影响因子，与大学排名中的总得分和科研得分的肯德尔等级相关系数。（由于时间仓促，我们没有利用AltaVista搜索每个大学网站的网页数，因此没有计算WIFp）。

表9.8 98所大学的肯德尔等级相关系数

	AllTheWeb TLINK	AllTheWeb ELINK	WIFp	WIFs	WIFc	WIFb
总得分	0.58060 (p<.0001)	0.58382 (p<.0001)	−0.02982 (p=0.6669)	0.03261 (p=0.6343)	0.35283 (p<.0001)	0.32856 (p<.0001)
科研得分	0.57146 (p<.0001)	0.57889 (p<.0001)	−0.01294 (p=0.6040)	0.09701 (p=0.8519)	0.36679 (p<.0001)	0.34996 (p<.0001)

表9.9 50所大学的肯德尔等级相关系数

	AltaVista TLINK	AltaVista ELINK	WIFs	WIFc	WIFb
总得分	0.51776 (p<.0001)	0.55429 (p<.0001)	0.10041 (p=0.3035)	0.39429 (p<.0001)	0.34694 (p=0.0004)
科研得分	0.52103 (p<.0001)	0.56735 (p<.0001)	0.19837 (p=0.0421)	0.43020 (p<.0001)	0.39918 (p<.0001)

作为对比，表9.10列出了利用AllTheWeb的数据得到的48所大学的总链接量、外部链接量和4种网络影响因子与大学排名中的总得分和科研得分的肯德尔等级相关系数。这是前50所大学中排除了中山大学和北京师范大学的异常数据后得到的结果。

表9.10 48所大学的肯德尔等级相关系数

	AllTheWeb TLINK	AllTheWeb ELINK	WIFp	WIFs	WIFc	WIFb
总得分	0.48936 (p<.0001)	0.50288 (p<.0001)	0.06915 (p=0.4881)	−0.00887 (p=0.9292)	0.35461 (p=0.0004)	0.29255 (p=0.0034)
科研得分	0.51596 (p<.0001)	0.52594 (p<.0001)	0.04255 (p=0.6697)	0.09220 (p=0.3553)	0.39539 (p<.0001)	0.35461 (p=0.0004)

从上面的数据中可以看出，大学网站的总链接数和外部链接数均与各大学的排名得分有较显著的相关性（p<.0001）。其中，外部链接属于大学排名得分的相关性更为显著。WIFc和WIFb也与各大学的排名得分有较显著的相关性，但相关性没有前两者强。WIFp和WIFs则与各大学的排名得分没有统计相关性。

从表9.9和表9.10的数据来看，利用AltaVista和AllTheWeb的数据分析得到的结果基本相同，其中利用AltaVista的数据分析得到的结果相关性更为显著。

表9.11列出了剔除近两年合并的18所大学之后，利用AllTheWeb的数据得到的80所大学的总链接量、外部链接量和4种网络影响因子，与大学排名中的总得分和科研得分的肯德尔等级相关系数。

表9.11　80所大学的肯德尔等级相关系数

	AllTheWeb TLINK	AllTheWeb ELINK	WIFp	WIFs	WIFc	WIFb
总得分	0.59449 (p<.0001)	0.59725 (p<.0001)	−0.11076 (p= 0.1459)	0.09114 (p=0.2315)	0.38734 (p<.0001)	0.34494 (p<.0001)
科研得分	0.59785 (p<.0001)	0.61010 (p<.0001)	−0.07407 (p=0.3309)	0.16461 (p=0.0307)	0.41152 (p<.0001)	0.38936 (p<.0001)

表9.12列出了剔除近两年合并的10所大学之后，利用AltaVista的数据得到的40所大学的总链接量、外部链接量和4种网络影响因子，与大学排名中的总得分和科研得分的肯德尔等级相关系数。

表9.12　40所大学的肯德尔等级相关系数

	AltaVista TLINK	AltaVista OLINK	WIFs	WIFc	WIFb
总得分	0.54359 (p<.0001)	0.59744 (p<.0001)	0.26667 (p= 0.0154)	0.51026 (p<.0001)	0.51026 (p<.0001)
科研得分	0.56154 (p<.0001)	0.63077 (p<.0001)	0.34615 (p= 0.0017)	0.54359 (p<.0001)	0.55385 (p<.0001)

从表9.11和表9.8、表9.12和表9.9的对比可以看出，排除高校合并的影响因数后，各项指标的相关系数均更为显著，其中WIFc和WIFb与大学排名得分的相关性的增加十分显著。

此外，除了表9.8外，其他4个表格中的数据均显示，总链接量、外部链接量和各项网络影响因子均与高校的科研得分的相关性更强，与大学排名总得分的相关性则稍弱，但二者十分接近。

4. 结论与分析

（1）大学网站的外部链接量与各大学排名最为相关

从数据分析来看，大学网站的总链接量、WIFc和WIFb也与大学排名的得分具有显著的相关性。WIFp与大学排名得分的相关性最低，这说明用评价学术网站的方法计算的网络影响因子并不适用于大学网站，这是因为目前国内的大学网站介绍性、发布性的内容居多，而纯学术性的内容较少，用平均每页的被链接率来评价它并不合适。

WIFs与大学排名得分的相关性也很低，这说明将大学网站的外部链接量用专职科研人员数目来平均缺乏足够的理由，事实上，由于大学网站的网页通常是按照院系来组织的，因此外部链接量用二级教学单位数目来平均更为合适，相关分析的数据也说明了这一点，而用本科授予学位数目平均得到的WIFb的相关性则要差一些。WIFc与大学排名的相关性弱于外部链接量，这可能是与各大学院系设置的不均衡性及一些大学的院系还没有建自己的网页有关。总的来说，如果要评价大学的网络影响力，那么大学网站的外部链接量应该是一个可以考虑的指标。

（2）大学网站的链接量主要与大学的声誉（特别是学术声誉）有关

大学网站总链接量和外部链接量均与大学在排名中的总得分和科研得分显著相关，其中与科研得分的相关性更显著。这说明大学的声誉（尤其是学术声誉）越高、实力越强，指向其网站的链接就越多。应该说明的是，大学网站的链接量和网络影响因子也许可以成为评价大学网络影响力的指标，但还不足以成为评价大学网站的指标。因为这些链接更多的是由该大学的声誉带来的，而不是由大学网站及其内容建设的质量高低决定的。网络影响因子的评价能力低于链接量，这也从另一个方面说明了国内大学网站在学术内容建设上的不足。

（3）高校合并带来的域名变更对链接分析的影响

由于近年来高校合并现象比较多，一些高校的域名不太稳定、变更频繁，这在客观上给我们的研究造成了一定的困难。检索中我们发现合并后的高校如果完全拥有了合并前的高校的域名，将几个域名的检索结果叠加，则其链接量比估计值会偏高；若只取几个域名中链接量的最大值，则会偏低。此外，有的高校合并后只使用合并前某一高校的域名，则检索出的链接量偏低，这些都将对结果造成影响。这一方面是由于域名本身的变更造成的，另一方面也说明指向这些高校的链接更新不及时。在排除了这些合并高效的数据后，各项相关系数都有明显提高。

（4）搜索引擎的稳定性

本研究中利用AltaVista和AllTheWeb的数据分析得到的结果基本相同，说明利用搜索引擎的数据得出的结果具有较好的稳定性和可靠性。从两个搜索引擎的检索情况来看，AllTheWeb返回的数据比AltaVista要多，说明AllTheWeb数据库规模确实比较大。但从返回数据的稳定性看，AltaVista的检索结果比AllTheWeb更稳定，没有异常数据的出现，利用AltaVista的数据分析得到的结果相关性也更为显著（在样本量相同或者相近的情况下）。

9.8 Web of Knowledge及其在科研评价中的应用

9.8.1 Web of Knowledge 简介

ISI Web of Knowledge由美国科学信息研究所（Institute for Scientific Information，简称ISI）于2001年5月推出，它是一个整合ISI Web of Science、ISI Current Contents Connect和其他重要信息资源的基于网络的学术信息资源体系。它以ISI Web of Science为核心，在ISI著名的三大引文索引Science Citation Index Expanded（SCI Expanded或SSCI）、Social Science Citation Index、Arts & Humanities Citation Index（A&HCT）的基础上，又整合了会议录、德温特专利、现期期刊目次、化学数据库、生物科学数据库、期刊分析报告等学术资源，因此它包括了以下7大类数据库：

- Web of Science（WOS，包括SCI-Expanded、SSCI、A&HCI）
- ISI Proceedings（包括ISTP、ISSHP）
- Derwent Innovations Index（德温特专利）
- Current Contents Connect（CC，现刊题录）
- ISI Chemistry（化学数据库）
- BIOSIS Previews（BP，生物科学数据库）
- Journal Citation Reports（JCR，期刊分析报告）

Web of Knowledge的检索入口如图9.28所示。

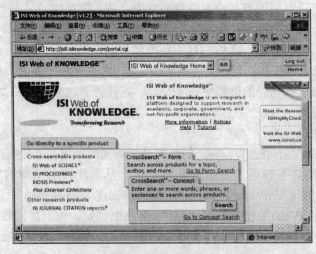

图9.28 Web of Knowledge的检索入口

9.8.2 Web of Knowledge 的特点

ISI Web of Knowledge 凭借独特的检索机制和强大的交叉检索能力，有效地整合了学术期刊、技术专利、会议录、化学反应、研究基金、互联网资源及其他各种相关信息资源，提供了自然科学、工程技术、生物医学、社会科学、艺术与人文等多个领域中高质量的学术信息，从而大大扩展和加深了单个信息资源所能提供的学术研究信息[112]。其中关键的学术信息内容可以在ISI Web of Knowledge中交叉检索，亦可以通过ISI Current Contents Connect迅速检索和获取经过专家评估的学术网站及其所提供的全文文献资源。Web of Knowledge这一信息体系的特点在于：

（1）提供了更加强大的检索机制、分析工具和文献管理软件，从而大大提高了信息检索的效率。

（2）与全文信息资源和链接资源的整合大大增强了Web of Knowledge这一平台的架构，可通过引用文献、相关记录和索引次数等检索结果所涉及的文献，互相链接、层层深入，从而得到各种信息。

（3）作为ISI Web of Knowledge的一个关键组成部分，ISI Current Contents Connect可以帮助用户根据特定的研究领域，迅速检索和浏览经过专家评估和分类的学术网站及其相关的全文文献资源。

（4）Current Content Connect的引入，更进一步地为研究人员提供了与其研究课题相关的Pre-prints、研究基金及其他学术研究活动的信息。

（5）ISI Web of Knowledge还引入了对科学研究成绩、效益进行定量评估的研究工具——ISI Essential Science Indicators。它汇集并分析了学术文献所引用的参考文献，可用来分析各个学术研究领域中科学发现的影响和趋势，也可以分析研究机构、城市、国家和学术期刊在一定研究领域内的学术影响，为定量地评估科学研究的水平提供了一个重要的研究工具。

9.8.3 Web of Knowledge的检索方法

Web of Knowledge提供了两种检索方式：概念检索（Concept Search）和结构检索（Form Search），分别介绍如下。

1. 概念检索

概念检索提供对主题和关键词的自然语言查询。它支持的逻辑运算符有AND、SAME、OR和NOT，还可以和截词检索配合使用（通配符为"*"）。其中AND、OR和NOT就是我们常见的与、或、非逻辑运算符。例如：

```
sweeten* AND (saccharin OR aspartame) NOT sweetening
```

用这个检索式检索出的记录，其文中必须含有sweeten（或者sweeteners等前7个字母为sweeten的单词），也必须含有saccharin或者aspartame，但是不能含有sweetening这个词。

SAME这个运算符表示它所连接的两个检索词必须在文章中的同一个句子中出现，如：

```
lithium SAME batter
```

这个检索式检索lithium和batter这两个词出现在同一个句子中的文献。

在检索中还可以限制时间（Timespan）和设置返回结果的相关度。

2. 结构检索

结构检索提供了多个检索入口，可分别通过主题词、著者、来源出版物和著者地址4种途径检索来源文献，也可进行组合检索。检索结果可对语种、文献类型和排序方式进行限制。4种检索途径如下：

（1）主题检索途径（Topic）

输入检索词或词组，默认为在论文题目、文摘、关键词3个字段中进行检索；如果只选择题目检索框，则可限定只到论文题目字段中进行检索。

（2）著者检索途径（Author The Crazy Man）

按著者检索时，因为文章中有时姓在前，有时名在前，所以为了查全，最好只用姓检索。

（3）来源期刊名检索途径（Source Title）

输入来源期刊名称的全部或部分（可用截词），也可以从期刊表中调入期刊名，检索期刊中所刊登的论文记录。

（4）著者地址检索途径（Address）

输入地址词，例如机构名称、城市、国家或者邮政编码，检索某个机构发表的文章。机构名和地名通常被缩写，可以查在线帮助系统获取地址缩写表。Web of Knowledge的部分地址缩写如表9.13所示。

表9.13　Web of Knowledge的部分地址缩写

原　　词	缩　　写	原　　词	缩　　写
Academy	Acad	Laboratory	Lab
Administration	Adm	Mathematics	Math
Engineering	Engn	Professor	Prof
Experiment（al）	Expt	Research	Res
Junior	Jr	University	Univ

此外，Web of Knowledge还提供高级检索模式。在高级检索模式中，可以使用语言限制和排序功能，如图9.29所示，并直接使用检索指令进行检索，其指令分别为：TS=Topic，TI=Title，AU=Author The Crazy Man，SO=Source，AD=Address。这些检索指令可以和逻辑运算符结合使用，例如：

```
TS = (mammal * OR odor) NOT AU = Skjevrak
```

这个检索式检索摘要或者关键词中包含单词mammal（或前6个字母为mammal的单词）或者odor而且作者不是Skjevrak的文章。

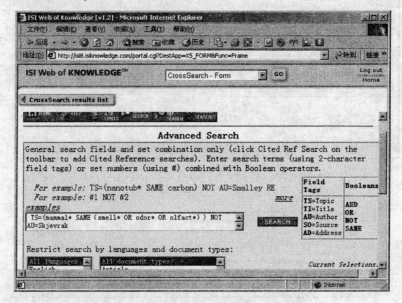

图9.29　Web of Knowledge的高级检索界面

下面举例说明Web of Knowledge的检索过程：

一般用户可以从http://www.isiwebofknowledge.com或者http://www.isinet.com登录Web of Knowledge（需要账号），本例是从武汉大学图书馆提供的试用账号登录的。登录界面是前面的图9.28所示的界面。单击其中的"Go to Form Search"，进入Form Search的界面。

在"Timespan"中选择"Year to Date"命令，在ADDRESS文本框中输入"wuhan univ*"，如图9.30所示（注意：如果使用"wuhan university"，则查全率很低，只有154条记录）。

回车后得到结果如图9.31所示，命中742条记录。

往下拖动滚动条，看到有的记录下方有ISI Web of Science字样的紫色区域，这表示该记录被收录在ISI Web of Science数据库中（如图9.32所示），单击该紫色区域就进入了该条记录。

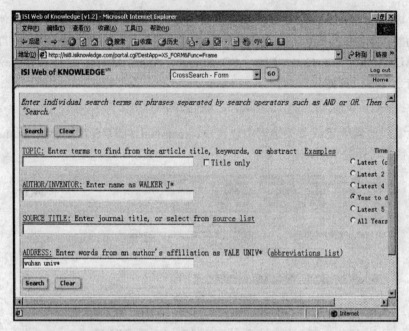

图9.30 在ADDRESS文本框中输入"wuhan univ*"

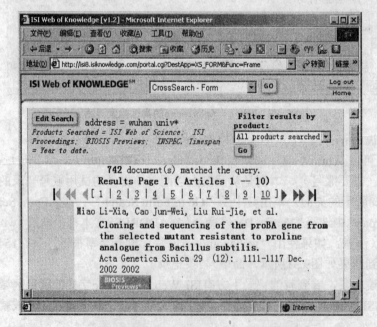

图9.31 检索"wuhan univ*"的结果

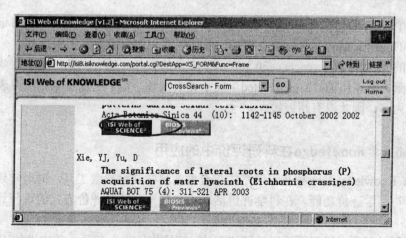

图9.32　命中的记录

图9.33为该命中记录的有关信息。

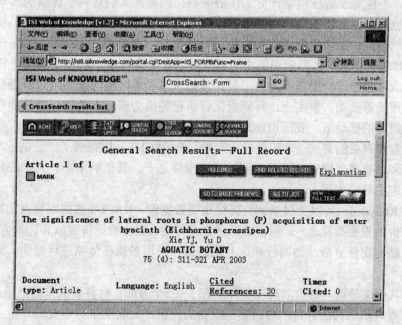

图9.33　命中记录的有关信息

该页面左上方有几个链接按钮分别为GENERAL SEARCH（一般检索）、CITED REF SEARCH（被引文献检索）、COMBINE SEARCH（联合检索）、ADVANCED SEARCH（高级检索）。

中间有个"FIND REALATED RECORDS"按钮，单击它可以找到与当前记录有一条或多条相同的引用文献的其他记录。相关记录按照共引文献的数量降序排列。

最下方的"Cited References：30"表示该文章的参考文献有30条，单击它就可以显示这些参考文献。右下角的"Times Cited"表示被引次数，由于这篇文章是刚发表不久，所以被引次数为零，因此没有超链接。

9.8.4 Web of Knowledge在科研评价中的应用

Web of Knowledge是一种基于网络的综合性的科学文献检索工具，同时它还具有强大的引文分析与科学评价功能。在科学评价活动中，最重要的是评价方式的选择和评价指标的设计。

最初的科学评价一般都采用同行评议方式，评价指标也大都是一些定性的语言。然而，随着社会的发展、科技水平的提高，以及科学研究工作的日益复杂化，同行评议逐渐暴露出一些弊端，不能完全适应科学评价工作的需要；同时，人们对科学评价的客观公正性等方面的要求也越来越高，于是，定量指标被引入到科学评价活动中。国外很早就十分重视对定量评价的研究。20世纪60年代初，美国开始编制《科学引文索引》（Science Citation Index，简称SCI）。这一大型索引的出版和发行，在一定程度上提供了引文分析所必需的大量数据，成为定量评价的强有力的工具；其他国家和地区也纷纷利用定量指标进行大学排名、科研评价等活动。事实上，科研量化评价已经成为国际上的通行做法和普遍趋势。在这种国际趋势的推动下，我国也逐渐重视科学评价活动中定量指标的应用，并进行了一些大胆的探索和有益的尝试。尤其是近几年来，美国SCI在我国得到了广泛的应用，成为科学项目评价和科研成果评审中必须提到的重要指标之一，其影响不断扩大，在科研、教学中起到了一定的导向作用。

Web of Knowledge可以为科学评价提供重要数据源，被SCI等数据库收录和被引情况无疑是科学评价的重要指标之一；但在实际评价工作中，要注意评价对象和评价方法的选择，要将定量方法与定性分析（如同行评议）相结合，采用多指标体系进行全面、系统地客观评价。

总之，其引文分析与评价功能主要体现在下述5个方面：对科研成果的评价；对科技人才的评价；对科研机构的评价；对科学出版物的评价；对科学学科本身的评价。

此外，通过引文分析法还可以进行学科结构、学科关系以及科学发展史的研究。从某学科范围内的期刊、文献的引文所反映的主题相关性，可以了解某一学科的结构；从不同学科的期刊、文献引用的网状和链状关系，可以揭示各学科之间的联系；并且，通过SCI可以展现某项目或事件的发生和发展，揭示某思想或方法的改善、扩充和修正等，了解各学科领域的前沿问题，从而得到完整的科学发展史，并预测未来的发展方向和热点问题。

[**案例**] 2001年武汉大学科技论文统计与分析（本报告由武汉大学图书馆提供，因篇幅所限，有删节）

1. 基本情况

（1）国际论文数

国际论文指 SCI、SSCI、A&HCI、EI（Engineer Index 的缩写）、ISTP、ISSHP 等 6 个检索系统所收录的武汉大学科技人员发表的文章。第一作者论文指以武汉大学为第一作者单位的科技论文。合作者论文指以武汉大学为合作单位（即非第一作者）的科技论文。

2001 年 SCIE、SSCI、A&HCI、EI、ISTP 收录武汉大学国际论文总数共 982 篇，其中第一作者单位为武汉大学的论文数共 880 篇，比 2000 年增加 376 篇，增长 74.6%；880 篇减去各库重复 111 篇（SCIE 和 EI 重复 87 篇、SCIE 与 SSCI 重复 1 篇、SCIE 与 ISTP 重复 1 篇、EI 与 ISTP 重复 2 篇、SCIE 与 EI 和 ISTP 重复 20 篇）得绝对数 769 篇，比 2000 年增加 331 篇，增长 75.6%。

2001 年 SCIE、SSCI、A&HCI、ISTP 收录武汉大学为合作单位（即非第一作者单位）的论文 102 篇（其中 SCIE 92 篇、SSCI 5 篇、A&HCI 1 篇、ISTP 4 篇），比 2000 年增加 44 篇，增长 75.9%。

（2）论文的语种、文献种类及被引用情况

2001年SCIE收录的354篇论文，用英文发表的论文305篇（占86.2%），中文49篇（占13.8%）；以Article形式发表的论文335篇（占94.6%），其他形式（Review、Letter、Meeting Abstract、Correction、News Item）发表的论文19篇（占5.4%）；354篇文章有43篇被引用（占12.2%），总共被引用了68次。

2001年EI收录的467篇论文中用英文发表232篇（占49.6%），中文发表234篇（占50.1%），法文1篇（占0.2%）。

（3）来源出版物及期刊影响因子分析

2001年SCIE收录354篇论文分布于179种期刊中，其中载文量最高达19篇的期刊为《Journal of Applied Polymer Science》，其影响因子为0.992；影响因子最高的为Science，其值为23.329，载文1篇。

2001 年 EI 收录 467 篇论文分布于 98 种出版物中，其中有 87 种期刊载文 427 篇，占 91.4%，11 种会议出版物载文 40 篇，占 8.6%；载文量最高达 158 篇的期刊为《Wuhan Daxue Xuebao/Journal of Wuhan University》（即《武汉大学学报理学版》），占 33.8%，属 EI Page One 非正式收录部分。

在 2001 年 EI 收录武汉大学论文的 87 种期刊中，有 40 种期刊属于 EI 核心全部收录、载文 89 篇，20 种期刊属于 EI 核心部分收录、载文 125 篇，27 种期刊属于 EI Page One 非正式收录、载文 213 篇。

2. 2001年武汉大学国际论文数在学院的分布及排名

（1）SCIE、SSCI、A&HCI、EI、ISTP收录武汉大学论文数在其各院系的分布。

2001年SCIE、SSCI、A&HCI、EI、ISTP收录第一作者单位为武汉大学的论文数共880篇（减去重复的111篇，得到绝对篇数为769篇），在21个学院、2个重点实验室、1个研究中心的分布情况如表9.14所示。

表9.14 2001年武汉大学的国际论文数在各院系的分布（单位：篇）

单　　位	SCIE	EI	ISTP	SSCI	A&HCI	合计	重复数	绝对数
人文科学学部								
人文科学学院				1		1	0	1
社会科学学部								
信息管理学院		1				1	0	1
商学院		1		2		3	0	3
理学部								
数学与统计学院	18	28	4			50	2	48
软件工程国家重点实验室	2	24	3			29	1	28
物理科学与技术学院	38	31	6			75	15	60
化学与分子科学学院	187	130	8			325	77	248
生命科学学院	53	41				94	3	91
资源与环境科学学院	22	14				36	5	31
药学院	2	2				4	1	3
工学部								
水利水电学院	9	40	3			52	1	51
电气工程学院		7	9			16	0	16
动力与机械学院		8	7			15	0	15
土木建筑工程学院		6				6	0	6
信息科学学部								
计算机学院	1	28	2			31	1	30
遥感信息工程学院		10	1			11	0	11
测绘遥感信息工程国家重点实验室	1	10				11	0	11
电子信息学院	7	80	12			99	2	97
测绘科学与技术学院	1	1				2	1	1
国家卫星定位系统工程技术研究中心	2					2	0	2

单 位	SCIE	EI	ISTP	SSCI	A&HCI	合计	重复数	绝对数
医学部								
临床医学院	5	2				7	0	7
口腔医学院	2		1			3	1	2
基础医学院	1	2				3	0	3
公共卫生学院	3	1				4	1	3
合 计	354	467	55	3	1	880	111	769

（2）国际论文绝对总数最多的前6名学院（如表9.15所示）。

表9.15 2001年武汉大学的国际论文数最多的前6名学院

位 次	学 院	论文绝对总数（篇）
1	化学与分子科学学院	248
2	电子信息学院	97
3	生命科学学院	91
4	物理科学与技术学院	60
5	水利水电学院	51
6	数学与统计学院	48

3. 2001年SCI单篇被引次数在院系的分布情况

在2001年354篇SCIE论文有43篇被引用（占12.2%），总共被引用次数是68次，具体如表9.16所示。

表9.16 2001年SCI单篇被引次数在院系的分布（单位：篇）

学 院	被引6次	被引4次	被引3次	被引2次	被引1次
物理科学与技术学院		1			1
化学与分子科学学院	1	1	2	2	25
生命科学学院		1	2	1	6
合 计	1	3	4	3	32

4. 2001年武汉大学论文在SCI、EI来源出版物中的分布情况

（1）2001年与2000年SCI论文与期刊及其影响因子（IF）的比较分析如表9.17所示。

（2）2001年SCIE对179种期刊的影响因子排序（节录）如表9.18所示。

表9.17　2001年与2000年SCI论文与期刊及其影响因子（IF）的比较分析

年代	刊（论文）	IF<1		IF≥1		IF≥2		IF≥3		IF≥4		无IF		IF最小值	IF最大值
		刊数	载文	刊数	载文	刊数	载文	刊数	载文	刊数	载文	刊数	载文		
2001	179（354）	85	198	58	94	13	26	10	11	7	8	6	17	0.108	23.33
2000	151（318）	81	178	46	81	10	14	5	9	2	14	7	22	0.018	9
合计	330（672）	166	376	104	175	23	40	15	20	9	22	13	39		

表9.18　2001年SCIE对179种期刊的影响因子排序（节录）

序号	刊　名	载文	影响因子
1	SCIENCE	1	23.329
2	GASTROENTEROLOGY	1	13.02
3	ONCOGENE	1	6.737
4	NUCLEIC ACIDS RESEARCH	1	6.373
5	DEVELOPMENTAL BIOLOGY	1	5.558
6	ANALYTICAL CHEMISTRY	2	4.532
7	ELECTROPHORESIS	1	4.282
8	CHEMICAL COMMUNICATIONS	1	3.902
9	APPLIED PHYSICS LETTERS	1	3.849
10	MACROMOLECULES	1	3.733
11	CHEMISTRY OF MATERIALS	1	3.69
12	FEBS LETTERS	1	3.644
13	PLANTA	1	3.349
14	JOURNAL OF ANALYTICAL ATOMIC SPECTROMETRY	2	3.305
15	ORGANOMETALLICS	1	3.182
16	PHYSICAL REVIEW B	1	3.07
17	GENE	1	3.041
18	LANGMUIR	1	2.963
19	JOURNAL OF CHROMATOGRAPHY A *	3	2.793
20	BIOCHIMIE	1	2.658
21	GEOPHYSICAL RESEARCH LETTERS*	2	2.516
22	EXPERIMENTAL GERONTOLOGY	2	2.493

（3）2001年EI对98种来源出版物载文量排序（节录）如表9.19所示。

表9.19　2001年EI对98种来源出版物载文量排序（节录）

来源出版物	载文量
Wuhan Daxue Xuebao/Journal of Wuhan University	158
Wuhan University Journal of Natural Sciences	75
Proceedings of SPIE – The International Society for Optical Engineering	25
Journal of Applied Polymer Science	18
Kao Teng Hsueh Hsiao Hua Heush Hsueh Pao/ Chemical Journal of Chinese Universities	10
Shuikexue Jinzhan/Advances in Water Science	8
Changjiang Kexueyuan Yuanbao/ Journal of Yangtze River Scientific Research Institute	8
Wuhan Gongye Daxue Xuebao/Journal of Wuhan University of Technolog	7

来源出版物	载文量
Rock and Soil Mechanics	7
Journal of Hydrodynamics	6
Oceans Conference Record （IEEE）	5
Yanshilixue Yu Gongcheng Xuebao/Chinese Journal of Rock Mechanics and Engineering	4
Synthetic Metals	4
Spectrochimica Acta – Part A： Molecular and Biomolecular Spectroscopy	4
Journal of Liquid Chromatography and Related Technologies	4
Journal of Electroanalytical Chemistry	4
Journal of ChromatographyA	4
Zhongguo Dianji Gongcheng Xuebao/Proceedings of the Chinese Society of Electrical Engineering	3
Talanta	3
Science in China, Series A： Mathematics, Physics, Astronomy	3
Reactive and Functional Polymers	3
Materials Science Forum	3
Journal of Power Sources	3
Journal of Macromolecular Science - Pure and Applied Chemistry	3
Industrial and Engineering Chemistry Research	3
IAHS-AISH Publication	3
Dianli Xitong Zidonghue/Automation of Electric Power Systems	3

参 考 文 献

1. 中国互联网信息中心. 中国互联网发展状况统计报告（2003/1）. http://www.cnnic.net.cn/develst/2003-1/，2003-05-15

2. 中国互联网信息中心. Internet Domain Survey Number of Internet Hosts. http://www.isc.org/ds/host-count-history.html，2003-05-18

3. 文化部科技发展中心自动化研究所，武汉大学图书馆学情报学研究所. 图书馆学情报学研究与发展报告. 2000-10

4. 李道奇. OCR字符处理软件在文档处理中的应用. 交通与计算机，1997（3）

5. 邱盛明. 多媒体音频处理技术. 电声技术，1999（10）

6. 段新明. 音频与视频技术. 教学仪器与实验，2001（5）

7. 方世强. 文本压缩技术综述. 工业工程，2002（2）

8. 江沩. 数字通信技术讲座 第二讲 数字通信系统的构成及发展. 现代通信，2000（4）

9. 赵慧勤. 网络信息资源组织——DublinCore元数据. 情报科学，2001（4）

10. 庄育飞，郑卫. 信息技术DublinCore：网络资源组织与整理的新思路. 情报学报，2000（2）

11. 刘源，吴利薇. 元数据及其格式研究. 图书馆论坛，2002（3）：63，113

12. 刘嘉. 元数据：理念与应用. 中国图书馆学报，2001（5）

13. 赵慧勤. 网络信息资源组织——元数据. 情报理论与实践，2000（6）

14. 徐拥军. 我国图书情报档案界元数据研究现状综述. 四川图书馆学报，2002（2）

15. 张敏，张晓林. 元数据（Metadata）的发展和相关格式. 四川图书馆学报，2000（2）

16. 马珉. 元数据——组织网上信息资源的基本格式. 情报科学，2002（4）

17. 赵慧勤. 相关元数据比较研究. 情报科学，2002（5）

18. 徐维. 元数据：电子文件管理的关键所在. 山西档案，2000（4）

19. 贺亚锋. 基于资源发现领域的元数据（Metadata）标准. 现代图书情报技术，2000（6）

20. 曹蓟光，王申康. 元数据管理策略的比较研究. 计算机应用，2001（2）

21. 史金红，吴永明. 数据仓库中元数据的管理. 电子工程师，2000（2）

22. 张娴，萧国华. 网上文献信息资源的描述、规范与检索. 图书馆理论与实践，2000（6）

23. 区颖薇. 网络环境下资源管理模式——元数据. 图书馆学研究, 2002 (1)

24. 戴超凡等. 开放信息模型研究. 计算机工程与应用, 2001 (1)

25. 张学福等. 元数据及其在网络信息资源组织开发中的应用. 现代情报, 2002 (5)

26. 陈爱军, 黄晓斌. 数字地球中的元数据管理模型研究. 中国图象图形学报, 1999 (11)

27. 高柳宾, 刘可. 网络信息资源组织研究. 情报科学, 2001 (5)

28. 朱慧, 劳瑞勤. 元数据的新贵: 都柏林核心. 情报资料工作, 1999 (5)

29. 许绥文. 漫笔之四: 数字资源的创建——SGML与元数据. 北京图书馆馆刊, 1999 (1)

30. 程变爱. 试论资源描述框架 (RDF) ——种极具生命力的元数据携带工具. 现代图书情报技术, 2000 (6): 62~64

31. 刘芳, 胡和平. 半结构化数据的模式发现. 微电脑应用, 2000 (2)

32. 黄晓斌. 网络文献的知识发现研究. 武汉大学博士学论论文, 2002-04

33. 李慧, 颜显森. 数据库技术发展的新方向——非结构化数据库. 情报理论与实践, 2001 (4)

34. 潘杏梅. 数字化信息资源建设探析. 江苏图书馆学报, 2001 (5)

35. 陈光祚, 雷燕. 中外信息资源数字化比较研究. 情报科学, 2001 (8)

36. Lennart Bjorneborn, Peter Ingwersen. Perspectives of Webometrics. Scientometrics, 2001 (1)

37. Judit Bar-Ilan. Data Collection Methods on the Web for Informetric Purposes – A Review and Analysis. Scientometrics, 2001 (1)

38. 邱均平, 陈敬全. 网络信息计量学及其应用研究. 情报理论与实践, 2001, 24 (3)

39. 蒋国华. 迎接科学计量学应用的新时代——第二届科研绩效定量评价国际学术会议暨第六次全国科学计量学与情报计量学年会. 科学学研究, 2001 (6)

40. 夏旭等. 网络计量学研究: 现状、问题与发展. 图书馆论坛, 2001 (6)

41. 陈京明等. 数据仓库与与数据挖掘技术. 北京: 电子工业出版社, 2002

42. 张维明. 数据仓库原理与应用. 北京: 电子工业出版社. 2002

43. 仲红等. Web的数据仓库. 安徽师范大学学报 (自然科学版), 2002 (2)

44. 刘云. 基于Web的数据仓库与数据挖掘技术. 情报理论与实践, 2001 (4)

45. 肖春芸. 基于Web的数据仓库. 计算机与现代化, 2001 (2)

46. 韩家炜等. Web挖掘研究. 计算机研究与发展, 2001 (4)

47. 张澜. 数据仓库白皮书——典型产品篇.
    http://www.ccidnet.com//tech/paper//2001/03/02//58_1772.html, 2003-05-20

48. 张海航. 九大数据仓库产品评析.
    http://www.yesky.com/20010713/188957.shtml, 2003-05-20

49. Robbin Zeff，Brad Aronson．北京华中兴业科技发展有限公司译，Internet 广告实战策略（第二版）．北京：人民邮电出版社，2001．88～100

50. 林升栋．国内网络广告主要问题及对策探讨．
    http://academic.mediachina.net/xsqk_view.j-sp?id=323，2003-03-20

51. 中国互联网信息中心．网站访问统计术语和度量方法．
    http://www.cnnic.net.cn/trafficauth/standardindex.shtml，2003-04-11

52. Interactive Advertising Bureau. Interactive Audience Measurement and Advertising Campaign Reporting and Audit Guidelines.
    http:/www.aaaa.org/downloads/iab_guidelines02.pdf，2003-04-13

53. I/PRO．Measuring Web Site Traffic: Panel vs. Audit.
    http://www.ipro.com/downloads/ipro/ipro_panel_v_audit.pdf，2003-04-13

54. I/PRO. A Standard for Auditing Web Site Traffic.
    http://www.ipro.com/downloads/ipro/ipro_audit_standard.pdf，2003-04-20

55. 冯郁青．媒介内容分析的相关理论．新闻与传播研究，1998（3）

56. 马文峰．试析内容分析法在社科情报学中的应用．情报科学，2000（4）

57. 陈维军．文献计量法与内容分析法的比较研究．情报科学，2001（8）

58. 卜卫．试论内容分析方法．国际新闻界，1997（4）

59. 李本乾．描述传播内容特征 检验传播研究假设——内容分析法简介（上）．当代传播，1999（6）

60. 戴元光，苗正民．大众传播的定量研究方法．上海：上海交通大学出版社，2000

61. 卢泰宏．信息分析．广州：中山大学出版社，1998

62. 李本乾．描述传播内容特征 检验传播研究假设——内容分析法简介（下）．当代传播，2000（1）

63. 任学宾．信息传播中内容分析的三种抽样方法．图书情报知识，1999（3）

64. 包昌火主编．情报研究方法论．北京：科学技术文献出版社，1991

65. 吴岱明．科学研究方法学．长沙：湖南人民出版社，1987

66. 卢晓宾．信息研究论．长春：东北师范大学出版社，1997

67. 查先进．信息分析与预测．武汉：武汉大学出版社，2000

68. 刘全根．科技情报分析研究．兰州：甘肃科学技术出版社，1993

69. 栾玉广．科学创新的艺术．北京：科学出版社，2000

70. Tanjev Schultz. Interactive Options in Online Journalism: A Content Analysis of 100 U.S. Newspaper.
    http://www.ascusc.org/jcmc/vol5/issue1/schultz.html，2003-06-10

71. 王珊等. 数据仓库技术与联机分析处理. 北京：科学出版社，1999
72. 邓苏等. 数据仓库原理与应用. 北京：电子工业出版社，2002
73. 蒋秀凤. OLAP技术的分析. 福州大学学报（自然科学版），2002（4）
74. OLAP市场状况及产品评测.
    http://www.dmgroup.org.cn/zs12.htm，2003-03-28
75. Nigel Pendse著，程建华译. OLAP在企业中的应用.
    http://www.seamlessit.com/documents/OLAP/OLAP2002-05-24B.htm，2003-04-05
76. 杨飞. 从OLTP到OLAM与知识管理到知识发现.
    http://www.mis.com.cn/zengkan2001/p66.htm，2003-04-05
77. 史忠植. 知识发现. 北京：清华大学出版社，2002
78. 陈玉泉. 文本数据的数据挖掘算法. 上海交通大学学报，2000（7）
79. 王继成，潘金贵等. Web文本挖掘技术研究. 计算机研究与发展，2000（5）
80. 刘茂福等. 多媒体文本数据的模式挖掘方法. 武汉大学学报（理学版），2001（3）
81. 李德仁等. 论空间数据挖掘和知识发现的理论与方法. 武汉大学学报（信息科学版），2002（3）
82. 刘连方等. 超文本/超媒体技术. 北京：国防工业出版社，1998
83. 邱均平. 信息计量学（一）. 情报理论与实践，2000（1）
84. Hitchcock. Citation Linking: Improving Access to Online Journals.
    http://joural.ecs.ac.uk/amend97.html
85. Francis Heylighen. The WWW as a Super-Brain:from metaphor to model.
    http://bruce.edmonds.name/PRNCYB-L/0001.html，2003-03-27
86. 刘雁书. 利用链接关系评价网络信息的可行性研究. 情报学报，2002（4）
87. 朱明. 数据挖掘. 合肥：中国科学技术大学出版社，2002
88. 朱建秋等. 数据挖掘语言浅析.
    http://dmgroup.home.chinaren.com/lw2.html
89. Jiawei Han 著，范明译. 数据挖掘概念与技术. 北京：机械工业出版社，2001
90. 林杰等. 数据挖掘管理系统. 微型电脑应用，2000（11）
91. 殷燕等. 基于Multi Agent技术的信息挖掘系统研究. 计算机应用研究. 1999（12）
92. 李业丽. 基于Agent的知识发现模型的设计. 计算机工程与应用，2001（4）
93. 陈刚. 基于代理的分布式挖掘系统的设计. 计算机工程，2001（9）
94. Two Crows Corporation. Introduction to Data Mining and Knowledge Discovery.
    http://www.twocrows.com/booklet.htm，1999
95. 郝先臣. 数据挖掘工具和应用中的问题. 东北大学学报（自然科学版），2001（4）

96．李建等．新的数据挖掘工具——Poly Analyst．计算机应用，2002（7）

97．王纯．信息资源管理的现状及趋势．河北科技图苑，2000（3）

98．郝凤英．网络信息资源管理问题探讨．四川图书馆学报，2002（5）

99．刘韧．解决CNNIC.

http://www.donews.com/donews/article/1/1348.html，2003-04-26

100．周赵宏，冯艳．电子商务数据挖掘技术研究和应用探讨．湖南经济管理干部学院学报，2001（4）

101．叶伟成．股票知识和投资技巧．北京：新华出版社，1992

102．姜旭平．经营分析方法与IT工具．北京：清华大学出版社，2002

103．陈晓园，朱兴刚．"雷达图"在企业经济效益综合分析与评价中的应用．技术经济，1999（3）

104．赵丹亚，邵丽．Excel 2000应用案例．

http://articles.excelhome.net/list.asp?id=157，2003-02-24

105．张军．市场分析与预测．上海：复旦大学出版社，1995

106．杜吉泽，程钧谟．市场分析．北京：经济科学出版社，2001

107．李琪．网络营销．长春：长春出版社，2000

108．吕芳．网络广告效果评估探讨．

http://www.pano.com.cn/pano/data/text/net_ad_af.htm，2003-03-16

109．Ingwersen，Peter. The calculation of Web Impact Factors. Journal of Documentation，1998, 54(2)：236~243

110．Mike Thelwall．Extracting Macroscopic Information from Web Links．Journal of the American Society for Information Science and Technology, 2001,52(13):1157-1168

111．Heting Chu，Shaoyi He，and Mike Thelwall．Library and information science schools in Canada and USA:A webometric perspective．Journal of Education for Library and Information Science．2002，43(2)

112．ISI．ISI Web of KnowledgeSM Tutorial．

http://www.isinet.com/ap/china/resources/tutorials/wok/woktut01.htm，2003-04-25